New & Renewable Energy

신 · 재생 에너지

신 · 재생 에너지

초판 인쇄 2009년 5월 25일 | **초판 발행** 2009년 5월 30일

지은이 김기석 · 류시옥 · 박노국 | **펴낸이** 이효수 | **펴낸곳** 영남대학교출판부 | **디자인** GukjeAD

출판등록 1975년 9월 5일 경산 제16-1호 | **주소** 경북 경산시 대동 214-1
전화 053) 810-1801~3 | **FAX** 053) 810-4722 | **홈페이지** book.yu.ac.kr

ISBN 978-89-7581-376-4 93530

• 값은 표지 뒷면에 있습니다.
• 잘못 만들어진 책은 바꾸어 드립니다.

New & Renewable Energy

신 · 재생 에너지

김기석 · 류시옥 · 박노국 공저

영남대학교출판부

머리말

21세기 인류 생활의 2대 화두話頭는 지구 온난화와 신 · 재생 에너지라고 해도 과언이 아닐 정도로 지금 우리는 재래식 에너지의 현명한 사용과 환경친화적인 신 · 재생에너지의 개발이 절실한 시대에 살고 있다고 해야 할 것이다. 지구 온난화가 무분별한 화석 에너지의 과다 사용이 불러온 환경적 재앙이라 알려져 있으나, 석유, 석탄, 천연 가스를 포함하는 화석 에너지에 대한 상대적 의존은 당분간 피하기 어려운 현실이다. 따라서 화석 에너지 원의 추가적인 발굴과 채산성있는 채굴 뿐만 아니라 화석 에너지의 효율적인 사용 방안이 강구되어야 한다. 또한 에너지 밀도가 높은 원자 핵 에너지 생산의 안전성 제고도 에너지 관련 관 · 학 · 산 종사자들이 추구해야 할 당면 과제들이다.

이와 더불어 점차 경쟁력을 키워가는 단계에 있는 신 · 재생 에너지에 대한 연구 개발 규모와 보급 저변을 확대하는 것도 매우 중요하다. 1970년 대 초반부터 에너지 위기 때 마다 거듭되고 있는 신 · 재생 에너지에 대한 전 세계적 관심의 지속 여부는 그 동안 국제 정세, 선진국/개발도상국/산유국 간의 화석 에너지에 대한 복잡한 수급 구조, 그로 인한 원유 가격의 변동에 의해서 크게 영향을 받은 것이 사실이다. 그러므로 최근 경제, 정책, 산업, 그리고 생태학 등을 망라한 관련 학문 분야의 전반적인 컨센서스consensus는 신 · 재생 에너지 기술의 획기적 발전만이 화석 에너지 고갈에 직면하게 될 지도 모르는 인류의 에너지 위기에 대한 궁극적 대비책이라 주장한다. 또한 그것이 인류의 생태적 삶의 질을 개선하고 지구 환경을 더 오래 보존하기 위해서 반드시 필요한 수단으로 보고 있다. 더구나 중국, 인도와 같이 거대 인구를 가진 신흥 개발국들의 급속한 산업화는 화석 에너지 사용량을 급격히 증가시키고 있으며, 이는 화석 에너지의 고갈과 지구온난화와 같은 기후변화를 더욱 가속화시키는 결과를 초래할 것이다. 이와 같은 에너지 자원의 고갈과 환경적 변화는 우리로 하여금 수준 높은 신 · 재생 에너지 기술에 대한 경쟁력 제고의 필요성을 절감하게 하고 있다. 한편 신 · 재생 에너지의 기술 및 경제성 측면의 현실적 한계는 자칫 과장되거나 막연하게 홍보된 신 · 재생 에너지에 대한 환상을 걷어내고 에너지 기술에 대한 올바른 이해를 필요로 한다.

따라서 이 책에서는 최근 에너지 경제의 촛점이 된 신 · 재생 에너지와 관련된 주제들을 모아서 정리함으로써 신 · 재생 에너지에 대한 관심과 현실 파악의 수준을 높이고자 하였다. 이 책의 제 1 장에서는 신 · 재생 에너지의 필요성에 대한 서론적 내용을 다루었고, 그 이후의 장들에서는 각각의 신 · 재생 에너지 유형에 대해서 차례대로 소개하였다. 끝으로는 가장 값싸고 매장량이 풍부한 화석 에너지인 석탄의 고효율적 사용 기술을 다룸으로써 석탄 에너지의 경제적 및 친환경적 사용 방안을 소개하였다. 이 책의 내용이 독자들의 신 · 재생 에너지에 대한 관심과 현실 인식의 차원을 한 단계 높이는데 기여할 수 있기를 바란다.

2009년 5월

저자 일동

차 례

8 연료 전지|Fuel Cell

9 석탄가스화 및 액화Coal Gasification & Liquefaction

1 서론

1. 에너지 시스템
2. 재생 가능한 에너지
3. 에너지와 지구온난화

1 서론

1. 에너지 시스템

오늘날 우리들의 생활 수준은 에너지 없이는 유지될 수 없다고 해도 과언이 아닐 것이다. 에너지 또는 그와 관련된 서비스services의 공급은 21세기 인류 사회에 있어서 점차 용인될 수 없는 엄청나게 다양한 환경적 영향environmental impacts을 유발하고 있다. 이러한 이유 때문에 에너지 문제와 그것에 연관된 환경 문제가 전세계적으로 에너지 공학과 에너지 및 환경 정책에 있어서 계속적으로 중요한 토픽topic이 되고 있다. 이러한 추세가 가까운 장래에는 바뀔 것 같지 않은데, 온실 효과greenhouse effect의 잠재적 위험에 관한 논란은 한 가지 예example에 불과하다. 그 반면 에너지 활용에 연관된 지식과 영향의 인식 수준이 점차 높아짐에 따라 전세계적 에너지 시스템도 점차 복잡해 질 것이다.

1.1 에너지 용어energy terms

Max Planck에 의하면 에너지는 어떤 시스템이 외적인 작용external action을 유발시킬 수 있는 능력으로 정의된다. 이와 같은 관점에서 에너지는 다음과 같은 형태들로

구분된다: 기계적 에너지, 열, 전기 및 화학적 에너지, 핵 에너지, 그리고 태양 에너지. 핵 및 태양 에너지 뿐 만 아니라 화학적 에너지로부터 일work을 할 수 있는 능력은 이러한 형태들의 에너지가 기계적 또는 열 에너지로 변환될 경우에만 얻어질 수 있다. 에너지 운반체energy carrier라는 용어는 직접적으로나 한 개 또는 여러 개의 변환 과정에 의해서 유용한 에너지useful energy를 생산하는데 사용될 수 있는 물질이다. 변환 정도에 따라서 에너지 운반체들은 일차primary, 이차secondary, 그리고 최종final 에너지 운반체로 분류되는데, 각각의 용어들은 그림 1에서처럼 다음과 같이 정의된다.

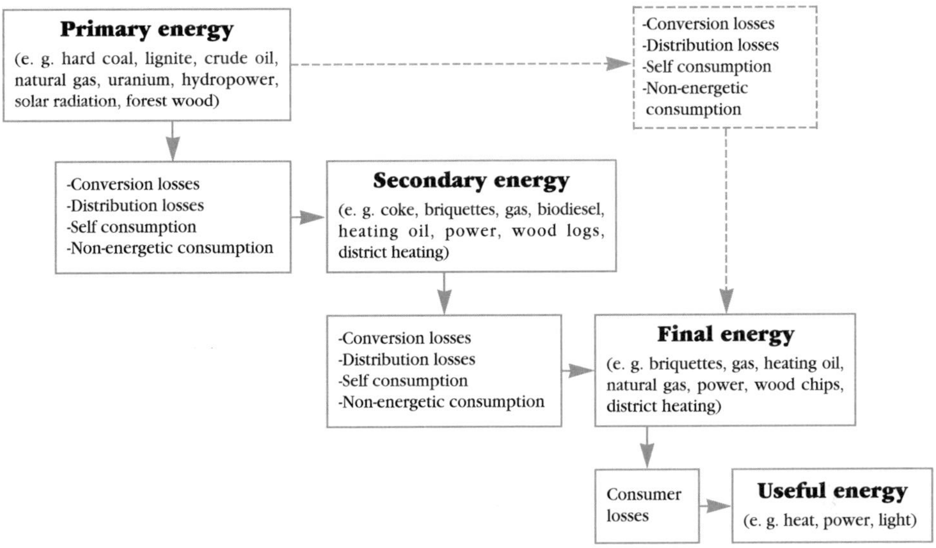

그림 1_ 에너지 변환 체계도 (참고문헌 [5])

– 일차 에너지 운반체는 어떠한 기술적 변환도 아직 겪지 않은 물질들이다. 일차 에너지(예를 들어, 풍력, 태양의 복사열) 또는 일차 에너지 운반체(예를 들어, 석탄, 갈탄, 석유, 그리고 바이오매스)로부터 직접적으로나 한 개 또는 여러 개의 변환 단계를 거쳐서 이차 에너지 또는 이차 에너지 운반체가 생산된다.

– 이차 에너지 운반체는 직접적으로나 한 개 또는 여러 개의 기술적 변환 단계를 거쳐서 일차 에너지 운반체 또는 다른 이차 에너지 운반체로부터 생산된 에너지

운반체(예를 들어, 가솔린, 난방유, 전기)이다. 이차 에너지 운반체는 소비자들에 의해서 또 다른 이차 에너지 운반체나 최종 에너지 운반체로 변환된다.

— 최종 에너지 운반체는 최종 사용자에 의해서 직접적으로 소비되는 에너지 흐름(예를 들어, 가정의 유류 탱크에 저장된 연료유, 빌딩 지역의 지역 난방)이다. 최종 에너지 운반체는 이차 에너지 운반체 또는 일차 에너지 운반체에서부터 변환 및 분배 과정의 에너지 손실, 변환 시스템의 자체적인 에너지 소비를 차감한 부분이다. 최종 에너지 운반체는 유용한 에너지로 변환된다.

— 유용한 에너지는 에너지 수요(예를 들어, 공간 난방, 취사, 수송)를 만족시키는 최종 변환 단계를 거친 후 소비자가 사용할 수 있는 에너지이다. 유용한 에너지는 최종 에너지 운반체에서부터 최종 변환 과정의 에너지 손실(예를 들어, 전구에 의한 열 발산 손실, 난로에서의 나무 조각들)을 차감한 부분이다.

인류가 사용할 수 있는 에너지 총량을 에너지 기준energy basis이라고 부르는데, 소모성exhaustible 에너지 자원과 재생 가능한renewable 에너지 자원으로 구성된다. 에너지 자원의 관점에서 화석 에너지 자원fossil energy resources과 최근에 형성된 에너지 자원recent resources은 다음과 같이 구별된다.

— 화석 에너지 자원은 아주 먼 옛날 생물학적 및 지질학적 과정에 의해서 형성된 에너지의 저장체이다. 그들은 생물학적 화석 에너지 자원(생물학적 근원을 가진 에너지 운반체의 저장체)과 광물학적 화석 에너지 자원(광물학적 또는 비-생물학적 근원을 가진 에너지 운반체의 저장체)으로 추가 분류된다. 전자는 석탄, 천연가스, 그리고 석유 광상deposits을 포함하고, 후자는 우라늄 광상과 핵 융합에 사용될 자원들로 구성된다.

— 최근에 형성된 에너지 자원은 현재 생성되고 있는 에너지 자원으로서, 예를 들어, 생물학적 과정에 의해 생성된 바이오매스와 자연에 있는 저장층natural reservoir에서 추출할 수 있는 잠재적 에너지를 포함한다.

에너지 자원들은 오랜 시간에 걸쳐서 에너지 흐름을 공급하므로, 인류의 시간 차원에서 거의 무진장인inexhaustible 것으로 여겨지고 있다. 그러나 이러한 에너지 흐름은 소모될 수 있는exhaustible 화석 에너지 자원들로부터 자연적이며 기술적으로 통제되지 않는 과정(예를 들어, 태양 내부에서 일어나는 핵 융합 과정)에 의해서 배출된다. 그러한 과정들이 아주 오랜 시간에 걸쳐서 일어나고 인류의 시간 차원에서 거의 무한적unlimited이라 하더라도 그 과정들은 결국 소모적이다(예를 들어, 먼 미래에 태양이 다 타버리는 것).

인류에게 가용한available 에너지는 생물학적 화석 에너지, 광물학적 화석 에너지, 그리고 재생 가능한 에너지로 추가 분류될 수 있다.

– 생물학적 화석 에너지 운반체는 고체 상태의 석탄과 액체 또는 기체 상태의 탄화수소(석유와 천연가스)를 포함한다.

– 광물학적 화석 에너지 운반체는 핵 분열이나 핵 융합에 의한 에너지를 공급하는 모든 물질들(우라늄, 토륨, 수소)을 포함한다.

– 재생 가능한 에너지는 인류의 시간 차원에서 무진장하다고 여겨지는 일차 에너지를 의미한다. 이 에너지는 태양 에너지, 지열 에너지, 그리고 조력 에너지와 같은 에너지 원sources에 의해서 계속적으로 생성되고 있다. 태양 내부에서 만들어지는 에너지는 풍력과 수력, 바이오매스와 같은 다른 형태의 재생 가능한 에너지들을 만들어 낸다. 폐기물 에너지는 비-화석적 근원(예를 들어, 가정이나 식품 처리 산업에서 배출된 유기성 폐기물)을 가질 때만 재생 가능한 에너지로 여겨질 수 있다.

1.2 지구의 에너지 수지energy balance

지구의 기온이 비교적 안정하게 유지되고 있다는 사실은 외계로부터 지구로의 에너지 유입과 지구로부터 외계로의 에너지 유출이 거의 균형을 이루고 있다는 것을 의미한다. 유입되는 에너지는 거의 전적으로 지구에 내리 쬐는 태양의 복사radiation 에너지인데, 그 양이 173,000TW (1TW = 10^{12}W)에 달한다. 태양 에너지 이외에도 3TW 크기의 조력 에너지tidal energy와 32TW 크기의 지열 에너지geothermal energy가 지구의 에너지 시스템으로 유입된다. 유입되는 태양의 복사 에너지의 30%에 해당하는 약 52,000TW가 우주 공간으로 반사되고 나머지는 열로 바뀌거나 긴 파장long-wave의 적외선 복사로 재-방출된다. 표 1에는 지구의 에너지 수지 메카니즘mechanism에서 일어나는 여러 경로를 나타내었다.

〈표 1〉 지구의 에너지 수지 구성 요소 (참고문헌 [3])

태양의 복사 에너지	173,000TW	(100%) :	
– 직접 반사	52,000TW	(30%) :	짧은 파장short-wave의 복사
– 직접 열heat로 변환	78,000TW	(45%) :	긴 파장의 복사
– 물의 증발열로 변환	39,000TW	(22%) :	긴 파장의 복사
– 바람 및 파도	3,600TW	(2%) :	긴 파장의 복사
– 광합성photosynthesis	40TW	(1%) :	긴 파장의 복사
조력 에너지	3TW	:	긴 파장의 복사
지열 에너지	32.3TW	(100%) :	
– 화산 및 온천	0.3TW	(1%) :	긴 파장의 복사
– 암석층의 열 전도	32TW	(99%) :	긴 파장의 복사

빙하 시대가 되풀이 되는 것은 지구의 에너지 유입과 유출 간의 평형equilibrium이 주기적으로 반복되는 성격을 띠고 있음을 보여준다. 대기atmosphere 중의 이산화탄소CO_2 농도가 오랜 세월에 걸쳐서 상승하는 것 때문에 지구의 대기가 전반적으로 가열되어 남극의 빙하가 부분적으로 녹고 그 결과로 인하여 해수면의 고도sea level를 가진 도시들의 범람flooding이 발생할 것이라는 우려도 있다. 대기 중의 이산화탄소 농도 증가는 막대한 양의 화석 연료fossil fuel의 연소와 삼림의 파괴로 인하여 화석 연료와 삼림에 갖혀 있던 탄소carbon가 대기 중으로 배출된 결과이다.

1.3 지구의 에너지 자원

20세기에 걸쳐서 1인 당 에너지 사용량이 급격히 증가하였고 인구도 폭발적으로 증가하여 가까운 장래에 이러한 추세가 계속될 경우 인류는 심각한 도전에 직면하게 될 것이라는 피할 수 없는 결론에 도달해 있다. 이러한 어려움을 해결하기 위한 방안을 조사하기 위해서는 현재 가용한 에너지 자원과 사용 실태를 우선 파악해야 한다. 표 2에는 재생 가능한 에너지와 비재생nonrenewable 에너지를 총망라한 지구의 에너지 자원들을 수록하였다.

〈표 2〉 지구의 에너지 자원

재생 가능한 에너지	비 재생 에너지
태양 에너지 :	화석 에너지 :
– 광합성 : 직접 연소, 열분해, 발효, 소화	– 석탄
– 중력 및 증발	– 석유
– 해양 : 파도, 해류, 온도 차이, 삼투압	– 천연가스
– 직접 변환	– 유혈암oil shale
	광물mineral :
지열 에너지	– 핵 분열nuclear fission
중력 에너지 : 조력 에너지	– 핵 융합nuclear fusion

지열 에너지는 Iceland에서 오랫 동안 사용되어 왔으며 최근에는 Italy, New Zealand, 그리고 미국에서 사용되고 있지만, 전체 에너지 공급에서 차지하는 비중이 크게 확대되지는 않을 전망이다. 조력 에너지는 France에서 사용되고 있는데, 전세계적으로 특별히 한정된 지역에서만 이용될 수 있다. 재생 가능한 에너지 자원들 중에는 태양 에너지가 가장 풍부하다. 그것의 작은 일부가 식물에 의해 흡수되어 오랜 세월이 지난 후 석탄, 석유, 그리고 천연가스의 형태로 저장되었다. 화석 에너지와 핵 에너지 물질의 매장량reserves은 불완전한 조사 때문에 확실하지 못하며 상당히 저평가underestimate되어 있을 가능성이 크다. 표 3과 표 4에는 화석 에너지와 핵 에너지 물질의 매장량을 수록하였다.

〈표 3〉 화석 에너지의 알려진 매장량

메탄 하이드레이트	〉 100,000EJ† (1998)
석탄	39,000EJ (2002)
석유	18,900EJ (2002)
천연가스	15,700EJ (2002)
액화가스	2,30 EJ (2002)
유혈암	16,000EJ (2002)

(†1EJ = 10^{18}J)

〈표 4〉 핵 에너지 물질의 알려진 매장량‡

^{235}U	2,600EJ
^{238}U	320,000EJ
^{232}Th	11,000EJ

(‡구 소련과 중국은 포함하지 않은 값)

(자료 출처 : 참고문헌 [3])

위의 표에 나타낸 값들은 정확하다기 보다는 추정되는 하한치lower limit 들에 해당된다. 이러한 매장량의 산출은 보수적인 경향으로 이루어질 뿐 만 아니라 입증된 매장량proved reserves이 오랜 세월에 걸쳐서 증가하는 현실이다. 한 가지 예로서, 1976년 dry natural gas의 입증된 매장량이 2,200EJ 이었으나 2002년에는 그 동안 천연가스를 상당히 많이 소비했음에도 불구하고 입증된 매장량이 5,500EJ로 증가하였다.

석유와 천연가스의 경우 표 3에 나타낸 값은 확인된 매장량, 매장량의 증가분, 그리고 미발견undiscovered 매장량의 합계에 해당한다.

– 확인된 매장량은 발견되었지만 아직 생산되지 않은 에너지 이다.

– 매장량의 증가분은 유전의 추가 개발과 향상된 생산 기술의 도입 때문에 현존하는existing 유전의 매장량이 증가한 부분이다.

– 미발견 매장량은 새로운 유전의 발견에 대한 최선의 추측값 이다.

예를 들어, 2002년 Oil and Gas Journal에 발표된 석유의 매장량 18,900EJ은 확인된 매장량 7,280EJ, 매장량 증가분 4,380EJ, 그리고 미발견 매장량 5,630EJ의 합이다. 표 3의 천연가스 매장량은 파이프라인에서부터 너무 멀어서 소비자들에게 수송하기에 비경제적인 3,000EJ의 확인된 매장량을 포함하고 있으며, 천연가스(대부분 메탄 성분)에 포함된 다른 성분들, 예를 들어 프로판 성분은 액화되어 별도로 운송되는데 2002년 전세계 매장량은 2,300EJ에 달한다. 석탄의 경우 표 3은 확인된 매장량 만을 의미하기 때문에 석탄의 총 매장량은 표 3에서의 값보다 실질적으로 더 크다. 표 3에서 특별히 불확실한 수치는 메탄 하이드레이트methane hydrate 인데, 매장량이 100,000 내지 270,000,000EJ로 추정되므로 보수적인 관점에서 낮은 값이 수록되었다.

1.4 에너지의 활용

현재 전세계적으로 사용되는 에너지의 대부분은 그림 1에 나타낸 것 처럼 비 재생 에너지 자원으로부터 생산되고 있다. 예상치 못했던 사실은 대부분의 재생 가능한 에너지 자원(지열, 바이오매스, 태양, 바람)이 전체적인 에너지 공급에서 차지하는 비중이 아주 작다는 것이다. 그림 2에서 알 수 있듯이 1997년 미국에서 전기 생산에 사용된 에너지의 12% 만이 재생 가능한 에너지 자원에서 공급되었으며, 그 중 83%가 수력 에너지였다. 즉, 전기 생산에 사용된 전체 에너지의 2% 만이 수력 이외의 재생 가능한 에너지 자원으로부터 공급되었다. 아직까지는 태양 에너지와 풍력 에너지가 차지하는 비중이 아주 작으며 지열 에너지의 그것 보다도 훨씬 더 작다는 사실은 매우 실망스럽다. 현재로서는 재생 가능한 에너지의 대부분은 수력과 바이오매스 에너지로부터 공급되고 있다.

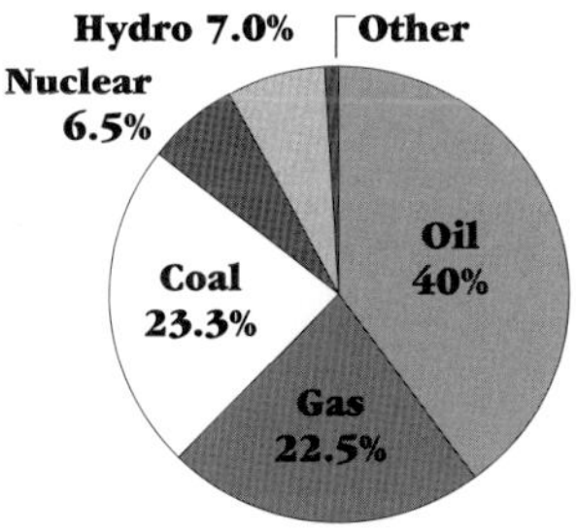

그림 2_ 전세계의 에너지 자원 (참고문헌 [3])

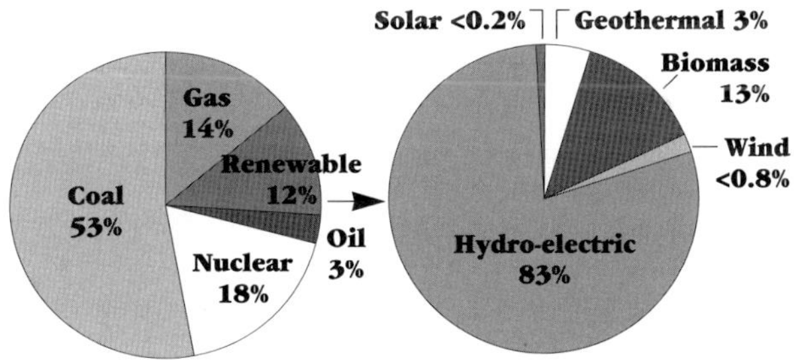

그림 3_ 1997년 미국의 전기 생산과 재생 가능한 에너지가 차지하는 비중 (참고문헌 [3])

발전소의 활용도 또는 가동률은 발전소에서 실제 생산된 에너지와 발전시설이 전 용량full capacity으로 멈추지 않고 가동되었을 때 생산될 수 있는 에너지 사이의 비ratio이다. 표 5에서 볼 수 있듯이 핵 발전소의 가동률은 매우 높은 반면, 풍력 발전소의 가동률은 풍속의 심한 변화 때문에 아주 낮다. 태양 에너지의 경우도 낮/밤 주기와 기상 조건의 변화 때문에 발전 시설의 가동률이 낮은 단점이 있다.

〈표 5〉 2001년 미국에서의 에너지 사용 (참고문헌 [3])

에너지 자원	사용량EJ	생산 용량GW	가동률%
열thermal	9.69	600	51.1
핵nuclear	2.71	98	87.6
수력	0.97	99	31.1
지열	0.26		
풍력	0.021	4.28	15.4
기타	0.015		

1.5 생태학적 문제

오늘날 에너지 사용량이 증가하는 추세는 거의 피할 수 없으며 사용된 에너지의 최소 85%는 화석 에너지이다. 그렇지만 화석 에너지 매장량은 다음 천년millennium의 상당한 기간 동안 인류의 에너지 수요를 감당할 수 있을 만큼 풍족해 보인다. 그러면 무엇이 문제인가?

첫 번째는 경제적인 문제이다: 쉽게 접근할 수 있는 석유와 천연가스 자원의 대부분은 벌써 개발되었고 남은 것들은 에너지를 생산하기가 점차 더 비싸지고 있다. 또 다른 것은 정치적인 문제이다: 선진국에서 사용되는 에너지의 대부분은 수입되고 있다. 예를 들어, 미국에 부존하는 석유 및 천연가스 매장량을 사용하는 것은 대중들의 인기에 부합하지 않는 일이므로 정치가들은 미국 내에서의 화석 에너지 자원에 대한 탐사를 승인하기를 꺼리고 있다. 또한 문명 세계로부터 더욱 멀리 떨어져 있는 지역으로부터 화석 에너지 매장량을 확인하고 에너지 자원을 생산하는 것과 관련된 기술적인 어려움도 있다.

그러나 위에서 언급된 것들 보다 더 심각한 장애 요소는 생태학적 문제이다. 화석 에너지는 모든 에너지 자원들 중에서 가장 값싸고 편리하지만, 그것의 사용에 의해서 환경 오염의 문제가 유발되며 인류가 그 문제를 더 이상 무시하거나 해결책을 연기할 수 없는 상황이 빠르게 접근해 오고 있다. 현재로서는 화석 에너지 자원으로부터 배출되는 가장 걱정스러운 기체는 이산화탄소인데, 대기 중의 농도가 점차 상승하여 19세기 후반에 270ppm 이었으나 지금은 365ppm에 이르고 있다. 대기 중의 이산화탄소 농도의 증가는 지구 온난화global warming를 초래할 수 있으며, 다음과 같은 생태학적 재앙의 가능성을 예견하는 징후들과의 연관성이 우려되고 있다.

— 지난 수십 년에 걸쳐서 북극 지방의 빙하 두께가 40% 감소하였다.

— 2001년 북극 지방의 빙하에 여름철의 구멍summertime hole이 발생하였다.

— 2008년 남극 지방의 거대한 빙하가 갈라져서 무너져 내렸다.

대기 중의 이산화탄소 농도를 감소시키거나 최소한 안정시키는 수단은 이산화탄소의 배출량을 줄이거나 대기 중으로 배출되지 않도록 처리하는 것이다. 이산화탄소의 배출량을 줄이기 위해서는 에너지 소비를 줄이거나, 대체 에너지 자원을 사용하거나, 에너지 사용 효율을 높이거나, 배출되는 탄소 단위 질량 당 더 많은 에너지를 생산하는 연료로 바꾸어야 한다. 예를 들어, 메탄 1kilomole이 연소되면 탄소 1kilomole 당 889.6MJ의 열이 생산되는 반면, 가솔린 성분에 해당하는 n-헵탄C_7H_{16} 1kilomole이 연소되면 탄소 1kilomole 당 688.6MJ의 열이 생산된다. 즉, 탄화수소 분자를 구성하는 탄소 원자들의 수가 많을수록 탄소에 대한 수소의 비가 감소하므로 연소열heat of combustion과 이산화탄소 배출량 사이의 비ratio가 작아진다. 이러한 이유 때문에 석유 보다는 메탄이, 그리고 석탄 보다는 석유가 화석 연료로서 더 선호된다. 이산화탄소를 배출하지 않는 대체 에너지 자원이 매력적인 대안이지만 핵에너지를 제외하고는 최소한 현재로서는 화석 에너지와 경쟁하기에 너무 비싸다. 이산화탄소가 대기 중으로 배출되는 것을 저감시키는 수단으로서는 생물학적 광합성에 의한 바이오매스 생산, 자연에 존재하는 magnesium 및 calcium silicate와의 반응에 의해서 carbonate 형성, 이차 회수 방법에 의한 석유 생산secondary oil recovery 과정에서 땅 속으로 주입, 액체 상태로 깊은 바다 속으로 주입, 등이 고려될 수 있으나 탄소의 회수 효율과 경제성 및 타당성 측면에서 이산화탄소 처리 용량이 지극히 제한되어 있다.

1.6 핵 에너지

석유 또는 메탄과 같은 화학적 연료chemical fuel는 분자 내부의 원자들이 낮은 에너지 형상configuration으로 재-배열될 때 에너지를 방출하는데, 이 에너지는 분자 결합 에너지로서 1 kilomole 당 수십 MJ의 크기를 가진다. 원자 내부의 구성 요소들(원자 핵)이 낮은 에너지 형상으로 재-배열되면 훨씬 더 큰 원자 내부의 결합 에너지 때문에 화학적 연료의 경우 보다 매우 큰 1 kilomole 당 수 GJ의 에너지가 방출된다. 원자 내부 구조의 변화를 이용한 에너지 생산의 대표적 예는 다음과 같다.

– 핵 분열: 큰 원자 번호의 원자들이 작은 원자들로 쪼개지면서 에너지를 방출하는데, 26보다 큰 원자 번호의 원자들에게 가능하다.

– 핵 융합: 작은 원자 번호의 원자들이 하나의 큰 원자로 합쳐지면서 에너지를 방출하는데, 최종적으로 생성되는 원자의 원자 번호가 26보다 작아야 한다.

핵 에너지는 체르노빌Chernobyl 원자력 발전소 사고 이후 안전성에 대한 인식이 좋지 못하지만, 여전히 많은 나라에서 상당히 많은 양의 에너지를 공급하고 있다. 2001년 미국의 핵 에너지 시설 용량은 98GW이고, France의 60GW와 일본의 42GW가 그 뒤를 잇고 있다. 핵 발전소의 가동률도 화석 에너지를 사용하는 발전소보다 매우 양호해서 2001년 미국의 핵 발전 시설은 87.6%의 가동률을 보였고, 1996년 France의 핵 발전 시설은 69.5%, 일본의 핵 발전 시설은 75.4%의 가동률을 보였다. 전기 생산에 있어서 핵 발전이 차지하는 비중은 미국의 경우 18%로서 비교적 크지 않으나, France의 경우 핵 발전에 대한 의존도가 매우 커서 76.1%에 달하고 일본의 경우 33.4%이다.

핵 발전 비용은 화석 에너지를 사용한 발전 비용의 약 2 배이다: 1996년 미국에서 핵 발전 비용은 1kWh 당 7cents 였으며 천연가스를 사용한 발전 비용은 1kWh 당 3cents 였다. 반응기 설계를 개선하고 조업 안전성을 보장하여 발전 비용을 줄이고 가동률을 향상시키면 핵 발전소는 온실 가스를 배출하지 않으므로 예전의 인기를 되찾을 수 있다. 핵 분열에 의해서 에너지를 생산하는 원자력 발전소의 주요 장애 요소는 발전소 조업 상의 위험 보다는 수명이 긴long-lived 많은 양의 방사성 폐기물을 처리하는 문제이다. 핵 융합 형태의 발전 시설에는 폐기물 처리 문제가 없으나, 지금까지 수십 년에 걸친 국가 간 협력 연구에도 불구하고 prototype 규모의 핵융합 발전 시설의 가동이 아직 불가능하다.

2. 재생 가능한 에너지

그림 4에 나타낸 것처럼 세 가지의 재생 가능한 에너지 원으로부터 자연에서 발생하는 다양한 에너지 변환 과정을 통해서 서로 다른 에너지 흐름들과 에너지 운반체들이 생성된다. 그러므로 에너지 밀도, 가용한 에너지 형태, 관련된 이차 또는 최종 에너지 운반체, 그리고 공급되는 최종 에너지의 측면에서 여러 가지의 재생 가능한 에너지들이 존재한다.

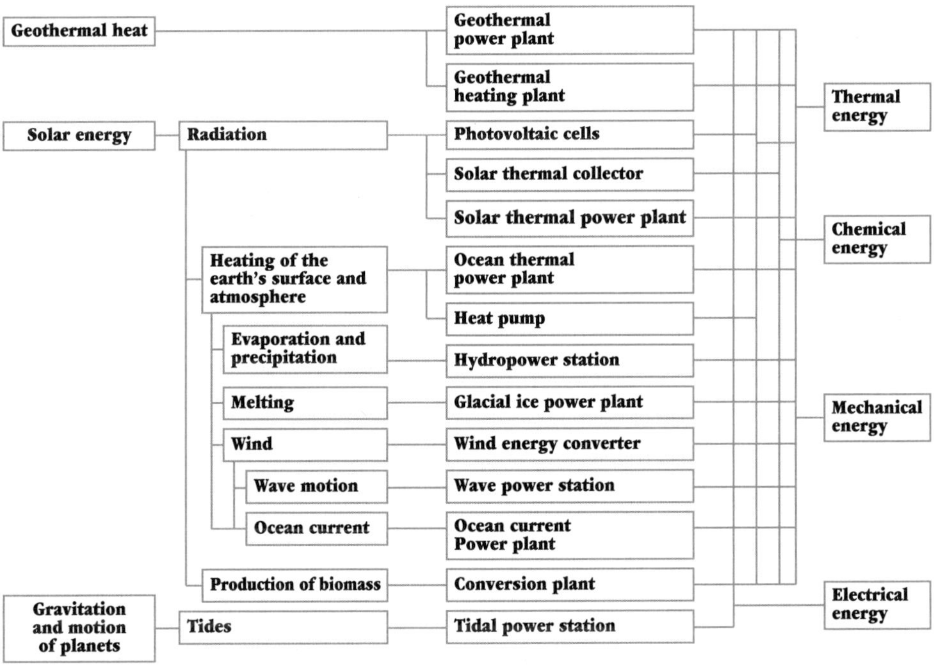

그림 4_ 재생 가능한 에너지로부터 유용한 에너지의 공급 체계 (참고문헌 [5])

그 가운데 태양 에너지가 지구 상에서 변환되는 모든 에너지의 99.9% 이상을 차지하는데, 태양 에너지의 전자기적 복사electromagnetic radiation 밀도는 약 63.5MW/m^2에 달하고 이 에너지가 지구 대기권의 상층부에 도달했을 때 약 1,370W/m^2의 복사 에너지 평균 밀도가 얻어진다. 태양의 복사 에너지는 지구의 대기권 내에서 공기 집단의 움직임movement을 유발하는데, 대기권의 외곽층에 내리쬐는 태양 복사 에너지의 약 2%가 대기의 움직임에 활용되며 이 값은 약 3.6×10^{15}W의 이론적인 풍력 에너지를 유발한다. 태양의 복사 에너지는 광합성을 통해서 식물이 생존하는데 필요한 에너지의 생성에 사용되는데, 지구 상에는 총 1.84×10^{12} 톤(dry basis)의 바이오매스가 존재한다. 태양 및 조력 에너지와는 별도로, 지구의 땅 속에 저장되어 있는 열은 인류에게 가용한 또 다른 재생 가능한 에너지 원이다. 지구의 지각crust은 지구 땅덩어리의 최외각 층으로서 땅 속 약 30km 까지의 깊이에 해당하며 최고 온도가 1,000℃에 달한다.

3. 에너지와 지구온난화 (참고문헌 [6])

3.1 지구 온난화 영향

지난 100년간 지구의 평균온도는 점점 상승하는 추세를 보이면서 지구온난화global warming현상이 나타나고 있다. 이러한 현상은 이산화탄소CO_2 등과 같은 온실가스greenhouse gas의 증가로 인해 대기의 기온이 상승하는 온실효과greenhouse effect로 인한 것이다. 지구의 자동온도조절 능력natural temperature control system이 위기를 맞고 있음을 보여준다. 이와 같은 기후변화는 기상이변, 해수면 상승 등을 초래하여 생태계와 사회 및 경제 분야에 지대한 영향을 끼치고 있다.

최근에 발생되고 있는 기후변화 현상은 다음과 같은 것을 예로 들 수 있다.

- 북반구의 봄과 여름에 빙산이 1950년 이래로 약 10-15% 감소

– 지난 100년 동안 지구 해수면의 높이가 10-25cm 상승함으로 투발루, 키리바시 공화국의 일부도서, 몰디브, 파푸아뉴기니 등 남태평양 섬나라가 물에 잠기고 있음
– 폭염과 폭풍 등의 기상이변 및 사막화

인류가 지구환경 속에서 쾌적하게 살아갈 수 있는 이유는 무엇일까? 이것은 대기 중 이산화탄소 등의 온실가스가 온실의 유리처럼 작용하여 지구표면의 온도를 일정하게 유지하기 때문이다. 지구의 평균온도가 15℃정도로 유지될 수 있는 것도 대기 중에 존재하는 일정량의 온실가스에 의한 것이다. 이러한 온실효과가 없다면 지구의 평균온도는 -18℃까지 내려가 생명체는 살 수 없게 된다. 그런데, 온실효과를 일으키는 물질들이 지난 100년 동안 증가되고 있으며, 인류는 기후변화라는 전 세계적인 문제에 직면하게 되었다. 즉, 삼림벌채 등으로 인해 자연의 자정능력이 약화되고, 산업발전에 따른 화석연료의 사용량이 증가되어 인위적으로 발생되는 이산화탄소의 양이 증가됨에 따라 두터운 온실이 형성되어 온실효과가 커졌다(그림 5 참조) 이로 인하여 지구의 평균온도가 올라가는 지구 온난화 현상이 나타나고 있는 것이다. 온실효과의 메카니즘은 다음과 같다.

온실효과 메카니즘

– 태양에서 지구로 오는 빛 에너지 중에서 약 34%는 구름이나 먼지 등에 의해 반사되고, 지표면에서 44% 정도만 도달함
– 지구는 태양으로부터 받은 이 에너지를 파장이 긴 적외선으로 방출하는데, 이산화탄소 등의 온실가스가 적외선 파장의 일부를 흡수함
– 적외선을 흡수한 이산화탄소 내의 탄소 분자는 들뜬 상태가 되고, 안정상태를 유지하기 위해 에너지를 방출하는데, 이 에너지로 인해 지구가 따뜻하게 되는 것임

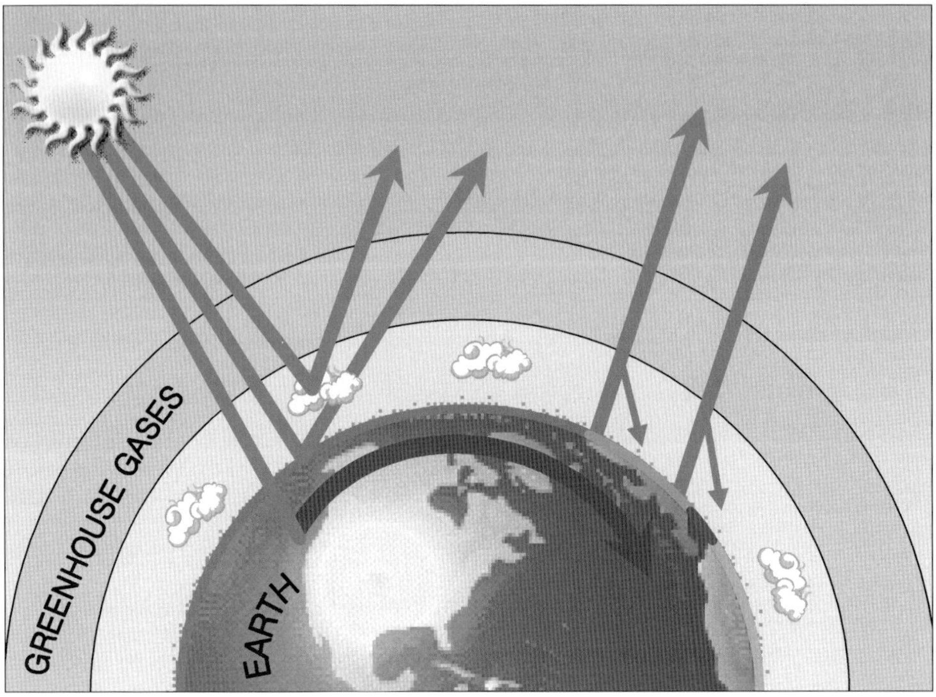

그림 5_ 태양 복사선의 지구지표면에 흡수와 반사

대기를 구성하는 여러 가지 기체들 가운데 온실효과를 일으키는 기체를 '온실가스'라 하며, 온실가스는 이산화탄소CO_2, 메탄CH_4, 이산화질소N_2O, 프레온CFCs(수소화불화탄소HFC, 불화탄소PFC, 불화유황SF_6), 오존O_3 등이 있다. 이 중 기후변화협약 제 3차 당사국총회COP : Conference of the Parties에서는 이산화탄소, 메탄, 아산화질소, 수소화불화탄소, 불화탄소, 불화황을 6대 온실가스로 지정하였다. 이들 온실가스들이 지구온난화에 기여하는 정도는 IPCC가 제시한 지구온난화지수global warming potential, GWP를 통해 알 수 있으며, 이산화탄소를 1로 보았을 때, 메탄은 21, 아산화질소는 310, 프레온가스는 1,300–23,900배이다. 이 중 이산화탄소는 지구온난화지수가 낮지만, 규제 가능한 가스controllable gas로써 전체 온실가스 배출 중 80%를 차지하고 있기 때문에 6대 온실가스 중 가장 중요한 온실가스로 분류되고 있다. 탄소 성분이 포함된 화석연료의 연소 등에 의해 배출되는 이산화탄소는 일반적으로 자연계의 흡수원sink에 의해 균형을 유지하게 된다. 즉, 생물적, 물리적 과정을 통해 바다에 용해되거나 식물의 성장과정에서 흡수된다. 인위적으로 배출된 양이 많을 경우에는 흡수원과의 균형에 의해 대기 중 이산화탄소 농도는 적정수준을 유지하게 된다. 그러나 연간 인위적 배출량이 자연배출양의 3%만 초과하여도 흡수원과의 균형효과가 파괴되고, 대기 중에 이산화탄소가 축적되어 지구온난화가 발생한다.

〈표 6〉 6대 온실가스 특성

(2001년 기준)

온실가스	CO_2	CH_4	N_2O	PFCs, HFCs, SF_6
배출원	에너지사용/산업공정	폐기물/농업/축산	산업공정/비료사용	냉매/세척용
대기중 농도 (ppm)	353	1.72	0.31	0.002
국내 총배출량 (%)	88.6*	4.8	2.8	3.8
대기체류시간 (년)	50~200	20	120	65~130
증가율/년 (%)	0.5	0.9	0.25	40
온실효과기여도 (%)	55	15	6	24
지구온난화지수 (GWP)	1	21	310	1,300~23,900

● ppmpart per million : 백만분율

* 88.6% : 에너지관련 CO_2 배출량이 82.2%, 기타부분 CO_2 배출량이 6.4% 차지

지구온난화지수Global Warming Potential, GWP

- 대기 중 농도의 변화를 직접 측정하지 않고 서로 다른 기체들의 상대적인 복사 흡수 능력을 측정하기 위해 공통적인 수단으로 방출수준을 해석하기 위한 지수
- 일정기간(보통 100년) 동안 1kg의 온실가스가 야기하는 적외선 흡수 능력(가열효과)과 이산화탄소 1kg의 영향에 대한 비율로 측정됨
- IPCC에서 매 회기마다 GWP를 갱신함

급격한 산업화로 인한 이산화탄소 발생량 증가로 지구 온난화 현상이 가중되고 있으며, 이러한 기후변화는 해수면의 상승과 국지성 폭우 및 폭설 등의 기상이변을 가져오며, 육상 및 해양생태계의 변화 및 인류 건강에 직, 간접적인 영향을 끼칠 것

으로 전망된다. IPCC 보고서를 통해 발표되는 자료들은 자연과 인간, 그리고 사회 및 경제적 충격이 심각할 것을 보여주고 있으며, 다가올 미래에는 온난화율이 더욱 가속화 될 것임을 분명하게 보여준다.

온실가스의 인위적 배출에 대한 규제 및 감축 정책이 시행되지 않을 경우, 2100년에는 지구평균온도가 1990년 대비 1.4-5.8℃ 상승 될 것으로 예상되며, UNEPunited national environment program, 국제연합환경계획는 해수면의 높이가 50cm 높아질 경우, 마셜군도 내 환초의 약 80%가 없어지고, 방글라데시의 17.5%, 우루과이의 0.05%가 침수된다고 밝혔다. 또한 해수면이 1m 상승하면 방글라데시 같은 저지대 지역은 지도상에서 사라지고, 세계 경작지의 1/3 이상이 피해를 입을 것이라고 경고하였다. 한국의 경우, 연평균 기온이 4℃ 상승하면 제주도 서귀포는 대만과 비슷한 기온분포를 보여 열대작물도 재배가 가능하나 기후변화는 농업생태계에 매우 복잡한 변화를 가져오기 때문에 부정적 영향이 더 클 것으로 예상된다. 지구온난화가 환경에 미치는 영향은 다음과 같이 정리할 수 있다.

생태계

– 산림분포지역이 광범위하게 소멸되고, 삼림의 평형이 깨어짐
– 전반적으로 식생대가 중위도 기준 북극쪽으로 55-100km 북상 예상
– 한국의 경우, 현재의 온대성 식생 외에 아열대성 식생이 증가하는 등 생태계의 혼란이 예상됨

수자원

– CO_2농도가 2배 증가시 2050년까지 산악지역 빙하의 25% 이상 감소 예상
– 물 공급 부족국가인 우리나라의 경우 물 부족에 따른 수질악화 예상

식량

– 전세계적으로 기후대가 변하여 식량 생산 변화가 일어남
– 어류의 이동경로 변화, 해양 생태계 변화, 산소량 감소, 물고기의 질병 증가

로 인해 수산업 타격

– 한국의 경우, 온난화로 인해 다모작 농사가 가능해지지만 병충해가 늘어나게 되어 토양이나 수질오염이 심각해짐

해안계

– 2100년 세계의 해수면은 최대 88cm 상승
– 한국의 경우, 경사가 완만한 서해안과 남해안에서는 침수 우려가 있음

인간의 건강

– 더위로 인한 스트레스와 질병이 2배 정도 증가
– 전염성 질병체의 분포변화로 전염병 이동의 증가
– 말라리아와 같은 열대성 질병이 고위도로 확산되어 한국의 경우에도 열대성 질병 발생이 예상됨

3.2 기후변화협약

지구온난화 문제는 국지적, 국내적 환경문제가 아닌 범지구적 차원에서 해결해야 할 문제로 온실가스 규제와 지구환경의 조화를 위한 국제적 노력이 요구된다. 1992년 6월 브라질의 리우환경회의에서 지구온난화에 따른 이상기후현상을 예방하기 위한 목적으로 유엔기후변화협약이 채택됨으로써 국제적 공동대응이 시작되었으며, 교토의정서 채택으로 지구온난화는 단순한 환경문제로만 그치는 것이 아니라 세계 신경제질서를 예고하는 경제문제임이 부각되고 있다. 리우환경회의에서는 "기후변화에 관한 국제연합 기본협약UNFCCC : united national framework convention on climate change"이 채택되었다. 이 협약은 인류에 의해 발생되는 위험하고 인위적인 요소들이 기후 시스템에 영향을 미치지 않도록 대기 중 온실가스의 농도를 안정화시키는 것을 궁극적인 목적으로 하고 있다. 협약 채택 당시, 도서국가연합 및 EU 등은 구속력 있는 감축의무를 추가 규정할 것을 주장 하였으나 미국 등

여타 선진국들이 반대하여 단순한 노력사항으로 규정되었다. 회의 참가국 178개국 중 한국을 포함한 154개국이 기후변화협약에 서명하였으며, 이후 1994년 3월에 공식적으로 발효되었고, 2004년 2월에 188개국이 가입한 상태이다. 매년 1회의 당사국 총회가 개최되는데, 기후변화협약의 최고 기구로 협약 이행 상황의 정기적 검토 및 협약의 효과적 이행에 필요한 조치를 결정하는 주요기구이며 당사국party뿐만 아니라 비 당사국non-party도 관찰자로소 회의에 참가할 수 있다. 표 7은 기후변화협약을 위한 당사국 총회의 주요결과들을 나열한 것이다.

〈표 7〉 당사국 총회 결과

전문	COP	내용
′92. 6		기후변화협약 채택(리우환경회의)
′94. 3		기후변화협약 발효(50개국 비준, 우리나라 ′93. 12 비준)
′95. 3 독일 베를린	COP 1	협약상의 감축의무만으로는 지구온난화 방지가 불충분함을 인식하여 2000년 이후 감축 목표 논의 시작, COP 3에서 의정서(또는 협약개정)를 채택키로 결정
′96. 7 스위스 제네바	COP 2	미국과 EU는 감축목표에 대해 법적 구속력을 부여키로 합의, IPCC의 2차 평가보고서 중 "인간의 활동이 지구의 기후에 명백한 영향을 미치고 있다" 공식 인정
′97. 12 일본 교토	COP 3	2000년 이후 Annex I 국가의 감축목표를 주요내용으로 하는 교토의정서Kyoto Protocol 채택
′98. 11 아르헨티나 부에노스아이레스	COP 4	신축성 체제 운용을 위한 행동계획 채택
′99. 10 독일 본	COP 5	경제성장에 연동된 온실가스 배출목표 설정 우리나라는 자발적, 비구속적 전제하에 참여할 수 있음을 표명
′00. 11 네덜란드 헤이그	COP 6	2002년 교토의정서 발효를 위한 교토의정서 상세 운영규정 확정 예정이었으나 미국, 일본, 호주 등 Umbrella 그룹과 유럽연합EU 간의 입장차이로 협상 결렬
′01. 6 독일 본	COP 6 속개회의	EU와 개도국의 양보로 미국을 배제하고 교토의정서 체제 극적 합의Bonn Agreement
′01. 11 모로코 마라케쉬	COP 7	COP 6 속개회의에서 해결되지 않았던 교토의정서 이행방안 (마라케쉬 합의문 : 교토메카니즘, 의무준수체제, 흡수원 등 최종합의) 채택

'02. 10 인도 뉴델리	COP 8	기후변화협약과 교토의정서 향후 방향에 관하여 뉴델리각료선언채택 미국을 배제한 교토의정서 발효를 시도하였으나 러시아의 비준 유보로 교토의정서 발효 합의 실패
'03. 12 이탈리아 밀라노	COP 9	CDM*하에서 해외조림 및 재조림사업 합의점 도출, 선진국과 개도국 간의 기술이전 및 능력형성 등 협약상의 의무이행 보완에 중점
'04. 12 아르헨티나 부에노스아이레스	COP 10	과학기술자문부속기구SBSTA가 기후변화의 영향, 취약성 평가, 적응수단 등에 관한 5년 활동계획을 수립하였으며 1차 공약기간(2008~2012) 이후의 의무부담에 대한 비공식적 논의 시작
'05. 12 캐나다 몬트리올	COP 11	"기후변화협약 조항에 따른 각국의 의무이행 점검" 논의

* CDMClean Development Mechanism : 청정개발체제

3.3 교토의정서The Kyoto Protocol

1995년 3월 독일 베를린에서 개최된 제 1차 당사국총회에서 협약상의 감축의무만으로는 지구온난화 방지가 불충분함을 인정하였다. 따라서 Annex I 국가의 감축의무 강화를 위해 2000년 이후의 감축목표에 관한 의정서를 제 2차 당사국총회에서 채택키로 결정하였고 1997년 2월 일본교토에서 개최된 이 총회에서 2000년 이후 선진국의 감축목표를 주요내용으로 하는 교토의정서가 채택되었다. 이는 온실가스 배출량을 줄이기 위한 경제적 비용이 막대하여 그 동안 많은 논란에도 불구하고 구속력 있는 감축목표가 설정되지 못하였으나 선진국들이 환경문제에 대한 국제사회의 여론 및 온실가스 배출에 대한 역사적 책임을 외면할 수 없어 감축목표에 합의하게 된 것이다. 교토의정서는 온실가스 감축에 대한 법적 구속력이 있는 국제협약으로 전 세계 국가들이 지구 기후변화 방지를 위한 노력을 하겠다는 기후변화협약과는 달리, 이를 이행하기 위하여 누가, 얼마만큼, 어떻게 줄이는가에 대한 구체적 방법이 명시되어져 있다. 교토의정서의 주요 내용은 다음과 같다.

(1) 선진국Annex I의 구속력 있는 감축목표 설정(제 3조)

(2) 공동이행제도JI : joint implementation, 청정개발체제CDM : clean development

mechanism 및 배출권거래제도ET : emission trading 등 시장원리에 입각한 새로운 온실가스 감축 수단의 도입(제 6조, 12조, 17조)

(3) 국가간 연합(EU 등 지역경제통합기구)을 통한 공동 감축목표 달성 허용(제 4조)

교토의정서는 온실가스 감축을 위하여 경제적이며 유연성 있는 수단을 인정하였고, 선진국의 차별화된 목표와 온실가스 대상 물질 등을 명시하였다. 의정서에 따르면 기후변화협약 Annex I 국가들은 2008-2012년 기간 중 자국내 온실가스 배출총량을 1990년대 수준대비 평균 5.2% 감축하여야 하며 교토 메카니즘을 도입하는 내용이 포함되어 있다. 교토 메카니즘은 선진국의 온실가스 배출량이 계속 증가되고 있는 것에 대비하여 국내적 수단에만 의존하여 감축목표를 달성하는 경우 경제적 비용이 막대할 것으로 분석되어 이를 최소화하기 위한 목적으로 시장성(또는신축성) 원리를 적용하여 고안된 것이다. 교토 메카니즘에는 공동이행제도, 청정개발체제, 그리고 배출권거래제도가 포함되어 있으며, 이들 제도의 내용은 다음과 같다.

(1) 공동이행제도JI : joint implementation

교토의정서 제 6조에 규정된 제도로써 선진국인 A국이 선진국인 B국에 투자하여 발생된 온실가스 감출분의 일정분을 A국의 배출저감 실적으로 인정하는 제도

(2) 청정개발체제CDM : clean development mechanism

교토의정서 제 12조에 규정된 것으로 선진국이 개도국과 공동이행JI을 통하여 발생되는 온실가스 배출감출분을 자국의 감출실적에 반용할 수 있도록 하는 동시에 부담금user fee을 납부하도록 하여, 이를 청정개발 체제 운영비 및 개도국의 기후변화에의 적응비용에 충당하는 제도.

청정개발체제는 공동이행제도와 달리 1차 의무기간(2008-2012년) 이전의 조기감축활동early action을 인정하는데, 2000-2007년에 발생한 CERscertified emission reductions(CDM 사업을 통해 인정받은 온실가스 감축량)을 소급하여 인정한다.

(3) 배출권거래제ET : emission trading

교토의정서 제 17조에 규정된 제도로써 온실가스 감축의무가 있는 국가에 배출 쿼터를 부여한 후, 동 쿼터를 초과한 경우 배출권을 구매하고, 미달하는 경우 잉여분을 판매하도록 하는 제도.

3.4 기후변화협약 대응기술

이산화탄소 배출저감을 위한 대응 방안은 정책적 대응 방안과 기술적 대응 방안의 두 가지의 방법이 있다. 이들 두 가지 대응 방안은 상호보완적인 성격을 지니고 있으며, 각국은 이산화탄소 배출 저감을 위한 종합대책으로써 정책적 수단과 기술적 수단을 병행하여 시행하고 있다.

정책적 대응 방안으로는 이산화탄소 배출 저감을 위한 산업계 및 시민단체 등과의 파트너십 강화와 교육 홍보를 통한 전 국민의 자발적 참여와 협력을 유도하는 방법이 있다. 이는 정부의 강제적 대책과는 차별되는 방안으로 지속적이고 장기적인 노력을 필요로 한다. 강제적 성격의 방안으로는 우선 통합관리형 에너지 절약체계의 구축 등 산업, 수송, 가정, 폐기물 및 농축산 등의 각 부분에서 온실가스 감축 시책을 대폭 강화하는 방법이 있다. 또한 온실가스 국가 등록시스템, 청정개발제도 CDM 및 배출권 거래제의 도입 등 교토 메카니즘의 대응기반 구축과 활용을 들 수 있다.

온실가스 배출량 중 90% 이상을 차지하고 있는 이산화탄소는 화석연료 사용으로 59억 탄소톤(1992년)이 배출되며, 이는 인간이 배출한 전체 이산화탄소 배출량의 4분의 3을 차지한다. 지구온난화의 핵심과제인 이산화탄소 배출저감에는 여러 가지 방법이 있을 수 있으나, 우선적인 해결방안으로는 화석연료의 이용효율 향상 기술개발을 통한 고효율 에너지 이용기술이 있다. 즉, 기존보다 저감된 화석연료 소비를 통해 동일한 필요 에너지를 생산함으로써 이산화탄소 배출량을 원천적으로 저감할 수 있는 것이다. 그러나 이러한 방법으로는 대기 중 이산화탄소 농도의 증가율을 둔화시킬 수는 있으나 장기적으로 대기 중의 이산화탄소 농도를 적정농도인 300ppm 정도로 낮추는 것이 불가능하다 그러므로, 배출되는 이산화탄소를 직접 분리하여 처리함으로써 대기 중 이산화탄소 농도의 증가를 멈추게 하고 최종적으로 그 농도를 저감할 수 있는 기술개발이 필요하다. 이 처럼 직접적인 이산화탄소 처리기술은 현재의 기술수준에서는 경제성 확보가 어려우나, 교토의정서가 발효되고 탄소세가 도입될 경우 반드시 확보되어야 할 기술로 평가되고 있다.

한편, 지구온난화를 방지하기 위해서는 앞서 언급한 기술외에 장기적 안목에서 기술개발 전략이 필요하기 때문에 가장 근본적인 해결책은 이산화탄소 발생이 전혀 없는 대체에너지 및 신에너지원의 개발이라 할 수 있다. 즉 화석연료의 소비가 계속 증가하는 한, 에너지 이용효율 향상과 이산화탄소 처리기술만으로는 기술적, 경제적 이산화탄소 배출 저감의 한계를 지니게 된다. 따라서, 아직은 화석에너지보다 경제성 부분에서 크게 떨어지지만 풍력, 태양광, 태양열, 조력, 연료전지 등의 대체에너지 및 신에너지원의 기술개발이 필요하다.

|참고 문헌|

[1] 21st Century Complete Guide to Biofuels and Bioenergy, US Department of Energy Alternative Fuel Research Report, Progressive Management, New York, 2006.

[2] H. Ziock, D. P. Butt, K. S. Lackner and C. H. Wendt, Reaction Engineering for Pollution Prevention, Elsevier Science, Amsterdam, 2000.

[3] A. V. da Rosa, Fundamentals of Renewable Energy Processes, Elsevier Academic Press, Burlington, Massachusetts, 2005.

[4] 이철균, 태양광 · 풍력 비싼 발전비 극복이 과제, 서울경제신문, 2008.

[5] M. Kaltschmitt, W. Streicher and A. Wiese, Renewable Energy: Technology, Economics and Environment, Springer, Berlin, 2007.

[6] 더워지는 지구, 그 원인과 대책, www.cdrs.re.kr.

태양에너지 Solar Energy

1 **2** 3 4 5 6 7 8 9

2 태양에너지Solar Energy

오늘날 세계는 석유, 천연가스, 석탄 등과 같은 화석에너지 자원의 고갈 및 수급 불균형으로 인하여 에너지 비용이 급상승하였으며, 다량의 화석연료 사용으로 인하여 환경오염 및 기후변화 문제에 직면하고 있다. 따라서 세계 각국에서는 새로운 대안을 마련하기 위하여 대체에너지 개발에 많은 투자를 하고 있다. 특히 먹이 사슬의 가장 아래에 있는 식물들의 광합성을 통하여 지구 생태계를 유지시키는 역할을 하는 태양에너지는 친환경적이고 무제한적으로 공급이 가능하며 지역적으로 편중되어 있지 않다는 장점 때문에 주목을 받고 있다.

태양은 태양계 전체 질량의 99%를 차지하고 있으며 지구의 1백9배에 해당하는 약 140만km의 지름을 가지고 있다. 지구와는 약 1억5천만km 떨어진 곳에 위치해 태양 빛이 지구에 도달하기 위해서는 약 8분 20초 정도가 걸린다. 태양의 표면온도는 약 6,000℃이고 그 중심부는 15,000℃나 된다고 한다. 태양의 대부분은 수소(전체 질량의 약 74%, 전체 부피의 92%)와 헬륨(전체 질량의 약 24~25%, 전체 부피의 7%)으로 구성되어 있으며, 나머지는 철, 니켈, 산소, 규소, 황, 마그네슘, 탄소, 네온, 칼슘, 크롬 등으로 구성되어 있다. 태양의 내부에서는 수소가 헬륨으로 바뀌는 핵융합 반응이 일어나며 이 과정에서 초당 3.8×10^{23}kW의 에너지가 만들어져 우주에 방출되는데, 이 중 약 22억 분의 1에 해당하는 1.2×10^{14}kW의 에너지만이 지구에 도달하게 되며, 이는 전 인류가 소비하는 에너지량(1.2×10^{10}kW)의 약 1만 배에 달하는 것이다. 이러한 태양에너지를 직접적으로 이용하는 방법에는 크게 두 가지가 있다. 하나는 태양열을 집열하여 그 열을 에너지원으로 이용하는 경우로서 주로 건물의 냉난방 혹은 온수공급과 산업공정에 필요한 열을 공급하는데 사용되며, 다른 하나는 태양전지와 같은 광전변환소자를 이용하여 태양광에너지로부터 전기를 생산하는 것이다.

1. 태양열 이용 기술

1.1 태양열시스템

오래전부터 해수로부터 소금을 생산하거나 음식물을 장기적으로 보관하기 위하여 육류 및 어류를 건조하는데 태양열을 직접 이용하여 왔으며, 최근에는 태양열시스템solar heating system을 설치하여 건물 내부공간의 난방이나 온수를 공급하기 위한 목적으로 태양열을 이용하고 있다. 태양열시스템은 크게 집열부collector element, 축열부thermal storage element 그리고 이용부use element로 구성되며, 시스템의 각 구성부 사이의 열전달 방법에 따라서 설비형 태양열시스템active system, 자연형 태양열시스템passive system 그리고 혼합형 태양열시스템hybrid system으로 구분된다.

1.1.1 설비형 태양열시스템

설비형 태양열시스템은 각 구성부 사이의 열전달을 위하여 기계적 동력사용에 의한 강제순환 방식을 사용하고 있으며, 건물외부에 설치한 집열기에 의해 태양에너지를 열에너지로 전환한다. 설비형 시스템에서는 여러 종류의 열매체와 함께 다양한 형태의 태양열 집열기가 사용되고 있다.

집열기

집열기는 사용되는 열매체의 종류에 따라서 공기식 집열기와 액체식 집열기로 나눌 수 있다. 공기를 열매체로 사용했을 경우에는 집열 효율이 낮기 때문에 현재 사용되고 있는 대부분의 집열기에서는 액체를 열매체로 채택하고 있다. 또한 집열기는 집열방법과 구조에 따라 평판형 집열기flat plate collector, 진공관식 집열기evacuated tubular collector, 집광식 집열기concentrating or focusing collector 등으로 구분한다.

평판형 집열기

설비형 태양열시스템에서는 평판형 집열기가 가장 많이 사용되고 있다. 평판형 집열기의 기본적 구조는 그림 1에서와 같이 태양복사선solar radiation이 통과할 수 있도록 유리나 플라스틱으로 만들어진 투명판이 상부를 덮고 있으며 그 뒷면에 복사선을 흡수하는 흡수판absorber plate이 위치하고 있다. 집열기에서 태양복사선을 통과시키는 투명판은 풍화작용에 강하고, 가능한 한 많은 복사선을 통과시키면서 적외선의 방출은 최소화할 수 있는 것이어야 한다. 이러한 재료로는 유리나 플라스틱이 적당한데, 이것들을 이중으로 붙여서 사용하기도 하고 유리판 위에 열에 강한 플라스틱 막을 씌운 것을 사용하기도 한다. 최근에는 효율을 더 높이기 위해서 반사방지 유리를 사용하기도 한다. 흡수판은 입사되는 자외선, 가시광선을 투명판을 통과하지 못하는 긴 파장의 적외선으로 바꾸어 열복사선thermal radiation을 방출하게 되며 그 에너지는 집열기 내에 축적되어 온실효과에 의해 뜨거운 열이 발생한다. 집열판 내부의 온실효과는 다음과 같은 과정을 통해서 일어난다. 우선 투명판을 통과한 태양복사선이 내부의 흡수판에 부딪치면 복사선의 일부는 흡수되고 일부는 반사하게 된다. 복사선의 흡수율은 흡수판의 색이나 표면 구조에 따라 달라지는데, 색이 어둡고 표면에 미세하게 굴곡이 있으면 흡수율이 높아진다. 반사된 복사선은 집열기 외부로 빠져나가지만, 흡수된 복사선은 적외선으로 바뀌어 투명판을 통과하지 못하고 집열기 내부에 에너지가 축적되어 온실효과가 일어나게 된다. 이때 집열기 내부에서 얻어질 수 있는 흡수판의 온도는 약 200℃에 달한다. 이 열

에너지를 효과적으로 전달하기 위하여 흡수판에 관을 부착하여 공기 혹은 액체의 열매체를 흐르게 한다. 열매체로는 일반적으로 액체가 많이 사용되는데, 이것은 열용량과 끓는점이 높고, 반면에 어는점은 낮아야 한다. 이는 온도가 높이 올라가도 끓지 않고 추운 겨울에도 얼지 않아야 하기 때문이다. 기온이 영하로 내려가지 않는 지역에서는 보통 물을 열매체로 사용하기도 한다. 열매체로 가장 흔하게 사용되는 것은 에틸렌글리콜이나 프로필렌글리콜 같은 부동액이 첨가된 물이다. 흡수판에 축적된 열은 이러한 열매체로 전해지고 열매체는 열교환기 속을 통과하면서 공간을 난방하거나 온수용 물을 가열한다. 따라서 난방이나 온수 생산이 잘 이루어지려면, 흡수판이 가능한 한 많은 양의 열을 흡수할 수 있고 또한 이 열을 열매체로 전해주는 열전도율이 뛰어나야 한다. 집열기를 외부의 풍화작용으로부터 보호하고 흡수판으로부터 열의 방출을 최소화하기 위하여 흡수판의 하단부와 측면부를 단열성이 뛰어난 재료를 사용하여 5~8cm 정도의 두께로 둘러싼다. 건축 단열재로 사용하는 스티로폼은 햇빛이나 열에 약하기 때문에, 태양열시스템에는 160℃까지도 견딜 수 있는 암면, 유리면 또는 폴리우레탄폼 등을 사용한다.

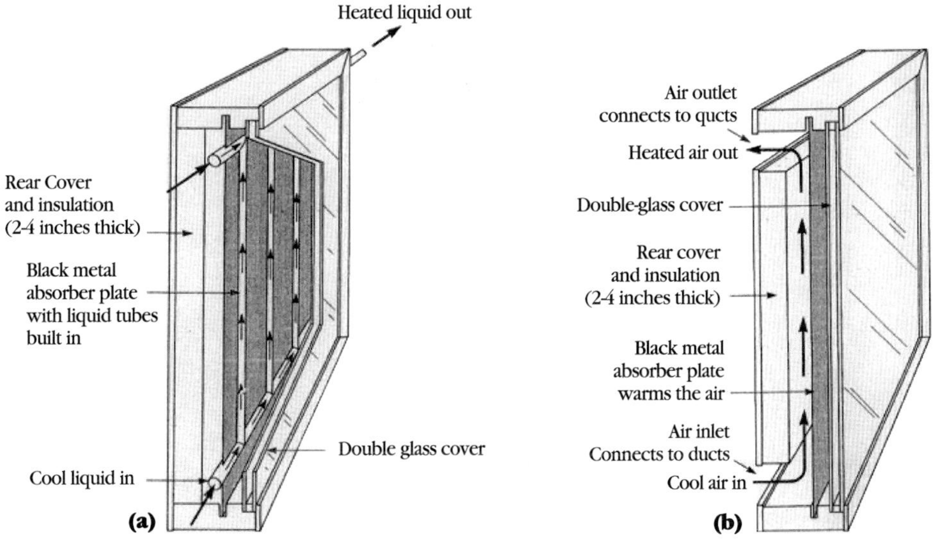

그림 1_ 평판형 집열기 구조 (a)열매체: 액체 (b)열매체: 공기

자료: J. Priest, "Energy: Principles, Problems, Alternatives", Addison Wesley, 1998, p.231-232.

평판형 집열기는 일반적으로 태양열 온수기, 태양열 주택, 온실, 난방 등과 같은 저온영역에서의 활용에 많이 사용되고 있다.

진공관식 집열기

집열기 중에서 열손실이 가장 적게 일어나는 것이 진공관식 집열기이다. 진공관식 집열기는 평판형 집열기와 구조가 거의 흡사하나, 흡열부가 진공 속에 놓여있기 때문에 공기로 인한 대류나 열전도가 일어나지 않고 단지 열복사로 인한 손실만 일어나도록 설계되었다. 즉, 유리로 된 진공관이 흡수판과 열매체 관을 보호해주기 때문에 열매체관과 진공관이 접촉하는 끝부분에서만 아주 적은 열손실이 일어난다. 그러나 진공관식 집열기는 평판형 집열기에 비해 제작비용이 많이 들며, 흡수판이 하나하나의 진공관 속에 들어있어 설치면적에 대비한 흡수판 면적이 평판형 집열기에 비해 크게 줄어든다는 단점도 있다. 이 형태의 집열기는 냉난방과 산업공정의 중온영역으로의 적용분야에 많이 사용되고 있다.

그림 2_ 진공관형 집열판

자료: http://www.energyvision.org

집광식 집열기

진공관식 집열기는 냉방, 산업공정, 태양열발전 등과 같은 중고온 영역의 적용 분야에 적합하다. 태양광의 집광방식에 따라 선형 집광식parabolic through concentrator; PTC과 집중형 집광식 혹은 접시형 집광식composit parabolic concentrator or dish type concentrator; CPC으로 나누어진다.

집열효율

집열기의 흡수판이 태양에너지를 열에너지로 변환하는 능력이 아무리 뛰어나다 해도 이 효율이 집열기 전체의 효율로 이어지지 않으며, 어떤 형태로든 열손실이 일어나게 된다. 정상상태에서의 평판형 집열기가 얻을 수 있는 에너지는 태양열 흡수판에 흡수된 태양에너지와 주변으로 손실된 에너지의 차이로서 나타낼 수 있다.

$$Q_c = A_c\left[I_t\tau\alpha - U_L(\overline{t_p} - t_a)\right] \qquad (2\text{-}1)$$

여기서 Q_c = 집열에너지 (*kcal/hr*)

A_c = 집열면적 (m^2)

I_t = 집열면에 도달하는 일사량 (*kcal/hr* · m^2)

τ = 투명판의 광투과율

U_L = 흡수판의 광투과율

α = 총괄 열손실계수 (*kcal/hr* · m^2 · ℃)

$\overline{t_p}$ = 흡열판 표면의 평균온도 (℃)

t_a = 외부온도 (℃)

태양열시스템의 집열판 성능을 최대로 하기 위해서는 식(2-1)에서의 It, τ, α의 값을 최대로 크게 하고 열손실 $U_L(\overline{t_p} - t_a)$을 최소로 할 수 있도록 설계하여야 한다.

1.1.2 자연형 태양열시스템

자연형 태양열시스템은 각 구성부간의 열전달 방식이 전도, 대류, 복사 등의 자연현상에 의한 비기계적인 순환방식을 채택하고 있으며, 태양에너지를 집열하는 방식에 따라서 직접획득형direct gain type, 간접획득형indirect gain type, 그리고 분리획득형isolated gain type 시스템으로 구분된다. 직접획득형 시스템에서는 실내 난방이 태양의 직사광선에 의해 직접적으로 이루어지며, 간접획득형 시스템에서는 태양에너지를 석벽이나 물벽에 집열한 다음에 열전도, 대류 및 복사와 같은 자연현상에 의하여 실내난방 효과를 얻을 수 있게 한다. 분리획득형에서는 실내와 단열되거나 떨어져있는 부분에 태양에너지를 모을 수 있는 집열부를 두어 실내공간을 난방할 때 형성된 대류작용에 의해서 그 효과를 거둘 수 있도록 한다.

자연형 태양열시스템은 주로 난방용으로 사용되며 이를 위한 난방시스템은 집열부, 축열부, 이용부로 구성되어 있다. 집열부에는 태양복사선을 잘 받을 수 있도록 남측에 위치한 투명한 투과체를 사용하는데 강화유리가 많이 사용되고 있다. 이 투과체 뒷부분에는 복사선을 잘 흡수하여 열로 전환하는 흑체의 흡수체가 위치하게 된다. 흡수체는 대개 흑색인데 흡수를 잘하고 복사율이 낮은 선택적 흡수박막을 코팅하여 사용한다. 선택적 코팅은 들어오는 태양복사선과 방출되는 열복사선의 파장이 다르다는 점을 이용한 것으로서 짧은 파장의 복사선은 흡수하고 긴 파장의 열선은 방출하지 않는다. 축열부에는 현열을 활용하기 위하여 물, 자갈, 모래, 벽돌 등이 사용된다. 용융탄산염이나 파라핀과 같이 잠열을 이용하는 상변화물질phase change material; PCM을 사용하면 축열효율을 향상시킬 수 있다. 열전달은 전도, 대류, 복사 등과 같은 자연적인 방법에 의하여 이루어지므로 송풍기나 펌프와 같은 기계적 장치는 자연형 시스템에 사용하지 않는다.

1.2 태양열 이용주택

태양열은 전력을 생산하는데 이용될 뿐만 아니라 주택의 난방용 스팀이나 온수를 생산하는 목적으로도 사용된다. 특히 가정에서 필요한 온수를 생산하기 위하여 태양열시스템을 사용할 경우에는 석유 및 천연가스 혹은 전기에너지를 절약할 수 있으며, 필요한 집열판의 면적도 크지 않아 추가적인 땅 없이 주택의 지붕 위에 설치할 수 있다. 이러한 시설이 갖추어진 주택을 태양열 이용주택이라고 부른다.

일반적으로 주택의 지붕에 설치되어서 한 가정에서 필요한 난방용이나 온수용 열을 생산하는 태양열 집열기는 그 용도가 독립된 주택용으로 한정되어 있는 것만은 아니다. 아파트의 벽이나 지붕에 집열판을 넓게 설치해서 아파트 전체에서 필요한 열의 일부 또는 전부를 공급할 수도 있고, 여러 개의 주택을 하나로 묶어 이들 주택 지붕 위에서 만들어진 열을 한군데에 모았다가 대단위 난방을 할 수도 있다. 이 경우에 필요한 것은 집열기의 규모에 맞는 커다란 축열조와 비교적 정밀한 열 조절 시설이다. 태양열을 이용해서 대단위로 난방열이나 온수열을 공급하는 일은 스웨덴에서 이미 20년 전부터 시행되어 왔고, 독일 등지에서도 퍼져나가고 있다. 독일에는 낡은 아파트를 보수하면서 남쪽 벽 한 면을 모두 집열판으로 덮은 경우도 있다. 아파트에서는 이 집열판을 통해서 필요한 난방열의 절반가량을 얻는다.

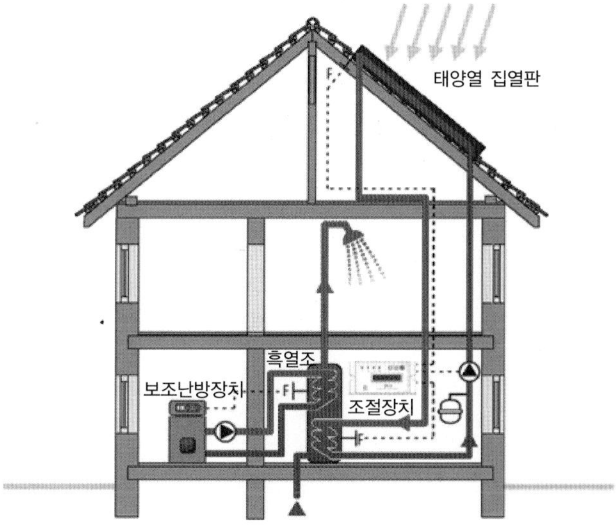

그림 3_ 태양열 이용주택

자료: http://www.energyvision.org

독일의 함부르크의 브람펠트Bramfeld 신주거 단지는 주택들의 남쪽 면을 향한 지붕이 모두 집열판으로 덮이도록 설계되어 있는데, 이곳에 사는 124가구는 이 태양열 집열장치의 혜택을 크게 받고 있다. 브람펠트 주택단지 집열판의 전체 면적은 3000m^{2}이고, 집열판에서 얻어지는 뜨거운 물을 보관하는 콘크리트 축열조는 지름이 26m, 깊이가 12m, 부피는 4500m^{3}에 달한다. 축열조가 이렇게 커야만 하는 이유는 뜨거운 물이 대부분 난방과 온수가 그다지 많이 필요하지 않은 4월부터 9월까지의 기간에 만들어지고, 정작 열이 많이 필요한 겨울에는 햇빛이 거의 비치지 않기 때문이다. 해가 잘 비치는 여름에 물의 온도는 섭씨 95도까지 올라가는데, 이것은 대형 축열조에 보관되었다가 겨울에 난방용 및 온수용으로 쓰인다. 겨울철에 많이 사용한 결과, 물이 식으면 보조 장치로 붙어있는 가스보일러로 물을 데워서 공급한다. 브람펠트 주거단지의 난방, 온수용 가스 사용량이 집열판이 설치되지 않은 경우의 절반밖에 안 되는 것으로 알려졌다. 브람펠트 주거단지와 같이 여름에 태양열을 모았다가 겨울에 사용하는 것을 계간seasonal 축열이라고 한다.

온수공급용 태양열시스템의 집열면적

기존의 거의 대부분의 주택은 에너지효율을 고려하지 않고 설계 및 건축이 이루어졌으므로 태양열을 이용한 난방시스템을 적용하기에는 많은 어려움이 있다. 이보다는 가정에서 필요한 온수를 공급하기 위하여 태양열시스템을 기존의 주택에 설치하는 것이 보다 효과적이다. 온수 공급용 집열기의 면적을 계산하기 위해서는 일사량, 일일 온수사용량, 요구되는 온수의 온도, 집열기의 효율 등을 고려하여야 한다.

일사량solar insolation은 태양 복사에너지가 지표면의 1m^{2}에 도달하는 양을 말한다. 일사량은 태양광선에 직각으로 놓은 1cm^{2}의 면적에 1분 동안 복사되는 에너지의 양을 측정함으로써 알 수 있으며, 측정하는 시간과 위치에 따라 차이가 난다. 국소적인 일사량은 지역에 따라 큰 차이를 보이는데, 산이나 거대 구조물 등의 지형에 의한 그림자에 의한 경우도 있고, 연중 맑은 날의 숫자의 차이에 의한 경우도 있다. 이러한 일사량의 차이는 태양열 발전소 등을 건립하기 위한 부지 선정에 중요한 고려 대상이 된다. 하루 중 일사량이 제일 클 때는 태양이 제일 높은 위치에 있을 때이며, 우리나라가 위치한 북반구에서는 일사량이 겨울에 가장 작고 여름에 가장 크다. 일사량의 성분에는 직달일사beam or direct radiation와 산란일사global or diffuse radiation로 나누어진다. 직달일사는 태양의 복사에너지가 대기권에서 산란, 편광, 흡수, 굴절되지 않고 지표면에 도달하는 직사광을 말하며, 산란일사는 지구의 대기권에서 수분, 공기입자, 공해물질 등에 의해서 산란된 형태의 무방향성 복사에너지를 말한다. 대기권을 통과하여 지구전체의 지표면에 도달하는 태양에너지의 평균 일사량을 1sun(0.1W/cm^2)이라고 한다.

강원도 강릉에 소재한 기존의 주택에 4인 가족이 사용할 온수공급용 태양열시스템을 설치하고자 한다. 연중 가장 추운 1월의 이 지역의 일사량은 3000kcal/m^2 · day이다. 가족 구성원 각자는 물의 온도가 60℃인 온수를 매일 20 G/A씩을 사용하며, 가정으로 공급되는 수돗물의 온도는 15℃이다. 물 1G/A을 1℃ 높이기 위하여 1.26kcal의 열량이 필요하며 집열기의 효율이 60%일 때, 사용가능한 에너지는 일사량과 집열시스템의 효율의 곱으로 구할 수 있다.

$$\text{가용한 열 에너지} = 3000\frac{kcal}{m^2 \cdot day} \times 0.6 = 1800\frac{kcal}{m^2 \cdot day}$$

위의 조건에서 이 가정에 필요한 온수를 공급하는데 필요한 에너지는

$$20\frac{G/A}{person \cdot day} \times 1.26\frac{kcal}{G/A \cdot ℃} \times 4persons \times (60-15)℃ = 4436\frac{kcal}{day} \text{이다.}$$

따라서 요구되는 태양열 집열판의 면적은

$$\frac{4436kcal/day}{1800kcal/m^2day} = 2.46m^2 \text{ 이다.}$$

1.3 태양열 발전

태양열발전은 태양전지와는 다르게 반사형 태양열 집열판을 사용하여 태양복사선에 의한 열에너지를 열원으로 하여 열기관을 사용해서 물을 가열하여 수증기를 발생시켜 터빈을 돌려 기계적에너지를 전기에너지로 변환하는 발전방식이다. 태양열을 이용하여 전기를 생산하는 발전시스템을 STECsolar thermal electric conversion 시스템이라고 부른다. 여기에 사용되는 반사판은 직사광선 만을 이용할 수 있기 때문에, 태양열 발전을 하기에는 구름이 적고 햇빛이 강한 지역이 적합하다. 태양열 발전시설은 대체로 홈통형trough 시스템, 접시/엔진dish/engine 시스템, 전력타워power tower 시스템의 세 가지 형태로 나눌 수 있는데, 이것들은 모두 집중장치concentrator, 흡수장치receiver, 전달/저장장치, 변환장치라는 네 개의 핵심장치로 구성되어 있다. 집중장치는 볼록렌즈나 포물선 형태의 반사판과 같이 햇빛을 한 곳으로 집중시키는 작용을 한다. 흡수장치는 집중장치를 통해서 수집된 태양복사선을 흡수한 후 그 열에너지를 작용매체로 전달하는 작용을 한다. 전달/저장장치는 이 작용매체를 에너지 변환기로 전해준다. 변환기에서는 전달된 열에너지를 전기에너지로 바꾸는 일이 이루어진다.

그림 4_ 홈통형 집중장치

자료: http://www.energyvision.org

그림 5_ 접시엔진 집중장치

자료: http://www.energyvision.org

홈통형 발전시스템에서 가장 눈에 띄는 것은 포물선형으로 구부러진 홈통처럼 생긴 집중장치와 그 초점들의 연결선에 길게 자리한 흡수장치이다. 집중장치로는 보통 포물선형으로 구부러진 긴 금속반사판이나 유리거울을 사용하는데, 이 장치가 길게 남-북 방향으로 하나의 축으로 연결되어 있다. 이 축은 회전할 수 있도록 되어있어 해가 동쪽에서 서쪽 방향으로 움직일 때 집중장치가 태양을 따라 회전하게 함으로서 가능한 많은 직사광선을 받도록 한다. 흡수장치는 긴 관의 형태로, 내부에는 400℃까지 올라가는 열매체가 들어있다. 이 뜨거운 매체가 물을 증기로 만들어서 증기터빈을 회전시키고, 이 회전에 의해 전기에너지가 만들어진다. 미국의 캘리포니아 남부에는 전체 발전용량이 354MW에 달하는 홈통형 발전시스템이 설치되어 있다. 1980년대 중엽에 세워진 이 발전소에서 1998년까지 생산한 전력의 양은 약 80억kWh에 달한다. 접시/엔진 시스템은 반사된 빛이 하나의 초점으로 모이도록 여러 개의 접시형 반사판을 오목거울 형태로 조합하고 초점에는 흡수장치와 엔진을 설치한 모양을 하고 있다. 햇빛은 접시에서 반사되어 흡수장치로 집중되고, 흡수장치에서는 흡수된 에너지를 엔진의 작용매체로 전달한다. 엔진에서는 열을 이용해서 기계적인 힘을 만들어내고 이 힘은 다시 전기에너지로 변환된다. 이 시스템에서는 높은 열을 얻어야 하기 때문에, 집중장치는 항상 해가 움직이는 방향으로 향할 수 있도록 이중의 축이 설치되어 있다. 한 개의 축은 하루 동안의 해의 움직임을 추적하고, 또 하나의 축은 일년간의 움직임을 추적한다. 이 시스템은 7-25kW급의 소형 발전시설에 주로 사용된다. 전력타워 시스템은 수백 개에서 수천 개에 이르는 거울과 이들 거울의 초점 부분에 위치한 타워로 구성되어 있다. 거울에는 두 개의 축이 달려있어 태양을 추적할 수 있도록 되어있고, 이들 거울 조합의 초점에는 흡수장치가 설치되어 있다. 흡수장치는 타워 꼭대기에 위치해 있는데, 여기에는 용융된 소금과 같이 열을 흡수하고 보유하는 능력이 뛰어난 열매체가 흐르고 있다. 이 열매체는 물을 증기로 변환시켜 스팀터빈을 돌리는데, 이 과정에서 전기가 생산된다. 흡수장치 속에서 태양에너지를 흡수한 용융 소금은 온도가 1000℃가까이 상승한다.

그림 6_ Barstow, California; Solar One

자료: http://www.energyvision.org

또한 태양열 발전 시스템의 종류는 크게 세 가지로 중앙 집중형 시스템central receiver solar thermal electric power system, 분산형 시스템distributed solar thermal electric power system, 그리고 독립형 시스템으로 구분된다. 중앙 집중형 시스템은 태양 추적 장치heliostat라고 불리는 거대한 태양 추적 반사경에서 반사된 태양광을 중앙에 위치한 타워의 한 점에 모아 고열을 얻고, 이 고열로 열교환기 등을 이용하여 고압 수증기를 발생시켜 전기를 얻는 방식이다.

그림 7_ Daggett, California; Solar Two

자료: http://www.energyvision.org

그림 8_ Albuquerque, New Mexico; SNL; National Solar Thermal Test Facility
자료: http://www.energyvision.org

2. 태양광 이용 기술

2.1 태양광 발전의 원리

태양광을 이용하는 발전기술은 태양열을 이용하는 집열기술과는 그 원리가 다르다. 태양광 발전은 반도체로 만들어진 태양전지Solar Cell 또는 Photovoltaic Cell에 태양광을 비쳐주면 광전효과photoelectric effect에 의해 광기전력photovoltaic electricity이 발생하는 원리를 이용하는 것이다. 태양전지는 그림 9에서와 같이 전기적 성질이 다른 nnegative 형의 반도체와 ppositive 형의 반도체를 접합시킨 구조를 가지고 있으며 2개의 반도체 경계부분을 p-n 접합p-n junction이라고 한다.

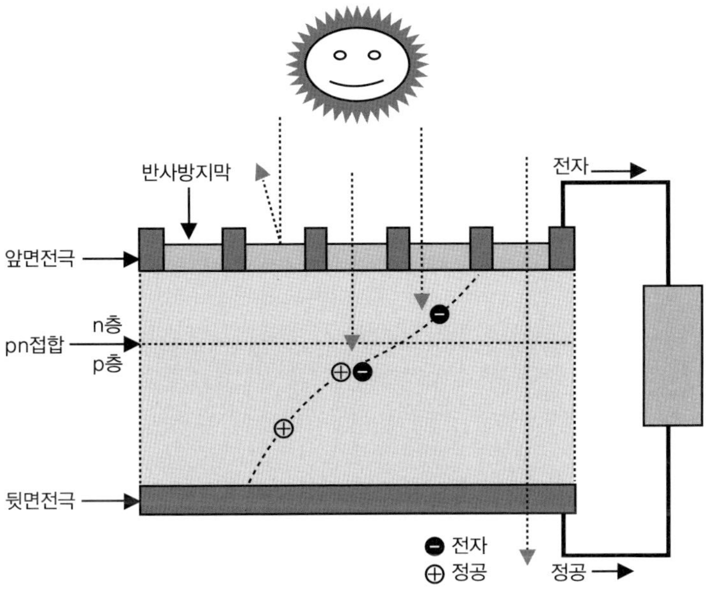

그림 9_ 태양전지 구조

자료: 윤경훈, "태양광기술 현황," 한국에너지기술연구원, 2004, p.1.

태양전지는 다양한 물질로 만들 수 있지만, 가장 널리 쓰이는 태양전지는 실리콘silicon으로 이루어져 있다. 실리콘은 다이아몬드 구조를 가진 결정으로서 지구상에서 두 번째로 보편화된 화학물질이다. 대표적인 실리콘 태양전지는 실리콘에 3가의 원소들인 알루미늄, 붕소 등을 도핑하여 양(+)으로 하전된 p형 실리콘 반도체와 실리콘에 5가의 원소들인 인, 비소, 안티몬 등을 함침시켜 만든 n형 반도체로 이루어진 p-n 결합구조 이다. 이와 같이, p형 반도체와 n형 반도체가 하나의 단결정으로 접합이 되면 불순물의 농도차에 의하여 n형 반도체의 잉여전자electron(-)가 p형의 반도체로 확산해 가고, 반대로 정공hole(+)은 p형에서 n형 반도체로 확산한다. 이에 따라서 p형 반도체의 전도대conduction band 내에 있는 전자의 에너지는 n형보다 좁아지고 n형 반도체의 가전자대valence band에 있는 정공이 갖는 에너지는 p형 반도체보다 높아지게 되므로 내부 전위차가 발생하게 된다. 이때 p-n 접합면에 반도체의 금지대폭Band-gap Energy 이상의 광 에너지가 흡수되면 가전자대에 있는 전자electron(-)가 여기되어 금지대폭을 건너뛰어 전도대로 이동하게 된다. 이와 같은 여기 상황으로 인하여 가전자대에 있었던 전자의 자리가 비게 되어 양전하처럼 행동하는 정공hole(+)이 형성되므로 양전하(정공)와 음전하(전자)의 쌍이 생기게 된다. 이렇게 생성된 전자-정공 쌍은 각각의 농도차와 전위차에 의하여 각각 전자는 n형으로, 정공은 p형으로 이동함으로서 p-n층 사이에 광기전력이 발생하게 된다. 이 때 양면의 전극에 부하를 연결하면 전류가 흐르게 된다.

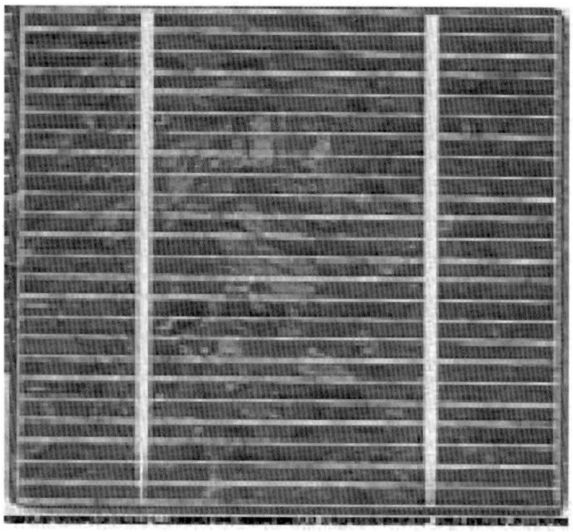

그림 10_ 태양전지 단위 셀

태양전지의 최소단위를 셀cell이라고 하며, 셀 하나의 크기는 대략 10×10cm²로서 셀 한 개로부터 나오는 전압은 약 0.5V로 매우 작으므로 단위 셀을 그대로 사용하는 일은 거의 없다. 실제로 태양전지로부터 발생한 전기를 활용하는 응용분야에서 필요한 전압은 수 V에서 수십 혹은 수백 V이상이 되기 때문에 필요에 따라 몇 개나 몇 십개의 셀을 직병렬로 연결하여 장기간 자연환경 및 외부 충격에도 견딜 수 있는 구조로 만들어 사용하게 되는데, 그 최소단위의 발전유닛을 태양광 모듈photovoltaic module이라 한다. 그리고 실제 사용부하에 맞추어 모듈을 어레이photovoltaic array 형태로 구성하여 설치하게 된다. 그림 11은 위에서 설명한 태양광 모듈과 어레이를 나타낸 것이다.

그림 11_ 태양광 모듈과 어레이

태양광 발전을 위해서는 태양전지로부터 생성되는 직류전기를 교류로 변환시키는 인버터, 축전지, 분전반 등의 주변장치가 필요하다. 그림 12은 주택의 지붕 위에 태양광 어레이를 설치하고, 배전선과 연계한 계통 연계형 태양광 발전시스템의 개략도이다.

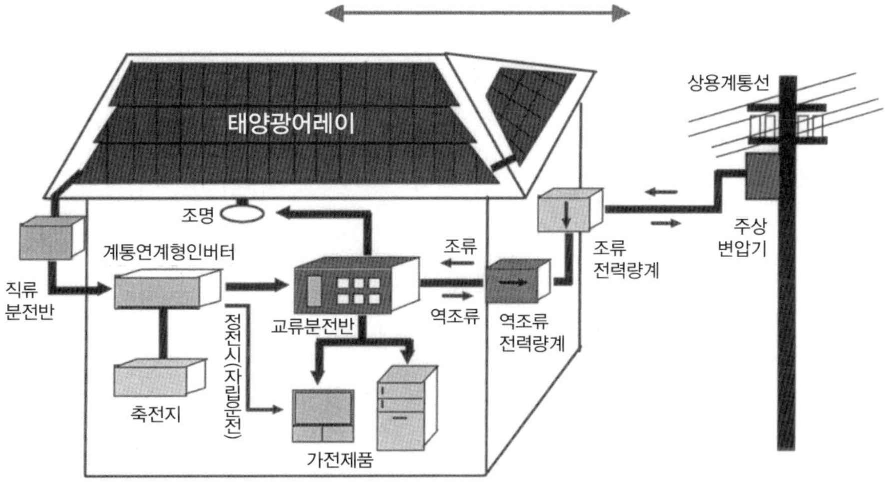

그림 12_ 주택용 계통 연계형 태양광 발전시스템

자료: 윤경훈, "태양광기술 현황," 한국에너지기술연구원, 2004, p.2.

2.2 태양광 발전의 역사

태양전지는 1839년 프랑스 과학자 Becquerel이 전해질 속에 담겨진 2개의 금속 전극으로부터 발생하는 전력이 빛에 노출 시 그 크기가 증가하는 광기전력 효과를 발견한 것과 그 역사를 같이하고 있다. 1954년에는 미국 Bell Lab에서 단결정 실리콘을 소재로 한 최초의 태양전지가 개발되었고, 이어서 1958년에는 우주선 Vanguard I호의 전원공급용으로 최초로 실용화되기에 이르렀다. 우주선의 전원용으로만 사용이 국한된 태양전지는 1970년대 2차례의 석유파동을 겪으면서 지상용 전원으로 활용하기 위한 가능성을 모색하게 된다. 이어 선진국의 체계적이고 집중적인 연구개발에 힘입어 1980년대부터 제한적이긴 하지만 지상 발전용으로 사용이 시작되고, 이어서 에너지 환경 문제가 지구적 차원의 문제로 부각됨에 따라 가장 유망한 신에너지 기술의 하나로 인식되기에 이르렀다. 태양전지를 이용한 전 세계에서의 전력생산량은 2002년도 기준으로 500MW를 돌파하였다. 최근에는 선진국의 대규모 정부 지원에 따른 시장의 확대와 함께 기술개발이 한층 더 강화되어 그 시장 규모도 매년 크게 성장하고 있다.

2.3 태양전지의 종류

상용화되어 있는 대부분의 태양전지에는 실리콘이 재료로 사용되고 있으며, 이 실리콘은 지구상에 두 번째로 많은 양이 존재하는 원소로서 대부분의 모래나 자갈에 포함되어 있다. 모래로부터 고순도의 실리콘을 추출해내는 다결정 실리콘poly crystalline silicon 제조는 태양전지분야의 중요한 산업 중 하나이다. Poly-silicon 정제공정은 크게 용융환원공정과 실란silane 가스의 증류공정distillation process을 포함한 Siemens 공정으로 나눌 수 있다. 정제공정에서의 주된 화학반응은 다음과 같다.

$$SiO_2 + 2C \rightarrow Si + 2CO$$

$$Si + 3HCl \rightarrow SiHCl_3 + H_2$$

$$2SiHCl_3 + 2H_2 \rightarrow 2Si + 6HCl$$

그림 13은 실리콘의 정제과정을 나타낸 개략도이다. 실리카silica를 탄소와 함께 전기로에 넣어서 용융 후에 화학적 처리를 하면 비금속metalloid 실리콘이라 불리는 순도 98% 정도의 분말 형태의 실리콘이 얻어진다. 그러나 가공전의 실리콘에는 철, 니켈, 코발트, 탄소, 산소 등의 여러 가지 불순물들이 포함되어 있기 때문에 태양전지를 제조하기에는 적합하지 않다. 따라서 실리콘 태양전지 제조의 첫 단계는 실리카로부터 순수한 실리콘을 추출하여 전자급 혹은 반도체급의 고순도 실리콘으로 만들어야 한다. 이러한 고순도의 실리콘을 추출하기 위하여 수소 환원과 실리콘 함유 가스의 열분해 등과 같은 방법을 사용하고 있다. 분말 형태의 실리콘을 분쇄하고, 염산으로 처리하면 삼염화실란$SiHCl_3$이 생성되는데, 이 삼염화실란을 증류시켜 불순물을 제거하면 고순도의 다결정 실리콘을 만들 수 있다. 단결정 실리콘을 제조하기 위해서는 다결정 실리콘을 물리적인 정제방법을 사용하여 단결정 실리콘으로 변환시켜야 한다.

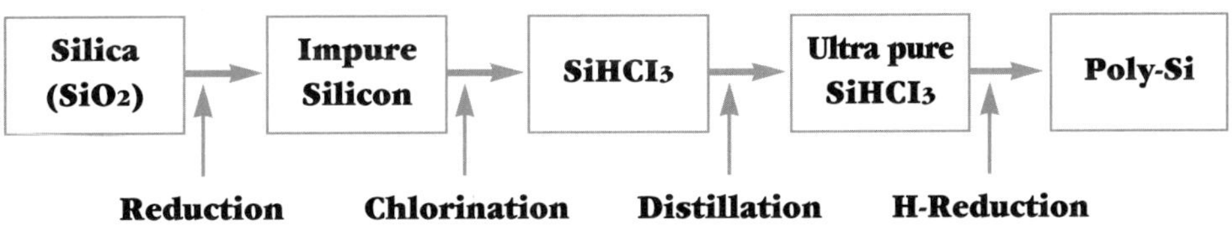

그림 13_ Poly Crystalline Silicon 정제공정의 개략도

자료: 이재형 외 2인, "태양전지 원론," 홍릉과학출판사, 2005, p.89.

태양전지는 그림 14에서와 같이 재료에 따라서 실리콘 태양전지, 화합물 태양전지 등으로 나누어지며, 태양전지의 구조와 형태에 따라서 결정형 태양전지, 박막형 태양전지, 집광형 태양전지 등으로 분류된다. 실리콘 태양전지의 경우, 결정상태에 따라서 단결정실리콘monocrystalline silicon 태양전지, 다결정실리콘multicrystalline silicon 태양전지, 비정질실리콘amorphous silicon 태양전지의 세 가지로 분류된다. 이들 중에서 값이 가장 비싼 것은 제조과정이 가장 복잡하고, 따라서 에너지가 가장 많이 투입되는 단결정실리콘 태양전지이고, 값이 가장 저렴한 것은 비결정질실리콘 태양전지amorphous silicon solar cell이다. 단결정실리콘 태양전지는 가격이 비싸지만 오랫동안 안정적으로 전기에너지를 만들어내고 빛을 전기로 바꾸는 (변환)효율이 가장 높다는 장점을 가지고 있다. 단결정 전지의 효율은 이론적으로는 30%에 달하고 실험실에서 만들어진 것은 24%의 효율을 보인다. 반면에 비결정질 태양전지는 값은 싸지만 효율이 낮고(5-10%) 시간이 지나면 안정성이 떨어진다는 단점이 있다.

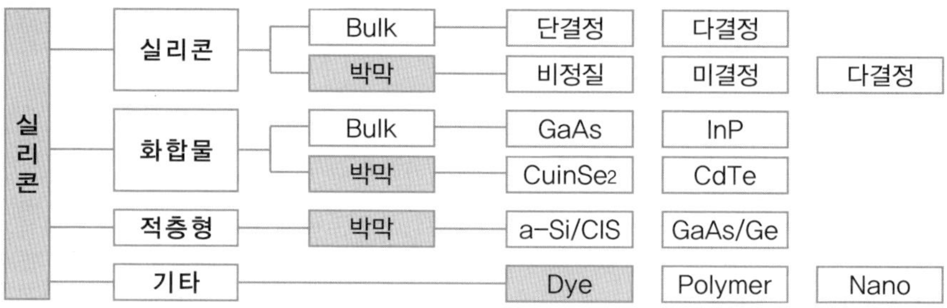

그림 14_ 태양전지의 종류

최근에는 실리콘이 아니면서 IV족 원소의 반도체 특성을 갖는 화합물을 이용한 태양전지들이 여러 종류가 개발되고 있다. 이러한 것들로서는 주기율표에서의 III-V족, II-VI족, I-III-VI족 찰코지나이드chalcopyrite계 화합물 등이 있다. 현재 가장 많은 주목을 받고 있는 화합물 반도체들은 차코지나이드계열 화합물로는 $CuInSe_2$, CuInS, 그리고 $CuGaS_2$ 등이 있고 II-VI족 화합물로는 CdTe와 CdSe가 있으며 III-V족 화합물로는 GaAs와 InP가 있다. 태양전지가 높은 변화효율을 가지기 위한 이상적인 밴드 갭은 1.4eV 정도로 알려져 있는데 GaAs 화합물의 밴드 갭이 1.4eV 정도로 최적의 변환효율을 얻을 수 있으나 가격이 비싸 인공위성용으로 많이 사용되고 있다. CdTe와 CdSe 화합물은 밴드 갭이 1.45eV로서 이론적으로는 이상적인 태양전지용 반도체로 사용할 수 있다. 차코지나이드계 화합물의 경우에는 다소 낮은 밴드 갭을 나타내고 있으나 이를 보완하기 위하여 Ga을 추가하거나 여러 화합물이 개발되고 있다. 그밖에 유기화합물 중에서 색소를 지닌 화합물을 이용한 태양전지도 연구 중이다. 색소화합물은 생산 단가가 규소 결정에 비해서 매우 낮기 때문에, 유기화합물 태양전지가 실용화되면 태양전지의 가격이 크게 떨어질 것이고 이와 더불어 태양전기의 발전단가도 크게 낮아질 것이다. 지금까지 개발된 색소화합물 전지의 최대 효율은 10%에 달한다. 표 1은 다양한 태양전지의 종류와 특징을 요약해 놓은 것이다.

〈표 1〉 태양전지의 종류 및 특징

태양 전지 종류	단결정실리콘 태양전지	Single crystal-Silicon	고효율, 고가
	다결정실리콘 태양전지	Poly crystal-Silicon	저렴한 공정, 저순도재료
	비정질실리콘 태양전지	Single crystal-Silicon	최초의 박막형태, 저가
	화합물 태양전지	GaAs가장	높은 효율
	박막형 태양전지	$CuInSe_2$, CdTe	고효율, 저가,
	유기물 태양전지	Plastics	저가, 유연성, 효율 문제
	염료감응형 태양전지	TiO_2	저가, 안전성 및 효율문제

2.3.1 실리콘 태양전지

결정성 실리콘 태양전지

태양전지 제조에 가장 먼저 사용된 결정성 실리콘 태양전지는 크게 단결정 형태와 다결정 형태의 재료로 나뉘며 기본적으로 p-n 접합이론을 기초로 하고 있다. 단결정은 순도가 높고 결정 결함밀도가 낮은 고품위의 재료로서 높은 효율을 달성할 수 있으나 고가이고, 다결정 재료는 상대적으로 저급의 재료를 저렴한 공정으로 처리하여 상용화가 가능한 정도의 효율을 갖고 있는 태양전지를 경제적으로 생산하려는 목적으로 사용된다. 단결정 실리콘을 사용한 태양전지는 집광장치를 사용하지 않은 경우의 효율이 약 24% 정도이며, 집광장치를 사용한 경우에는 28% 이상의 효율이 발표되었다. 다결정 실리콘 태양전지는 약 18%의 효율을 달성할 수 있는 것으로 알려져 있다.

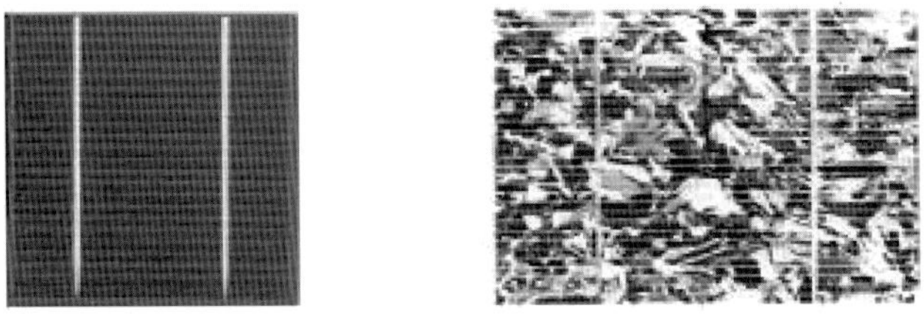

그림 15_ 단결정(좌)과 다결정(우)의 실리콘 태양전지

최근 들어 결정성 실리콘 태양전지의 시장 점유율은 이전에 비해 떨어졌지만 대규모 발전시스템 분야에서는 가장 많이 이용되고 있다. 그림 16은 단결정 및 다결정 실리콘 태양전지와 모듈의 제조공정을 나타낸 것이다.

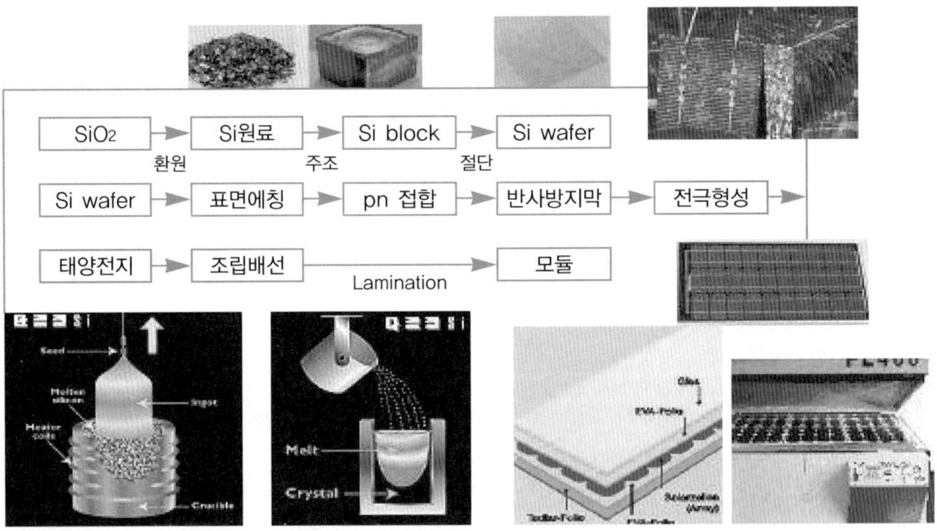

http://www.kyocera.co.jp/frame/product/applied/solar/light1.html

그림 16_ 단결정, 다결정 실리콘 태양전지 제조공정도

비정질 실리콘 태양전지

비정질 실리콘 태양전지a-Si는 가장 상업적으로 성공한 최초의 박막 형태의 태양전지로서 기존의 결정성 실리콘 태양전지의 약 1/100에 해당하는 두께만으로도 태양전지의 제조가 가능하다. 하지만 결정성 실리콘 태양전지에 비해 효율이 낮고, 특히 초기 빛에 노출될 경우 효율이 급격히 떨어지는 단점이 있어 1980년대부터 예상되어왔던 만큼의 효율은 아직은 보이지 않고 있다. 따라서 대규모 발전용으로는 사용되지 못하고, 시계, 라디오, 완구 등 소규모 가전제품의 전원용으로 주로 사용되고 있었으나, 최근에는 효율의 향상과 함께 초기 열화현상을 최소화할 수 있는 다중접합 구조의 비정질 실리콘 태양전지의 개발과 함께 일부 전력용으로 이용이 되기 시작하였다.

2.3.2 화합물 반도체 태양전지

실리콘 태양전지는 원료의 확보가 어렵고 공정이 복잡하여 생산원가가 높다는 문제점이 있다. 이와 같은 문제점을 해결하기 위하여 생산비용이 높지 않고 다양한 기판을 사용할 수 있으며, 공정이 실리콘 태양전지에 비해 상대적으로 단순하여 대량생산이 용이한 박막형 태양전지가 개발되었다. 박막 태양전지 중 가장 처음으로 개발된 것이 비정질 실리콘 태양전지로서 기존의 결정질 실리콘 태양전지의 약 1/100에 해당하는 두께만으로도 태양전지의 제조가 가능하게 되었다. 최근에 주목받고 있는 박막 태양전지가 CdTe, $CuInSe_2$계의 화합물 반도체를 소재로 한 것이다. 이들은 비정질실리콘에 비해 효율이 높고, 또한 초기 열화현상이 없는 등 비교적 안정성이 높은 태양전지로 상용화를 위한 실증시험 중에 있다. 표 2에서는 대표적인 박막형 태양전지의 제조방법 및 그에 다른 효율을 나타내고 있다.

〈표 2〉 대표적인 박막형 태양전지의 제조방법 및 효율

	CIGS(CuInGaSe2)계 화합물	CdTe계 화합물
전지	NREL(미국): co-Evaporation(19.2%) Electrodeposition(15.4%) Europe: co-Evaporation(17.6%) Matsushita: co-Evaporation(18.5%)	NREL: CBD/CSS(16.4%) Matsushita: MOCVD/CSS(16.1%) Univ. of South Florida: CBD/CSS(15.8%) CSS/CSS(15%) Tokyo Inst. Tech.: MOCVD/CSS(15.3%) BP Solar: CBD/Evaporation(14.2%) Micro-chemistry: ALE/ALE(14%)
모듈	Shell Solar: Selenization(12.1%) EPV(미국): Selenization(7.7%) Showa Shell: Selenization(14.1%) IPE, ZSW(독일): co-Evaporation(13.9%) ISET(미국): Electrodeposition(8.2%)	BP Solar: CBD/E-dep.(10.6%), E-dep./E-dep.(10.1%) Matsushita: MOCVD/CSS(11.0%) First Solar: V.trans/V.trans.(9.1%) ANTEC: CSS(10.5%) Matsushita: Screeen Printing(8.7%) Golden Photon: Chemical Spraying(9.2%)

$CuInSe_2$ 태양전지

다결정 박막 $CuInSe_2$ 태양전지는 I-III-VI족 차코지나이드 계열 화합물 반도체 중 대표적인 것으로 그림 15와 같이 p-n 접합 구조를 기본으로 하며, 유리를 기판으로 5개의 단위 박막, 즉, 배면전극, 광흡수층, 버퍼buffer층, 앞면 투명전극, 반사방지막을 순차적으로 증착시켜 만든다.

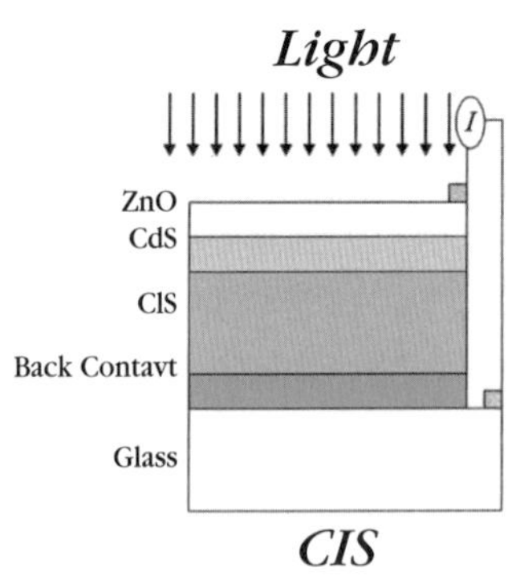

그림 17_ $CuInSe_2$ 태양전지의 구조

일반적으로 몰리브덴Mo으로 코팅된 유리기판 위에 p형 반도체인 CIS층을 증착하고 그 위에 n형 반도체인 CdS를 주로 화학적 용액성장법chemical bath deposition, CBD 또는 "Dip- Coating"으로 증착시키고 스퍼터링 방법으로 투명전극 층인 ZnO를 증착한 후 금속전극을 증착한다. CIS층은 진공증착 또는 금속 막을 증착한 후 selenization 공정을 거치는 2단계 방법 등으로 만들어진다. 단위 박막을 증착하기 위해서는 다양한 종류의 물질과 조성, 여러 가지 박막 증착방법이 사용된다.

CdTe 태양전지

CdTe는 II-VI족 화합물 반도체로서 밴드 갭이 1.45eV로 이론적으로 이상적인 값을 갖고 있으며, 전기적 및 광학적 특성이 태양전지 재료로서 적합한 것으로 알려져 있다. 현재까지 근접승화법Closed-Spaced Sublimation, CSS, 진공증착법, 전착법, screen printing, spray pyrolysis, metallorganic chemical vapor depositionMOCVD 등의 다양한 방법이 사용되어 10%이상의 효율이 입증되었다. CdTe층의 합성방법에 상관없이 화학양론비에 맞는 막을 형성하고 $CdCl_2$ 용제를 표면에 입힌 후 400℃ 정도에서 열처리하면 대략 10%의 효율을 쉽게 얻을 수 있다고 알려져 있다.

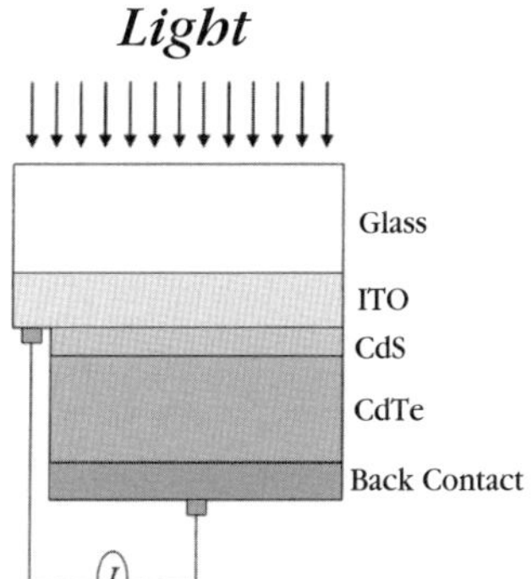

그림 18_ CdTe 태양전지의 구조

GaAs 태양전지

III-V족 화합물 반도체인 GaAs 태양전지는 결정성 실리콘 태양전지보다 더 높은 효율을 나타내는데, 가장 큰 단점은 가격이 매우 비싸다는 점이다. GaAs는 최적의 밴드 갭(1.40eV) 및 높은 광 흡수계수와 가장 높은 이론 효율치(39%) 등의 장점과 In, Al등과 쉽게 합금을 형성하여InGaAs, AlGaAs 밴드 갭을 조절할 수 있다는 특성을 지녔다. 현재 단일 접합으로 28.7%가 기록이며 GaAs/GaSb 중첩전지로는 34.2%가 기록이다. 단점은 Ga의 희소성으로 인하여 재료의 가격이 매우 높아 상업적으로 실용화하기에 어렵고 As의 유해성이 지적되고 있다.

2.3.3 염료감응형 태양전지

염료감응형 태양전지dye-sensitized solar cell는 일반적인 반도체 접합 태양전지의 원리와 달리 염료분자가 화학적으로 흡착된 나노입자 반도체 산화물 전극에 태양광을 조사함으로서 exiton을 형성하고 이 중 전자가 반도체 산화물의 전도대로 주입되어 전류를 발생시키는 원리를 이용하고 있다. 그림 19는 염료감응형 태양전지의 구조를 나타내는 개략도이다. 투명전극에 나노미터 단위의 반도체 미립자가 적당한 간격으로 쌓여져 있는 구조를 가지며 반도체 미립자 표면에는 염료가 흡착되어 있다. 반도체 미립자와 전극과의 사이에 전해질 용액이 충전되어 있으며, 그림 20에서는 그 작동원리를 설명하고 있다. 염료 감응형 태양전지는 일반적으로 산화티탄 등의 반도체 전극의 광전기 화학반응을 염료분자의 광 여기현상에 의하여 가시광선 영역에서 분광 증감하는 메카니즘을 이용하고 있는데 이는 은염 광감재료를 이용한 칼라사진과 비슷한 원리를 이용하고 있다.

염료감응형 태양전지의 가장 중요한 요소인 염료의 겨우 빛 에너지를 흡수하여 기저상태ground state에서 여기상태excited state로 전이함으로서 전자주입 역할을 수행하게 된다. 염료감응형 태양전지용 염료가 갖추어야 할 조건은 첫째 가시광선 전 영역의 빛을 흡수할 수 있어야 하며, 둘째 나노 산화물 표면과 견고한 화학결합을 이루고 있어야 하며, 셋째 열 및 광학적 안정성을 지니고 있어야 한다. 지금까지 알려진 염료 중에는 루테늄계 유기금속화합물이 가장 우수한 것으로 보고되고 있다.

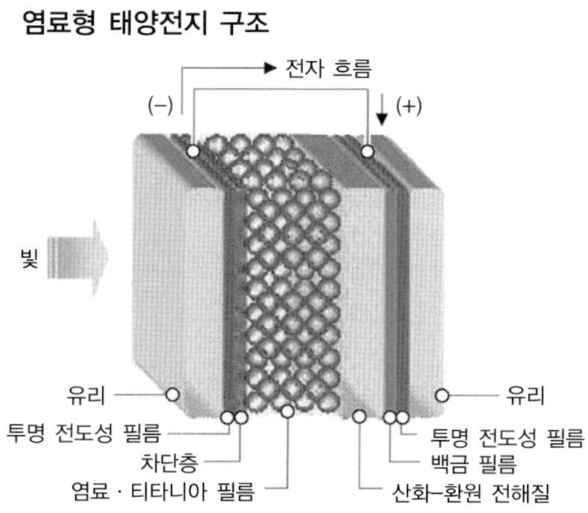

그림 19_ 염료감응형 태양전지의 구조

1991년 스위스 Gratzel 그룹에서 보고한 염료감응 광전기화학 태양전지는 제조단가가 실리콘의 1/5 수준으로 매우 낮아 가격경쟁력이 우수한 기술로 평가받고 있다. 2003년 현재 소면적 태양전지의 에너지 변환 최고효율이 최고 11%이고, 호주 STI 등에서는 타일 구조의 모듈을 생산하고 있다. 에너지 변환효율을 15% 이상 향상시키기 위한 노력이 진행되고 있으며, 상용화를 위한 제조공정 개발도 함께 진행되고 있다.

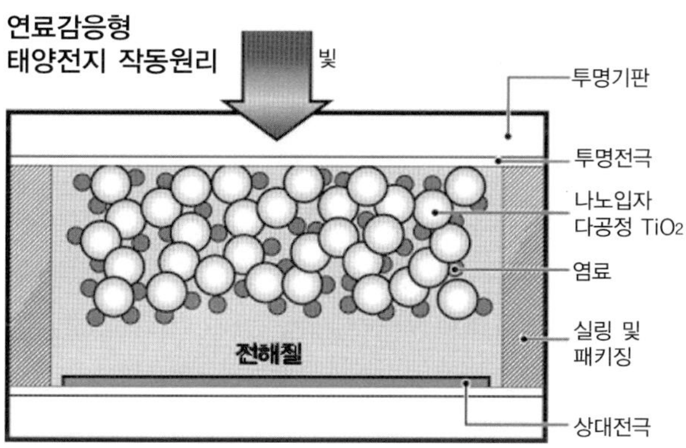

그림 20_ 염료감응형 태양전지의 작동원리

2.3.4 유기분자형 태양전지

유기분자형 태양전지는 최근 몇 년 사이에 그 기술적 가능성이 급격히 향상된 신형 태양전지로서 반도체성 고분자(PPV, PT 등)나 감광성 단분자(프탈로시아닌, 페릴렌, 펜타센 등), Fullerene유도체 등의 유기계 반도체 재료를 활용하는 복합구조형 태양전지들을 일컫는다. 유기 반도체는 유기무의 가장 큰 장점인 저렴한 비용과 제조공정 상의 용이성을 바탕으로, 박막형 소자, 대면적 소자, roll-to-roll 방법이 가능한 유연flexible 소자 등 초저가의 태양전지 제작에 가장 핵심적인 재료로 등장할 전망이다. 또한 유기계 재료 자체의 무한한 다양성은 앞으로 본 태양전지 수요가 큰 폭으로 증가할 경우 또 다른 큰 장점이 될 수 있다. 현재 유기 반도체를 이용한 소자의 응용분야는 유기 발광소자, 유기 전계 트랜지스터, 유기 광센서 및 유기 태양전지 등으로, 기술적으로 무기물 반도체를 이용하여 만들 수 있는 전자 소자의 전 분야와 대응하고 있는데, 이 가운데서도 유기분자형 태양전지는 장래 가장 큰 유기반도체 시장을 이끌 분야로 예상되고 있다. 현재는 아직 기존 전지에 비해 낮은 효율을 보이고 있지만, 최근 수년간의 비약적인 발전을 고려할 때 머지않아 기술적으로도 곧 실용화가 가능할 것으로 기대된다.

2.4 건물일체형 태양광발전시스템

최근에는 태양광 모듈을 주택의 지붕이나 건물의 벽면에 기존의 건축자재와 겸용이 가능하도록 설치한 태양광시스템이 유럽과 일본, 미국 등에서 대량 보급이 되고 있는데, 이러한 시스템을 특별히 건물일체형 태양광발전시스템Building Integrated Photovoltaic, BIPV으로 불리고 있다. 건물의 남측에 면한 창이나 아트리움도 그 일부를 태양광 모듈로 처리하여 주간에 채광과 전력생산이 가능하게 된다. 건물일체형 태양광발전시스템은 태양에너지로부터 전기를 생산해 발생된 전력을 소비자에게 공급해주는 역할 이외에도 건물일체형 태양광모듈을 건축물 외장재로 사용함으로서 건설비용 저감 및 건물의 가치를 높이는 디자인 요소로 사용될 수 있다.

태양광을 건축물에 응용하기 위한 BIPV 기술개발은 1990년대부터 7년간 독일의 주관 하에 선진 13개국이 참여한 IEA SHCsolar heating & cooling program의 task 16의 photovoltaics in buildings에서 추진되어 왔으며, 이를 통해 BIPV와 관련된 기반 기술의 체계가 확립되었다고 볼 수 있다. 또 이 연구의 후속연구 성격으로 1997년부터 선진 16개국 49명의 전문가를 중심으로 IEA PVPS 내의 세부주제 task 7의 PV in built environment를 통해 BIPV의 상업화 및 건물통합화에 대한 기술개발이 국제공동으로 추진되고 있다. 일본에서는 주택용 태양광발전시스템이 매우 활성화되어 있는데, 이는 우리나라와 같이 실제 거주가능 면적이 적고 땅값이 비싼 일본의 특성상 건물의 지붕에 태양광을 적용하는 것이 경제적이기 때문이다. 최근에는 미국에서도 자국 내에서의 시장 확보와 계통 연계형, 특히 BIPV 분야에 대한 필요성을 인식하고 이에 대한 지원책과 예산 등을 마련해 추진하고 있다. 우리나라에서는 2001년에 처음으로 BIPV 기술개발과 관련한 연구과제가 시작되었다. 이 과제에서는 BIPV용 건자재 일체형 태양전지 모듈개발, string/unit형 power conditioner 개발, 최적설계 및 시공기술 개발, 실증적용시험 등 BIPV 연구를 위한 기반 확보 및 기초연구를 수행하였다.

Krierer born, Austria Building integrated PV, Courtesy of ATB Becker

BIPV :
Building Integrated PV
건축일체형 태양광시스템

Atrium Hall, STMICROELECTRONICS, Plan-les-Ouates/GE, Switzerland

그림 21_ 건축일체형 태양광발전시스템BIPV

|참고 문헌|

[1] 에너지 관리공단, "대체에너지 기술개발 자료집", 산업자원부, 2001

[2] 산업자원부, "에너지 기술 개발 10개년 계획 개선 방안 연구", 2001

[3] 국회도서관, "유기태양전지의 대체에너지로서의 가능성 연구", 2002. 8

[4] KISTI(한국과학기술정보 연구원) "공액고분자를 이용한 태양전지 및 유기 전기 발광 소재기술)", 홍재민, 이혁재

[5] 산업자원부, "제 1차 국가 에너지 기본계획", 1997

[6] S. Roth, "One-Dimensional Mwtals", VCH, 1995

[7] N. S. Lewis, American Scientist 83, 534 (1995)

[8] 박진호, 설지윤, 박막형 태양광전지의 기술개발 현황과 미래, 한국화학공학회

[9] 강석호, "21세기의 에너지와 산업사회", 영남대학교 출판부, 1998.

[10] 한국화학공학회, "에너지공학", 교보문고, 1996.

[11] Joseph Priest, "Energy: Principles, Problems, Alternatives", Addison Wesley, 1998.

[12] D. Y. Goswami, F. Kreith, "Energy Conversion", CRC, 2008.

[13] 이재형, 임동건, 이준신, "태양전지 원론", 홍릉과학출판사, 2005.

[14] 윤경훈, "태양광기술 현황", 한국에너지기술연구원, 2004.

[15] http://www.energyvision.org

[16] http://www.solarkorea.or.kr/ (태양광사업단)

[17] http://www.solarpv.or.kr/ (태양광발전기술 연구회)

[18] http://www.solarpv.kier.re.kr (태양전지연구센터)

[19] http://www.samsungsdi.co.kr (삼성SDI)

[20] http://www.sharp-korea.co.kr/ (Sharp)

[21] http://cric.or.kr

[22] http://greenbuilding.ewha.ac.kr

[23] http://www.kemco.or.kr

[24] http://www.solar1.co.kr

[25] http://www.awnongtech.com

[26] 김재홍, "" 염료감응형 태양전지", 나이스, 25(4), 한국화학공학회, 2007, p.390~394.

풍력 에너지Wind Energy

1 2 3 4 5 6 7 8 9

1. 풍력 에너지의 역사
2. 풍력 터어빈의 형상configuration
3. 풍력 터어빈의 동력
4. 풍력 에너지의 가용도availability
5. 풍력 터어빈의 특성
6. 공기 역학aerodynamics의 원리
7. 풍력 발전의 경제성

3 풍력 에너지Wind Energy

1. 풍력 에너지의 역사

풍력 에너지 사용의 역사는 옛날 돛단배를 움직이는데 바람의 힘이 사용되던 시대에서부터 시작되었다. 풍력 터어빈wind turbine의 광범위한 사용은 페르시아 Persia 지방에서 밀wheat을 가는데grinding 사용된 것으로부터 시작되었다. 유럽에서는 풍력 터어빈이 11세기에 처음 출현하였으며, 그로부터 2세기 후에는 네덜란드에서 중요한 도구tool가 되었다. 미국에서 서부의 개척은 풍력에 의하여 구동되는 펌프와 제재소sawmill의 도움을 많이 받았다. 순전히 전기 생산을 위해서 설계된 첫 번째 풍력 터어빈은 1888년 오하이오 주 클리블랜드에서 건설되어 12년 동안 운전되었다. 144개의 날개blade를 가진 이 터어빈은 그 당시 사람들에게 익숙한 날개 판이 많은 풍향계multivane 형태를 가졌는데, 너무 큰 나머지 다소 천천히 회전하였으며 발전기electric generator의 규격specification과 맞추기 위해서 회전 속도를 50배까지 증가시키는 기어gear와 변속 장치가 필요하였다. 터어빈 자체의 직경은 18.3m 였으며 터어빈 통hub은 지상에서 16.8m 높이에 설치되었는데 전체 무게가 40톤에 이르렀다. 바람의 간헐적인intermittent 성질 때문에 생산된 전기 에너지는 400개의 전지에 저장되었다. 바람은 공짜이지만 이 풍력 터어빈을 사용한 전기 생산 비용은 투자비investment cost와 유지 보수비maintenance cost 때문에 스팀을 사용한 전기 생산 비용 보다 훨씬 비싸서 풍력 발전은 1900년에 중단되었다.

1939년 대형 풍력 발전소의 건설이 버몬트 주에서 시작되었는데, 풍력 발전기는 15m/s의 풍속에서 1.3MW의 전력을 생산해낼 수 있는 프로펠러 형태의 장치로서 회전자rotor의 직경이 53m에 달했다. 이 풍력 발전기는 1941년 가동을 시작하여 전력 공급망power network에 에너지를 직접 공급하였는데, 프로펠러의 날개가 부러져서 1945년 가동이 중단되었다. 세계 제 2차 대전 이후 낮은 석유 가격 때문에 대체 에너지 연구의 많은 부분이 중단되었으며 풍력 터어빈도 예외가 아니었다.

1973년의 석유 위기oil crisis 때문에 풍력에 대한 관심이 다시 살아나서 풍력 에너지 연구에 대한 정부의 재정적 지원이 급속도로 증가하였다. 이로 인하여 전기 에너지 보다 더 많은 세제 상의 혜택tax incentives을 받을 수 있는 wind farms가 설립되었다. 초창기에 wind farms에서 사용된 풍력 발전기는 성능이 좋지 못했고 유지 보수가 비쌌으나, 점차 경험이 축적됨에 따라 풍력에 의한 발전 비용이 약 5배 감소하였다. 1980년대 초반 미국에서 풍력 발전에 의한 1kWh 당 생산 비용이 약 25cents 였으나, 1996년 어떤 풍력 발전소의 경우 심지어는 5cents로 감소하였다. 실제로 에너지 비용의 계산은 비용 산출에 사용된 가정assumption과 모델model에 따라서 상당히 많이 바뀌는데, 에너지 비용에 영향을 미치는 인자들은 아래와 같다:

(1) 투자 비용, 즉, 풍력 발전 시설의 설치 비용.

이 비용은 1997년 kW 당 약 $1,000 이었는데 그 이후 별로 많이 바뀌지 않았다. 미국 바깥의 가장 큰 풍력 발전소는 Morroco 해안에 건설된 50MW 급 시설로서 각각 600kW의 발전 용량을 가진 84 개의 풍력 터어빈으로 구성되었다. 2000년에 가동을 시작한 이 풍력 발전소에는 $1,200/kW의 투자비가 소요되었다. 이 투자 비용은 화석 연료를 사용하는 발전소와 수력 발전소hydroelectric plant의 투자 비용과 숫자 상으로 거의 비슷하지만, 화력 발전소와 수력 발전소가 최소한 50%의 활용도 utilization factor 수준에서 가동되는 반면 풍력 발전소는 단지 약 20%의 활용도 수준에서 가동된다. (활용도는 발전소에서 연중 실제로 생산되는 에너지 양과 하루 24 시간 최대 용량full power으로 가동할 때 생산되는 에너지 양을 비교하여 계산된 비율이다.) 바람이 가지고 있는 간헐적이면서 변덕스러운 성질 때문에 풍력 발전소의 활용도가 낮은데, 풍력 발전소의 투자비용을 화력 또는 수력 발전소의 투자 비용과 맞비교하려면 풍력 발전소의 투자 비용을 2.5배 만큼 증가시켜야 한다. 즉, 발전소의 활용도를 감안하여 50%/20% = 2.5를 곱한 값이 풍력 발전소의 상대적인 투자 비용이 된다. 또한 일과성one time 투자 비용에다 필요한 자금을 차입하는데 소요되는 제반 비용(이자, 세금, 보험, 등)을 포함시켜서 매년yearly 투자 비용으로 환산하여 비교하여야 한다.

(2) 연료 비용. 풍력 발전과 수력 발전의 경우 영zero이다.

(3) 운전 비용operating cost과 유지 보수 비용.

(4) 발전소 가동을 해제decommissioning하는 비용.

(5) 용지land 비용.

풍력 발전에 의해서 생산되는 에너지의 실제 비용이 확실치 않더라도 한 가지 분명한 것은 풍력 에너지 비용이 최근 엄청나게 감소하였다는 것이다. 1997년 미국에서 풍력 발전에 의해 생산된 전기를 'green pricing' 이라는 제도scheme 하에서 판매하는 것이 인기를 끌기 시작했는데, 생태 보존에 대한 경각심을 가진 소비자들이 풍력 발전에 의해서 생산된 전기를 보통 전기 보다 1kWh 당 2.5cents 만큼 더 비싼 가격에서 최소한 1년 동안 매달 100kWh 씩 구매하였다. 1990년대의 비교적 저렴한 석유 가격 때문에 풍력 에너지의 개발 자금이 다시 감소하였으나, 2004년 초 미국의 풍력 발전 시설 용량은 6.3GW를 초과하며 그 중 2GW 이상이 캘리포니아 주에 설치되었다. 유럽의 풍력 발전 시설 용량은 북미 지역North America 보다 훨씬 커서 2003년 초 20GW 수준을 초과하였다. 그러나 2004년 미국에 설치된 풍력 발전 시설 용량은 미국의 전체 발전 용량의 약 0.6%에 불과하다.

화석 연료로부터 생산되는 에너지가 low-utility heat인 반면, wind farms에서 생산되는 에너지는 high-utility electricity이다. 그러므로 풍력 에너지를 화석 연료 에너지와 비교할 경우, 화석 연료 에너지의 전기 변환 효율이 약 30% 수준인 점을 감안하여 풍력 에너지 값에 3을 곱해 주어야 한다. 오늘날 풍력 에너지가 전체 에너지에 기여하는 부분이 미약할지라도 다음과 같이 생태학적으로 유리한 측면 때문에

풍력 발전 기술을 적극적으로 활용해야하는 이점이 있다:

(1) 풍력 에너지는 화석 연료를 연소시킬 때 배출되는 주요한 환경 오염 물질인 이산화탄소를 전혀 배출하지 않는다.

(2) 풍력 터어빈의 운전은 핵 발전소처럼 위험한 찌꺼기 물질residues을 남기지 않는다.

(3) 풍력 터어빈의 가동을 해제하는 비용은 다른 형태의 발전소의 가동을 해제하는 비용 보다 작다. 특히 핵 발전소와 비교할 경우 훨씬 작다.

(4) wind farms가 설치된 땅은 농업과 같은 다른 용도로 사용될 수 있다.

주어진 조건에서 바람wind으로부터 얻을 수 있는 에너지 양은 터어빈이 휩쓸고 지나간 면적에 비례한다. 즉, 100m 직경의 회전자 1대에 의해서 휩쓸린 면적은 10m 직경의 회전자 100대에 의해서 휩쓸린 면적과 동일하다. 회전자의 질량은 회전자 직경의 세제곱에 비례하므로 100대의 작은 회전자(직경 10m)들의 질량의 합은 1 대의 큰 회전자(직경 100m)의 질량의 10%에 불과하다. 그러므로 동일한 에너지 생산량에 대해서 회전자의 총 질량은 회전자 직경에 반비례한다. 풍력 에너지 생산 비용은 터어빈 질량에 비례하는 경향을 가지므로 작은 터어빈을 여러 대 사용하는 것이 큰 터어빈 한 대를 사용하는 것 보다 더 경제적이어야 한다. 그러나 풍력 터어빈 크기의 경제성을 에너지 생산 비용과 연관시켜 따지기 위해서는 다른 인자들도 추가적으로 고려하여야 한다.

(1) 일반적으로 기계 장치가 더 클수록 더 효율적이고 유지 보수가 더 간단한 경향이 있다.

(2) 큰 기계 장치 1대는 작은 기계 장치 여러 대 보다 부수적 장치ancillary equipment들과 용지 면적land area을 적게 필요로 한다. 예를 들어, 큰 기계 장치 1대에는 큰 변압기 1대가 필요한 반면, 작은 기계 장치 여러 대에는 작은 변압기 여러 대가 필요하다.

(3) 작은 기계 장치는 대량 생산과 모듈화modularizing가 가능하기 때문에 wind farm의 발전 용량을 쉽게 증가시키는데 유리하다.

(4) 작은 기계 장치는 고장 났을 경우 wind farm 전체의 발전 용량에 미치는 영

향이 작다.

초창기에 시험된 풍력 터어빈 들 가운데 가장 큰 것은 독일의 Growian(100m 직경, 3MW 용량)과 미국의 Boeing Mod-5B(98m 직경, 3.2MW)이다. 초超 대형 풍력 터어빈의 개발은 일시적으로 중단된 것 같아 보이지만, 대형 wind farm에서 사용되는 터어빈 들은 그 크기가 계속 증가하는 추세이다: 1996년에는 500 내지 750kW 용량의 터어빈 크기가 많이 사용되었으며 최근에는 더 큰 용량의 터어빈 들이 설치되고 있다.

2. 풍력 터어빈의 형상configuration

지금까지 다음과 같은 풍력 터어빈의 형상 들이 제시되었으나, 오늘날의 모든 풍력 터어빈 들은 본질적으로 lift-type 이며 이들 가운데 90% 이상이 수평 축horizontal axis 형태를 따르고 있다:

(1) drag-type,

(2) lift-type (수직 또는 수평 축),

(3) Magnus 효과 풍력 발전기,

(4) Vortex 풍력 발전기.

Magnus 효과 풍력 발전기와 vortex 풍력 발전기는 실제로 사용된 경우가 거의 없다.

2.1 Drag-type 풍력 터어빈

Drag-type 풍력 터어빈의 경우 바람이 불고 있는 방향으로 힘force이 작용하므로, 바람은 돛단배를 떠밀듯 어떤 표면을 떠밀게 된다. 한 가지 분명한 것은 바람이 부딪히는 표면은 바람 자체 보다 더 빨리 움직이지는 못 한다는 것이다. 고대 페르시아의 풍력 터어빈은 drag-type의 장치였는데, 그림 1에 나타낸 것과 같이 수직 축

vertical axis에 수평한 radial arms가 부착되어 있는 형상으로 구성되었다. Radial arms의 끝 부분 가까이에 수직 방향의 curtain을 설치하였는데, 이것이 바로 풍력이 작용하는 표면에 해당되었다. 두 개의 벽은 바람이 지나가는 통로channel 역할을 함으로써 바람이 터어빈의 한 쪽으로만 불어서 회전력torque을 생성토록 하였다. 두 개의 벽 들 가운데 한 개의 벽이 깔때기funnel 모양을 형성함으로써 모여진 바람을 집중시키는 효과를 얻고자 하였다.

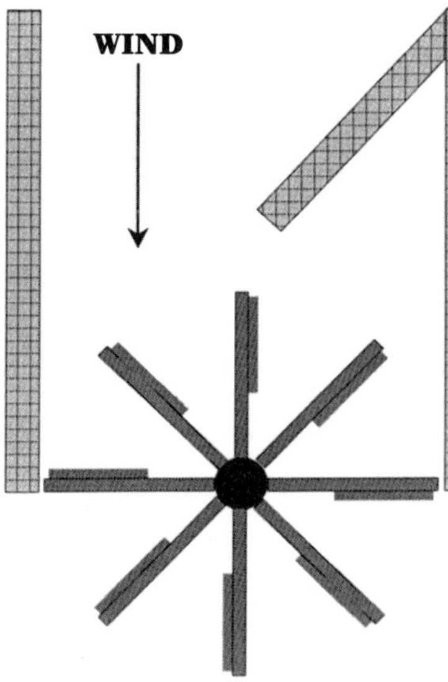

그림 1_ 고대 페르시아의 풍력 터어빈을 위에서부터 바라본 모양top view (참고문헌 [4])

그림 2에 나타낸 bucket wind turbine은 수직 축을 가진 또 다른 drag-type 장치이다. 이 장치의 회전은 볼록한 표면에서 생기는 wind drag가 오목한 표면의 그것보다 작기 때문이다. 이 장치는 석유 배럴barrel 통을 수직 방향으로 잘라서 손쉽게 만들 수 있으나 작동 효율은 그리 좋지 못하다.

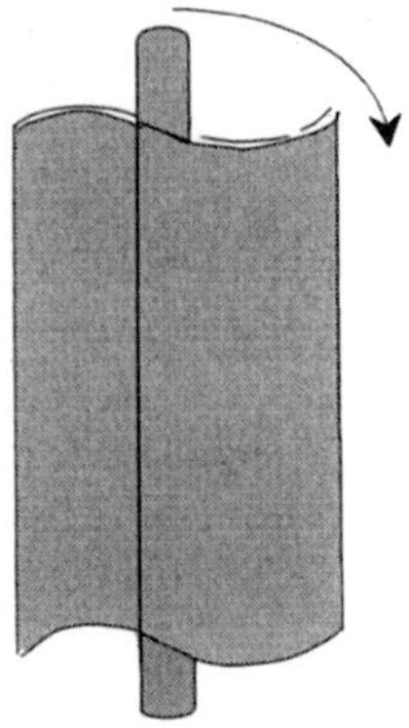

그림 2_ 2-bucket wind turbine
(참고문헌 [1])

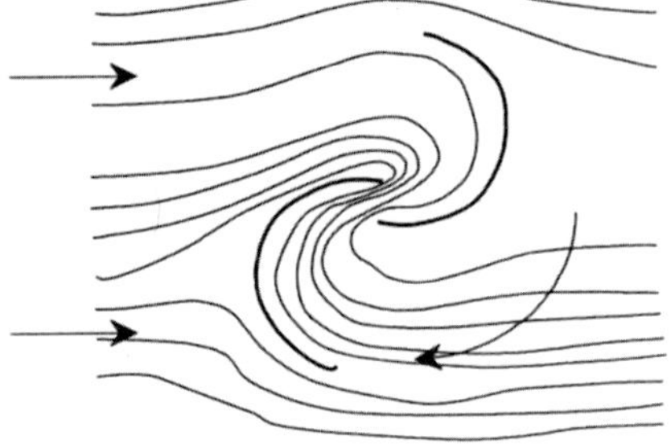

그림 3_ Savonius 회전자의 공기 흐름
(참고문헌 [1])

그림 3에 나타낸 것처럼 이 장치의 bucket 들 사이에 간극gap을 만들면 성능이 향상되는데, 이러한 형태의 장치를 Savonius 회전자라고 부르며 실제로는 drag 뿐만 아니라 어느 정도의 lift를 사용하고 있다. 작동 원리는 공기가 간극을 통과하는 과정에서 볼록한 bucket의 front drag를 감소시키므로 속도가 증가한 다음, bucket의 뒷 부분을 밀어서 회전력의 생성을 도우는 것이다. Savonius 터어빈은 효율 면에서 lift-type 장치의 경쟁 상대가 되지 못하지만, 만들기 쉽고 수직 축 lift-type 장치의 시작 형태로서 유용하다.

2.2 Lift-type 풍력 터어빈

Lift-type 장치의 경우 바람이 불고 있는 방향에 대해서 수직 방향으로 힘이 생성되는데, 프로펠러 형태의 풍력 터어빈은 수평 축 lift-type 장치에 해당된다. 모든 lift-type 터어빈은 바람에 가로질러 항해하는 돛단배와 유사하다. 터어빈의 날개는 바람 자체보다 상당히 더 빨리 움직일 수 있는데, 그림 4에는 이러한 형태의 터어빈들을 나타내었다. 그림 4의 왼쪽 장치는 프로펠러로 구동되는 축shaft에 의해서 에너지가 전달되는데, 수평 축이 지상으로부터 높은 곳에 위치한다. 이 경우 발전기를 프로펠러 바로 옆의 탑tower 상부에 위치시키거나, 긴 축과 톱니 바퀴gear 들을 사용하여 동력을 지상에 있는 발전기로 전달하여야 한다. 그림 4의 가운데 장치는 McDonnell-Douglas에 의해서 고안된 'Gyromill' 이라고 불리는 수직 축 lift-type 풍력 터어빈인데, 발전기를 지상에 위치시킬 수 있고 바람의 방향이 바뀌더라도 장치의 방향을 바꿀 필요가 없는 장점이 있다. 이 장치는 120kW의 동력을 생산할 수 있으나 상업화되지는 못하였다: gyromill 장치의 한 가지 분명한 단점은 원심력 때문에 날개들이 바깥 방향으로 휘어지게 되어 날개에 stress가 작용한다는 것이다. 그림 4의 오른쪽 장치는 Darrieus에 의해서 처음으로 고안된 수직 축 lift-type 풍력 터어빈인데, gyromill 장치에서 발생하는 원심력에 의한 stress를 없애기 위해서 회전축의 상부와 하부에 느슨하게 연결된 줄rope 모양의 회전 날개로 구성되었다.

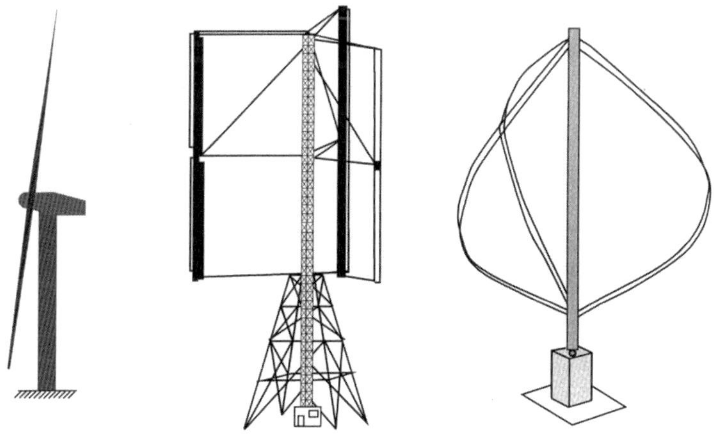

그림 4_ Lift-type 풍력 터어빈 장치들 (참고문헌 [1])

3. 풍력 터어빈의 동력

풍력 터어빈의 동력은 다음과 같이 풍속wind velocity의 세 제곱에 비례한다.

$$P_D = (16/27)(\rho \upsilon^3/2)A\eta \qquad (1)$$

여기서 $\rho \upsilon^3/2$는 바람 속에 있는 동력 밀도이고, $(16/27)(\rho \upsilon^3/2)$는 바람으로부터

얻을 수 있는 동력 밀도이다. A는 풍력 터어빈이 휩쓸고 지나간 면적이고, η 는 풍력 터어빈의 효율이다. 시간 0zero에서 T 사이의 기간에 있어서 풍력 터어빈의 평균 동력 생산량은 바람의 세 제곱 평균 속도, $\langle \upsilon \rangle$ 의 세 제곱에 비례한다:

$$\langle \upsilon \rangle \equiv \{(\int \upsilon^3\, dt)/T\}^{1/3} \quad \text{for } [t: 0 \sim T] \tag{2}$$

이와 같이 풍력 터어빈의 동력이 속도의 세 제곱에 비례하므로, 어느 장소에서 바람의 조건들은 풍력 터어빈에 의해서 생산되는 에너지에 많은 영향을 미치며 풍력 터어빈을 설치할 장소의 선택이 전체적인 발전power generation 계획에 있어서 중요한 역할을 차지한다.

풍속계anemometer를 사용하여 측정한 바람의 속도 자료는 바람의 동력 밀도 wind power density에 대한 자료로 바꾸어야 한다. 바람의 세 제곱 평균 속도, $\langle \upsilon \rangle$는 잦은 시간 간격에 걸쳐서 측정한 풍속 자료로부터 계산하여야 한다. 정해진 시간 period 동안에 바람의 세 제곱 평균 속도 또는 에너지 밀도를 측정할 수 있는 장치를 eolergometer이라고 부르는데, 풍력 에너지의 크기를 탐사하는데 유용하게 사용된다. 풍력 에너지 밀도가 지표면에서의 위치에 따라서 변하고 수직 방향의 풍력 에너지 분포profile를 구해야 하므로 이 장치를 사용한 탐사는 매우 복잡하다. 또한 계절에 따른 변화 거동behavior에 대한 정보를 모으기 위해서 최소한 1 년에 걸쳐서 탐사를 실시하여야 한다. 지상에서의 높이에 따른 풍속의 변화에 대한 정보가 없을 경우 다음과 같은 공식을 사용할 수 있다:

$$\upsilon(h) = \upsilon(h_0)(h/h_0)^{1/7} \tag{3}$$

여기서 h_0와 h는 각각 기준되는 지점과 측정하고자 하는 지점의 높이를 의미하고, $\upsilon(h_0)$와 $\upsilon(h)$는 각각 그 지점에서의 풍속을 의미한다.

4. 풍력 에너지의 가용도availability

지구에 쬐이는 태양 에너지 173,000TW의 30%가 우주 공간으로 반사되고 지구에 도달하는 121,000TW의 3%에 해당하는 3,600TW이 풍력 에너지로 변환되며 이

에너지의 35%가 대기권 하부의 1km 영역 내에 분산되는데, 이 값이 1,200TW에 해당된다. 오늘날 인류가 약 7TW 만을 사용하므로 풍력 에너지 단독으로도 인류의 모든 에너지 수요를 감당할 수 있을 만큼 풍부해 보일 것이다. 그러나 이러한 추산은 극히 지나치게 낙관적인 예측을 초래할 수 있다. 우선 모든 해양 면적에 설치되는 풍력 터어빈 들을 생각한다는 것은 어려운 일이므로 풍력 터어빈 들을 육지 면적 전체에만 국한시킨다면 약 400TW의 풍력 에너지가 생산될 수 있다. 그러나 모든 육지 면적에 설치하는 것은 불가능하므로 농업에 사용되는 육지 면적 보다 조금 더 큰 10% 만을 생각할 경우 40TW의 풍력 에너지가 생산될 수 있을 것이다. 그러나 풍력 에너지가 풍속의 세 제곱에 비례하므로 풍력 에너지의 많은 부분이 허리케인hurricane과 같은 파괴적인 바람과 관련되어 있다는 것을 쉽게 알 수 있다. (파괴적인 바람이 부는 조건에서는 안전을 위해서 풍력 터어빈의 가동을 중지해야 하므로 풍력 에너지가 생산되지 않는다!)

또 다른 어려움은 풍력 에너지의 밀도가 매우 낮다는 것이다. 풍력 에너지 밀도는 조건이 양호한 장소의 경우 지상 10m 높이에서 약 300W/m²이고 지상 50m 높이에서 약 700W/m²에 달하지만 실제로 얻을 수 있는 풍력 에너지 밀도는 식 (1)에서부터 알 수 있듯이 이 값 들의 16/27, 즉, 59%에 불과하다. 또한 바람은 극도로 변화가 심하므로 작은 규모의 개별적인 풍력 발전소는 에너지 저장 시설과 연계되어야 하며 큰 규모의 wind farms에서는 동력 배분 망power distribution network에 연결되어야 한다. 풍속과 방향이 아주 일정한 바람이 부는 지역에서는 풍력 터어빈의 조업 효율이 아주 양호할 것이다. 예를 들어 브라질의 북동쪽 해안에서는 무역풍trade wind이 북동쪽 방향으로부터 약 13knots(약 7m/s)의 속도로 거의 쉬지 않고 불기 때문에 220W/m²의 풍력 에너지 밀도 또는 130W/m²의 가용 풍력 에너지 밀도를 안정적으로 얻을 수 있다.

5. 풍력 터어빈의 특성

발전 비용을 최소화시키기 위해서는 발전기generator의 규격 동력rated power과 풍력 터어빈이 휩쓸고 지나간 면적 사이에 적절한 관계가 유지되어야 하는데, 발전기의 규격 동력은 정상 상태에서 발전기가 생산해 낼 수 있는 최대 동력에 해당한다. 바람이 항상 일정할 경우 규격 동력은 풍력 터어빈의 동력과 같지만, 보통의 경우 실제 생산된 동력은 규격 동력보다 상당히 작다. 규격 동력과 풍력 터어빈이 휩쓸고 지나간 면적 사이의 비ratio를 비比 규격 용량specific rated capacity 또는 회전자 부하rotor loading라고 부르는데, 오늘날 사용되는 풍력 터어빈의 회전자 부하는 300 내지 500W/m² 수준이다. 그림 5에는 수평 축(프로펠러) 형태의 풍력 터어빈Boeing Model 2의 동력 생산 성능을 나타내었다. 프로펠러는 3.9m/s 이하의 속도에서는 회전하지 않았으며 6.3m/s에서는 17.5rpm에 도달하였고, 12.5m/s 까지는 동력 생산이 급격하게 증가하였으나 그 이후 26.8m/s 까지는 일정한 수준에 머물렀다. 그 이상의 속도에서는 안전 상 이유 때문에 풍력 터어빈의 가동이 중지되었다. 결과적으로 이 풍력 터어빈은 더 높은 풍속에서의 풍력 에너지가 8배나 많음에도 불구하고 12.5 내지 25m/s 범위의 풍속에서 2.5MW의 전기를 생산하였다. 풍력 발전에 의해 생산되는 동력은 그림 5에 나타낸 것과 유사한 방식으로 풍속의 영향을 받는다.

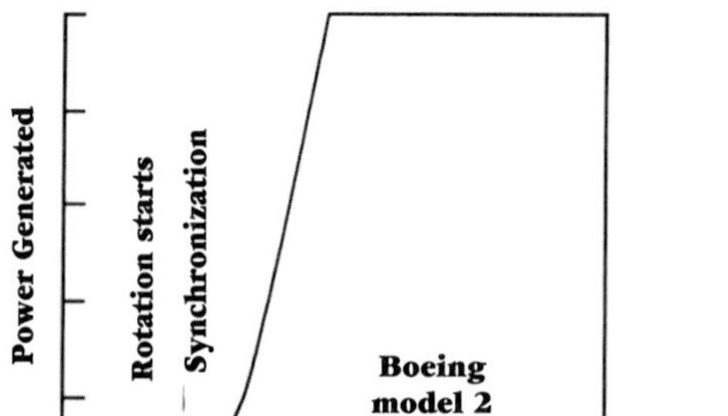

그림 5_ Boeing Model 2 터어빈의 풍속에 따른 동력 생산량 (참고문헌 [1])

6. 공기 역학aerodynamics의 원리

먼저 다음과 같이 동력과 동력 밀도를 정의할 필요가 있는데, 이 경우 동력 밀도는 단위 면적 당 동력을 의미한다.

- $P_W = \sigma \upsilon^3/2$ 바람 속에 있는 동력 밀도 ~ 단위 시간 당 단위 면적을 가로질러 전달되는 에너지의 양을 의미한다.
- $P_A = (16/27)P_W$ 바람으로부터 얻을 수 있는 동력 밀도 ~ 바람으로부터 이끌어 낼 수 있는 동력의 이론적 최대값을 의미한다.
- $P_D = P_A A\eta$ 생산되는 동력 ~ 풍력 터어빈으로부터 부하load로 전달되는 동력이다.

6.1 유체의 flux

유체의 flux는 단위 시간 당(흐름 방향에 대해서 수직인) 단위 면적을 통과하는 유체 분자들의 수로 정의되는데, 분자들의 농도를 n이라 하고 흐름 속도를 υ라고 하면 flux, $\mathit{\Phi}$는

$$\mathit{\Phi} = n\,\upsilon, \qquad m^{-2}s^{-1} \tag{4}$$

면적 A를 가로지르는 전체 유속은

$$\Phi = \mathit{\Phi}\,A, \qquad s^{-1} \tag{5}$$

6.2 바람 속에 있는 동력 밀도

기체 분자 들의 평균 질량이 m이면 개별 분자의 평균 운동 에너지는 $m\,\upsilon^2/2$이다. 단위 시간 당 단위 면적을 가로질러 전달되는 에너지의 양이 바람의 동력 밀도이다.

$$P_W = m\,\upsilon^2\,\Phi/2 = m\,n\,\upsilon^3/2 = m\,n\,\upsilon^3/2 = \rho\,\upsilon^3/2, \quad W/m^2 \tag{6}$$

기체 밀도, ρ는 단위 부피 당 질량을 의미하므로 $\rho = m\,n$, kg/m^3이 성립한다.

6.3 동력학적 압력dynamic pressure

$1m^3$의 기체가 n 개의 분자들을 포함하고 각각의 분자가 $m\,\upsilon^2/2$의 운동 에너지를 가지므로 단위 부피 당 전체 에너지는

$$W_d = n\,m\,\upsilon^2/2 = \rho\,\upsilon^2/2\,, \qquad J/m^3 \text{ 또는 } N/m^2 \qquad (7)$$

단위 부피 당 에너지는 단위 면적 당 힘의 차원dimension을 가지므로 압력에 해당한다. 따라서 W_d를 동력학적 압력이라고 부른다.

6.4 풍압wind pressure

바람은 그것에 노출된 표면에 압력을 가하는데, 그림 6에 나타낸 흐름 형태에 있어서 표면에 부딪히는 분자들은 반사될 경우 유입되는 분자들을 방해하지 않고 바람의 반대 방향으로 되돌아 간다고 가정해 보자. 이와 같은 간단한 가정 하에서 각각의 분자는 표면에 $2m\upsilon$ 의 운동량momentum을 전달하며 Flux 가 $n\upsilon$ 이므로, 단위 면적 당 운동량 전달 속도, 즉, 생성된 압력이 $2m\upsilon \times n\upsilon = 2\rho\,\upsilon^2$이 된다. 보다 현실적인 흐름에서는 반사된 분자들이 유입되는 흐름을 방해하므로 흐름 형태는 그림 7과 비슷한 것이 될 것이다. 이 경우 이상적인 흐름(그림 6)의 경우 보다 더 작은 압력이 생성되는데, 이 압력은 물체의 모양shape에 영향을 받는다. 실제 압력은 동력학적 압력에 실험적으로 결정된 보정 인자, C_D를 곱한 것과 같은데, C_D를 드래그 계수drag coefficient라고 부른다.

$$p = \rho\,\upsilon^2 C_D/2 \qquad (8)$$

드래그 계수는 물체의 모양, 크기, 그리고 유속의 영향을 받는데, 낮은 속도에서 큰 평판의 드래그 계수는 보통 $C_D = 1.28$의 값을 가진다.

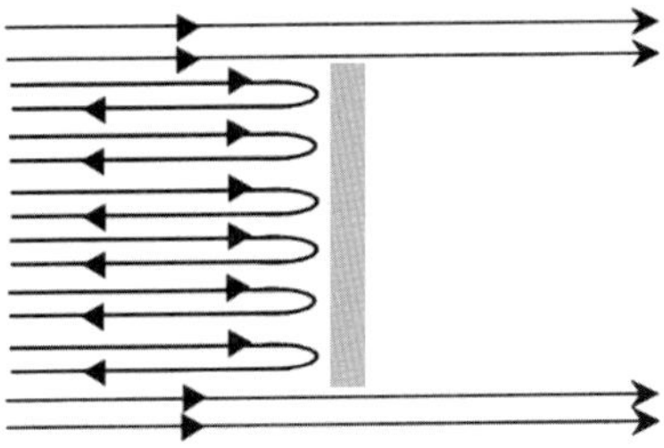

그림 6_ 단순화된 흐름 형태

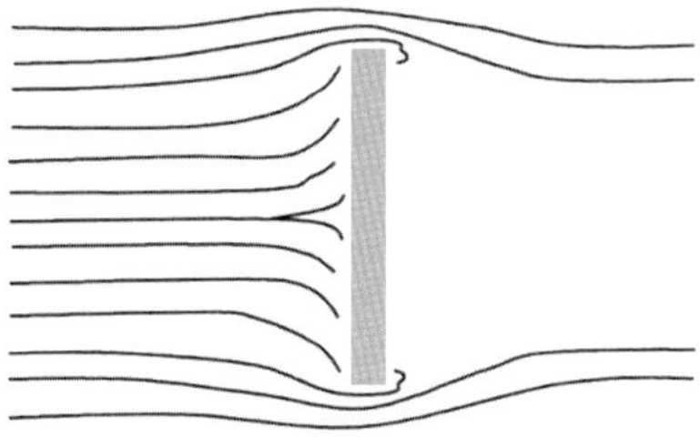

그림 7_ 보다 현실적인 흐름 형태

6.5 바람으로부터 얻을 수 있는 동력available power

정지하고 있는 표면은 운동량이 없으므로 바람으로부터 동력이 생산되지 않는다. 또한 아무 저항 없이 바람과 같은 방향으로 흘러가는drift 표면도 바람이 그 표면에 대해서 힘을 가하지 않기 때문에 바람으로부터 동력이 생산되지 않는다. 바람으로부터 동력을 최대한 많이 생산할 수 있는 풍속을 생각해 보자. 바람으로부터 생산되는 동력 밀도, P는 어떤 표면에 작용하는 압력, p와 그 표면이 바람과 같은 방향으로 흘러가는 속도, w의 곱product이다. 바람의 압력이 다음과 같으므로

$$p = \rho C_D (\upsilon - w)^2/2 \tag{9}$$

동력 밀도는

$$P = p\,w = \rho C_D (\upsilon - w)^2 w/2 \tag{10}$$

P 의 최대값은 $\partial P/\partial w = 0$ 로부터 얻어지는데, C_D의 값에 관계없이 $w = \upsilon/3$에서 P의 최대값, P_{max}가 다음과 같이 얻어진다.

$$P_{max} = 2\rho C_D \upsilon^3/27, \qquad W/m^2 \tag{11}$$

바람으로부터 최대한 생산될 수 있는 동력 밀도, P_{max}와 바람 속에 있는 동력 밀도, P_W 사이의 비ratio는

$$P_{max}/P_W = (2\rho C_D \upsilon^3/27)/(\rho \upsilon^3/2) = 4C_D/27 \tag{12}$$

가장 큰 C_D 값은 그림 5와 같이 단순화된 흐름에 있어서 $p = 2\rho \upsilon^2$인 경우이므로 $C_D = 4$에 해당된다. 따라서 바람 속에 있는 동력 밀도의 16/27 또는 59.3%가 바람

으로부터 얻을 수 있는 동력 밀도의 최대값, P_A가 된다.

$$P_A = (16/27)(\rho \upsilon^3/2) \tag{13}$$

6.6 풍력 터어빈의 효율

풍력 터어빈의 효율은 부하에 전달된 동력, P_D와 어떤 기준reference 동력 사이의 비로 정의된다. 기준 동력의 선택에는 어느 정도의 임의성이 있으나 위에서 정의된 P_A를 기준으로 삼으면

$$\eta = P_D/P_A \tag{14}$$

잘 설계된 풍력 터어빈의 경우 효율의 최대값이 0.7에 달한다.

7. 풍력 발전의 경제성

풍력 발전은 바람, 즉, 자연의 힘을 이용하여 발전하기 때문에 전기 생산 과정에서 온실 가스의 배출이 없다. 400MWh 급 풍력 발전의 경우 석탄 120내지 200톤을 대체하는 효과를 가지며, 온실 가스의 배출이 줄어든 만큼의 탄소 배출권도 획득할 수 있으므로 일거양득이라고 할 수 있다. 그러나 문제는 풍력 발전의 발전 비용과 지리적 제한limitation이다. 한국의 경우 강원도와 제주도가 풍력 발전소의 입지 조건에 적합하지만 바람의 방향과 세기 등이 함께 고려되어야 하므로 연간 활용도 또는 가동률이 20내지 30%를 넘지 못하고 있다. 풍력 발전에 의해서 생산된 전기는 시장 가격에 비해서 최대 10배 가량 비싸기 때문에 한국 정부는 신 재생 에너지가 차지하는 발전 비중을 높이기 위해서 풍력 발전에 발전 차액 지원 제도를 통하여 재정 지원을 하고 있다. 아울러 풍력 발전을 포함한 신 재생 에너지를 기업이나 일반 가정에서 높은 요금을 부담하더라도 직접 선택할 수 있도록 하는 'green pricing' 제도의 도입도 검토 중이다.

온실 가스 감축이 에너지 이용의 대세를 이루면서 신 재생 에너지 산업은 매년

20내지 30% 성장할 것으로 전망되고 있으며, 일부에서는 2010년 경에 풍력 발전 산업의 시장 규모가 전세계적으로 약 34조 원에 이를 것으로 추산하고 있다. 풍력 발전의 경우, 다른 신 재생 에너지와 마찬가지로 기술력 보유가 필수인 만큼, 기술 선진국이 될 경우 기술 및 제품의 수출 뿐 만 아니라 신 재생 에너지에 의한 발전을 통해 탄소 배출권까지 얻게 된다. 독일은 이미 풍력 발전 기술과 제품의 주요 수출국으로서의 위상을 확고히 하고 있다. 한국 전력도 풍력 발전에 대한 기술 개발은 물론 중국 3개 지역의 풍력 발전에 지분을 투자하고 있다.

|참고 문헌|

[1] A. V. da Rosa, Fundamentals of Renewable Energy Processes, Elsevier Academic Press, Burlington, Massachusetts, 2005.

[2] G. Boyle, Renewable Energy, 2nd ed., Oxford University Press, New York, 2004.

[3] M. Kaltschmitt, W. Streicher and A. Wiese, Renewable Energy: Technology, Economics and Environment, Springer, Berlin, 2007.

[4] B. Sorensen, Renewable Energy, 3rd ed., Academic Press, New York, 2004.

[5] 이철균, 태양광 · 풍력 비싼 발전비 극복이 과제, 서울경제신문, 2008.

4 바이오매스Biomass

4 바이오매스Biomass

1. 서론

바이오매스는 나무, 식물, 농업 또는 임업 폐기물, 도시 및 산업 폐기물 속의 유기물질 성분 등과 같은 생물학적 근원을 가진 비非 화석 물질을 총칭하는 용어이지만 여기서는 유용한 에너지의 생산에 사용될 수 있는 식물성 물질에만 초점을 맞출 예정이다. 바이오매스에 근거한 에너지 공정은 광합성photosynthesis, 즉, 태양광의 흡수에 의한 화학적 화합물의 생성에서부터 출발한다. 생성된 화합물은 기본적으로 글루코오스glucose 인데, 이 화합물은 후속적인 생화학적 변형과정에 의해서 높은 상업적 가치를 지닌 다양한 화합물들로 바뀌어 지게 된다. 바이오매스는 열량heat을 공급하고 연료를 합성하며 전기를 생산하기 위한 용도로 사용될 수 있으나, 바이오매스로부터 연료를 추출해내고자 하는 목적에 부합되는 생성물들은 글루코오스, 전분starch, 셀룰로오스cellulose, 그리고 리그닌lignin 등이 해당된다. 바이오매스로부터 바이오연료biofuel를 생산하는 공정은 총괄 효율이 보통 1%의 몇 분의 일에 불과하여 매우 비효율적이다: 광합성은 기껏해야 8%보다 낮은 효율로 진행되며 최종 제품인 바이오연료를 생산하기 위한 중간과정(경작, 비료 주기, 수확, 바이오매스의 운반, 탈수, 연료 추출)에서 많은 양의 에너지가 소비된다. 그럼에도 불구하고 바이오매스로부터 바이오연료를 생산하는 공정은 경제적 및 생태학적 관점에서 유리하기 때문에 실용적인 에너지 프로세스의 한 예例로 여겨지고 있다.

2. 바이오매스의 조성

식물은 나무wood로 구성된 구조물로서 50 내지 95%의 수분을 함유하고 있다. 식물의 주된 기관들은 광합성을 수행하는 나뭇잎과 수분 및 영양분을 모아서 공급하는 역할을 담당하는 뿌리, 그리고 재생reproduction의 기능을 담당하는 열매로 이루어져 있다. 나뭇잎은 혐기성 소화anaerobic digestion 과정에 의해서 바이오가스biogas와 슬러지sludge로 변환시킬 수 있다. 바이오가스는 메탄과 이산화탄소의 혼합물이며, 슬러지는 무기질minerals을 포함하고 있는 찌꺼기residue로서 비료로 유용하게 사용된다. 나무는 대략 50%의 셀룰로오스, 30%의 헤미셀룰로오스hemicellulose, 그리고 20%의 리그닌으로 구성된다. 셀룰로오스와 헤미셀룰로오스는 탄수화물carbohydrates인데 식물에 있어서 에너지는 탄수화물, 탄화수소hydrocarbons, 그리고 에스테르 화합물esters의 형태로 저장된다. 탄수화물은 바이오매스의 가장 흔한 구성 물질로서 당분sugars과 전분, 셀룰로오스, 그리고 헤미셀룰로오스와 같은 당분의 고분자물질들에 해당된다. 식물에서 발견되는 탄화수소는 일반적으로 알킨alkyne계 탄화수소인 이소프렌isoprene, C_5H_8의 고분자물질들이다. 에스테르 화합물은 식물성 기름vegetable oils에 해당된다. 바이오매스 에너지의 관점에서는 탄수화물과 에스테르 화합물이 중요한 화학물질들인데 탄수화물이 특히 더 중요하다.

3. 연료로서의 바이오매스

바이오매스는 다음과 같이 다양한 경로에 의해서 연료로서 사용될 수 있다.

(1) 수확된 바이오매스를 적당한 연소장치를 사용하여 직접 연소시킨다. 대부분의 건조된 바이오매스들(나무, 톱밥, 쌀겨와 같은 농산물 찌꺼기)은 15 내지 19MJ/kg 범위내의 연소열heat of combustion을 가지고 있다.

(2) 나무는 숯charcoal으로 변형시키면 연료로서의 유용성이 향상될 수 있다.

(3) 나무는 기화gasification 과정을 통해서 자동차 연료로 변환시킬 수 있다.

(4) 나무로부터 메탄올methanol을 만들 수 있다.

(5) 야자유palm oil를 디젤 엔진diesel engines의 연료로 사용할 수 있다.

(6) 탄화수소의 함량이 아주 높은 식물의 수액sap은 디젤 연료로 직접 사용할 수 있다.

(7) 당분과 전분은 발효fermentation 과정에 의해서 에탄올ethanol로 전화시킬 수 있다.

(8) 바이오매스 찌꺼기는 소화digestion 과정에 의해서 메탄 함량이 높은 바이오가스로 전화시킬 수 있다.

위에서 언급된 기술들 가운데 어떠한 것을 사용하든 간에 바이오매스는 화석연료fossil fuel에 비해서 대기 중의 이산화탄소 농도 증가에 기여하지 않는 장점을 가지고 있다. 다소 비관적이지만 꽤 타당한 예측에 의하면 머지않은 미래에 대기 중의 이산화탄소 농도 증가로 인한 지구상의 평균 기온 변화 때문에 남극과 북극지방의 얼음들이 녹아서 해발이 낮은 남태평양과 인도양의 섬들과 뉴욕이나 로스엔젤레스 같은 해안 도시들이 바닷물에 잠기거나 해류의 방향이 바뀌어서 유럽지방에 혹한의 기후가 몰아닥칠 가능성이 제기되고 있다. 가까운 미래에 기후상의 재앙이 발생하건 않건 간에 대기 중의 이산화탄소 농도는 놀랄 만큼 빠르게 상승하고 있다. 한 가지 예로서 전 세계에서 자동차 보유수가 가장 많은 미국의 가솔린gasoline 소비량은 최근 하루 730만 배럴(barrel; 1 barrel은 약 159 liters에 해당함)에 달하며 이로 인하여 미국의 가솔린 엔진 차량들로부터 대기 중으로 매일 610,000톤ton의 탄소가 이산화탄소의 형태로 배출되고 있다. 가솔린 연소에 의한 미국의 탄소 소비량은 매년 3500만 그루의 큰 나무들을 연소시키는 것과 동등하며 전 세계적으로 모든 액체 화석연료들과 천연가스, 그리고 석탄의 사용까지 고려하면 엄청난 양의 이산화탄소가 화석연료의 연소에 의한 에너지 생산의 결과로서 생성되고 있다. 그러나 바이오매스로부터 생산된 연료를 연소시킬 경우에 배출되는 탄소는 지나간 6억 년 전부터 땅속에 저장되어 온 탄소가 아니라 바로 직전의 경작 철season에 공기로부터 회수된 탄소이다. 따라서 바이오연료의 연소에 의해서는 대기 중 이산화탄소의 순net 양이 변화되지 않는다. 바이오매스로부터 생산된 연료의 추가적인 장점은 유황 함량이 작아서 산성 비acid rain의 문제점을 완화시킬 수 있는 것이다.

3.1 나무의 기화 장치gasifier

세계 제 2차 대전 기간 동안 자동차 및 트랙터 용 연료 부족 문제를 해결하기 위하여 개발된 숯이나 나무의 기화 장치는 고체연료의 증류distillation에 의해서 작동되었는데, 이 과정에서 필요한 열heat을 생산해내기 위하여 바로 그 고체연료의 일부분을 사용하였다. 최근에는 보다 발전된 기화 장치들이 수소, 일산화탄소, 그리고 질소의 혼합물을 생산하는데 사용되고 있다. 이와 같은 기화 장치에서 부분 연소 공정에 공기대신 산소를 주입하면 높은 불꽃 온도flame temperature를 가진 생성물 가스가 생산되어서 철강 산업에 유용하게 사용될 수 있다. 우수한 기화 장치를 사용하면 나무의 연소 에너지의 85%를 연소로furnace에서부터 얻을 수 있는데 이 에너지는 생성된 연료의 화학 에너지와 뜨거운 기체가 가지는 열량heat content의 합에 해당된다. 나무는 유황 성분을 거의 함유하고 있지 않으므로 깨끗한 연료에 해당되지만 연소 과정에서 타르tar가 생성되어 연료 가스의 오염과 장치의 폐색clogging이 발생되는 경향이 있다. 이와 같은 문제점을 피하기 위해서 대부분의 현대식 기화 장치들은 하향 기류downdraft 형태로 설계되는데 가장 뜨거운 불꽃 지점을 통하여 생성물 가스가 재순환recirculation 됨으로써 타르가 분해되어 매우 깨끗한 연료 가스가 생성된다. 이러한 기화 과정에 의해서 생성된 연료 가스는 싸이클론cyclone을 통하여 순환됨으로써 고체 입자들particulates이 제거된다.

기화 장치에서 생성되는 합성 가스(syngas; 수소와 일산화탄소의 혼합물)와 메탄은 다양한 화학물질들을 합성하는 공정의 원료feedstock로 사용되는데 나무의 기화에 의해서 생성된 합성 가스로부터 메탄올을 생산하는 것이 특히 관심을 끌고 있다.

3.2 에탄올

3.2.1 에탄올의 생산

영토가 넓지만 석유 자원oil resources이 부족한 국가, 예를 들어 브라질에서는 에탄올의 사용에 의해서 수송용 연료의 요구량을 부분적으로 충족시킬 수 있는 혜택을 얻을 수 있다. 한 개의 하이드록실 그룹hydroxyl group; -OH이 탄소 원자에 결합된 CH_3CH_2OH 구조의 에탄올은 가솔린에 비해서 더 높은 압축비compression ratio를 견딜 수 있는 녹킹 방지antiknock 성능 때문에 상대적으로 작은 부피 기준 에너지 밀도를 가짐에도 불구하고 자동차 연료로서 가솔린보다 더 효율적이다. 에탄올은 당분, 전분, 그리고 셀룰로오스와 같은 다양한 물질들로부터 생산될 수 있지만 지금까지는 당분으로부터 생산되는 에탄올 만이 자동차 연료로 사용될 수 있는 대규모로 생산되어 왔다. 그러나 최근에는 다른 경로에 의한 에탄올 생산, 예를 들어 셀룰로오스로부터 에탄올의 직접적인 생산에 대한 연구가 많은 관심을 끌고 있다. 나무trees와 풀grasses과 같은 셀룰로오스 계열 바이오매스로부터 생산되는 에탄올을 바이오에탄올bioethanol이라고 부른다. 에탄올을 생산하기 위해서는 원료 물질(sucrose) 뿐 만 아니라 상당한 양의 에너지가 증류 과정에서 필요하게 된다. 아래의 그림 1에서는 브라질에서 사탕수수sugar cane로부터 에탄올을 생산하는 공정의 흐름도flow chart를 나타내었다. 사탕수수는 에탄올 생산을 위하여 수액sap으로부터 당분을 공급하고 깍지(bagasse; 진액을 짜내고 남은 줄기)로부터 에탄올 증류에 필요한 연료를 공급하는 장점을 지니고 있다. 브라질의 어느 대규모 에탄올 생산 시설에서는 사탕수수로부터 하루 120만 리터liter의 에탄올이 생산되는데 이 양은 에너지 측면에서 하루 약 5,000배럴의 석유 생산량과 동일하다. 이 에탄올 생산 공장에서는 약 110,000헥타르hectare의 경작 면적에서 수확된 사탕수수로부터 에탄올 이외에도 매일 8,600톤의 셀룰로오스, 5,200톤의 헤미셀룰로오스, 그리고 1,900톤의 코오크스coke가 부산물로 생산되고 있다.

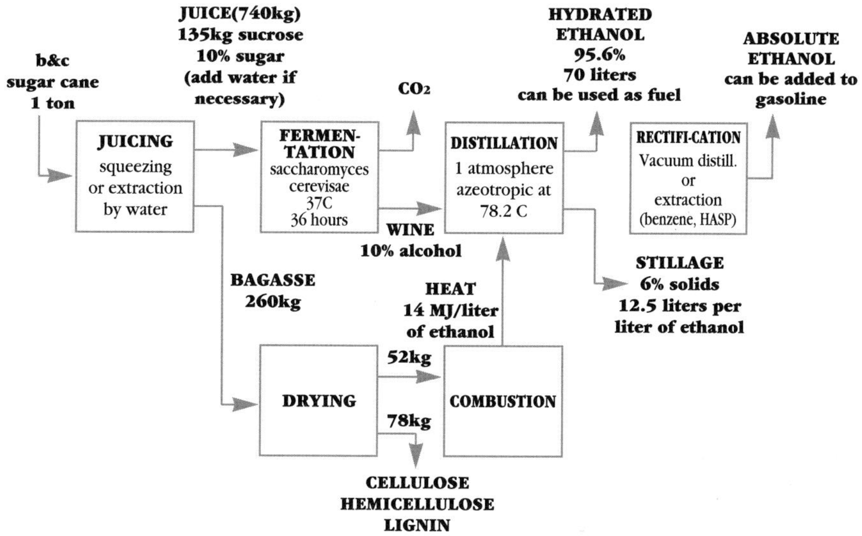

그림 1_ 사탕수수로부터 에탄올을 생산하는 공정 흐름도 (참고문헌 [2])

브라질에서는 해마다 헥타르 당 75톤의 조raw 사탕수수가 생산되어 줄기로부터 잎과 뿌리를 제거하는 과정b&c; burned and cropped을 거친 후 조 사탕수수 생산량의 77%에 해당하는 58톤의 b&c 사탕수수가 에탄올을 생산하는 공장으로 보내어진다. b&c 사탕수수 1톤으로부터는 740kg의 당분 용액(135kg의 sucrose와 605kg의 물)과 260kg의 사탕수수 깍지 혼합물(130kg의 깍지와 130kg의 물)이 얻어진다. Sucrose의 열량이 16.5MJ/kg이고 깍지의 열량이 19.2MJ/kg이므로 b&c 사탕수수 1톤의 총 열량은 4.7GJ이 된다. b&c 사탕수수 1 톤에서 얻어지는 135kg의 sucrose는 1.7GJ의 연소 에너지를 가지는 70리터의 에탄올로 바뀌어 지므로 실제적인 sucrose-에탄올 전화 효율은 76%가 된다. 종합해 보면 매년 헥타르 당 생산되는 바이오매스(사탕수수)는 0.27TJ의 에너지에 해당되며 이 값은 평방 미터 당 0.86W의 일률이 얻어지는 것과 같으므로 평방 미터 당 225W의 평균 일사량insolation을 기준으로 계산한 사탕수수의 광합성 효율은 0.38%이다. 헥타르 당 생산되는 사탕수수로부터 매년 총 4,060리터의 에탄올이 얻어지는데, 이 값에는 경작, 운송, 등등에 사용되는 에너지는 포함되지 않으므로 태양 에너지-에탄올 전화 효율은 0.13%에 불과하여서 태양 전지의 효율에 비해서 훨씬 작은 값이다. 그럼에도 불구하고 바이오연료용 에탄올 생산은 경제적인 측면에서 매력적인 공정으로 여겨지고 있다.

그림 1에서 나타낸 바와 같이 공업적인 에탄올 생산 과정은 사탕수수 깍지로부터 당분 용액을 분리시키는 기계적인 조작(juicing)에서부터 출발한다. 발효를 위해서 적당히 희석된 용액을 용기에 담고 이스트 배양액yeast culture을 더한 후 310K의 온도에서 36시간 동안 유지시키면 약 10%의 알코올을 함유한 생성물이 얻어진다. 이 생성물을 상압 증류atmospheric distillation 장치에서 처리하면 순도 95.6%의 수화 에탄올hydrated ethanol이 생산되는데, 이 에탄올은 단독으로는 연료로서 충분히 사용될 수 있으나 가솔린에 첨가하여 가솔린-알콜 혼합 연료gasohol를 만들기에는 수분 함량이 너무 높다. Gasohol 제조에 사용될 수 있는 무수anhydrous 에탄올을 생산하기 위해서는 수화 에탄올을 감압 증류vacuum distillation 또는 추출extraction에 의해서 정제rectification 처리하여 수분을 제거시켜야 한다. 에탄올 증류에 필요한 에너지는 건조drying시킨 사탕수수 깍지의 일부분을 연소시켜서 충당한다.

사탕수수 뿐 만 아니라 옥수수, 보리, 그리고 밀 등이 에탄올의 생산 원료로 사용된다. 미국에서는 주로 중서부 지방에서 경작되는 옥수수로부터 에탄올을 생산하는데, 옥수수 1톤을 처리하여 대략 365리터의 에탄올을 얻는다. 2006년 미국의 에탄올 생산 능력은 년간 21억 갤런을 초과하고 있다.

3.2.2 연료로서 에탄올의 사용

에탄올은 함산소 화합물oxygenate의 장점을 활용하여 가솔린의 옥탄가octane value를 증가시키고 가솔린 엔진의 배기가스 성상emissions quality을 개선시키기 위해서 가솔린에 혼합blending하여 사용된다. 가솔린-에탄올 혼합 연료는 에탄올의 혼합 비율(부피 기준)에 따라서 구분되는데 예를 들어 E10 혼합 연료는 에탄올 10%와 가솔린 90%의 혼합물blend을 의미한다. E85, E95와 같이 에탄올 농도가 높은 가솔린-에탄올 혼합 연료도 자동차에 사용되고 있다. 아래의 표 1에서는 가솔린, 에탄올, 그리고 E85 혼합 연료의 물성과 특성을 비교하였다.

〈표 1〉 가솔린, 에탄올, E85 혼합 연료의 물성과 특성 (참고문헌 [10])

물성property	가솔린	에탄올	E85
화학식	C_4 to C_{12}	C_2H_5OH	*
분자량	100~105	46.07	*
원소조성, weight%:			
- carbon	85~88	52.2	57
- hydrogen	12~15	13.1	13
- oxygen	0	34.7	30
비중, 60℉/60℉	0.72~0.78	0.796	0.78
Octane no., (R+M)/2:	86~94	100	96
점도, centipoise @60℉	0.37~0.44	1.19	*
Reid vapor pressure, psi	8~15	2.3	6~12
flash pointclosed cup, ℉	-45	55	*
autoignition temperature, ℉	495	850	*
기화 잠열latent heat:			
Btu/lb @60F	대략 150	396	*
비열, Btu/lb ℉	0.48	0.57	0.56
열량heating value, Btu/lb	18,000~19,000	11,500	12,500
gallon equivalent	1.0	1.5	1.4
가솔린 대비 miles per gallon	100%	70%	72%
냉시동성cold weather starting	좋음	나쁨	좋음
가솔린 대비 엔진 출력	100%	105%	103~105%

(*가솔린을 구성하는 탄화수소 성분들의 형태와 조성에 따라서 변화함.
R: research octane no. M: motor octane no.)

에탄올은 가솔린 뿐 만 아니라 디젤에 혼합하여 사용되기도 하는데 부피 기준으로 최대 15%의 에탄올과 No. 2 디젤이 혼합된 연료를 E-디젤 이라고 부른다. 아직 실험단계의 연료로서 낮은 flash point와 저장 및 취급에 있어서의 안전성 문제가 해결되어야 하는 제약조건을 안고 있지만 E-디젤은 No. 2 디젤에 비해서 배기가스 중의 입자particulate 오염물질의 양을 저감시키는 장점이 있다.

3.3 바이오디젤biodiesel

3.3.1 바이오디젤의 생산

바이오디젤은 식물성 기름과 동물성 지방animal fats으로부터 만든 지방산 알킬 에스테르fatty acid alkyl esters 화합물로서 No. 2 디젤을 대체할 수 있는 연료이다. 식물성 기름과 동물성 지방을 메탄올과 반응시키면 지방산 메틸 에스테르와 글리세롤glycerol이 얻어지는데, 지방산 메틸 에스테르는 디젤 엔진 연료로서 유용한 물질이고 글리세롤은 의약품과 화장품의 원료로서 유용한 물질이다. 아래의 그림 2에서는 바이오디젤을 생산하는 공정의 흐름도를 나타내었다.

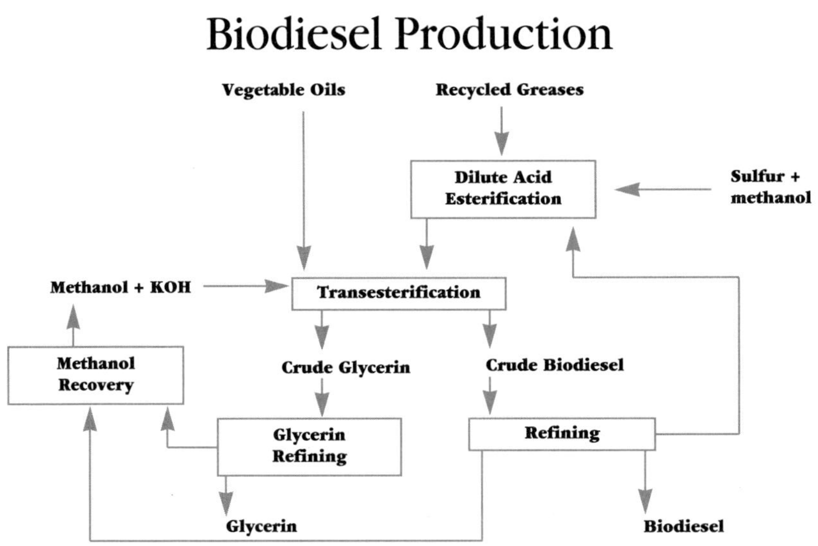

그림 2_ 바이오디젤을 생산하는 공정(에스테르 반응기술)의 흐름도 (참고문헌 [10])

바이오디젤 생산 공정에서는 먼저 원료(식물성 기름과 동물성 지방)으로부터 수분과 불순물을 제거하기 위해서 원료를 여과 및 전처리시킨 다음 메탄올과 반응시킨다. 촉매로서 NaOH 또는 KOH가 사용된다. 반응이 진행되면 기름 분자들 triglycerides이 쪼개어져서 에스테르와 글리세롤로 바뀌는데, 이 들을 서로 분리하여 정제시킨다. 식물성 기름으로서는 콩 기름soy oil이 주로 사용되고 동물성 지방으로서는 재순환된 취사용 그리스recycled cooking grease가 주로 사용되는데 원료자원이 풍부하므로 미국에서는 매년 19억 갤런gallon의 바이오디젤이 생산되고 있다. 콩 기름 약 7.3파운드로부터 바이오디젤 1갤런을 생산할 수 있는데, 바이오디젤 생산비용에 있어서 콩 기름 원료비용이 차지하는 비중이 매우 크다. (바이오디젤 1갤런당 최소 $1.50의 콩 기름 원료비용이 소요된다.) 동물성 지방과 그리스로부터 생산되는 바이오디젤의 경우 연료 성질이 콩 기름으로부터 생산된 바이오디젤과 별 차이가 없으나 생산비용이 훨씬 저렴하다.

3.3.2 연료로서 바이오디젤의 사용

바이오디젤은 석유petroleum로부터 생산된 No. 2 디젤에 비해서 배기가스 중의 탄화수소, 이산화탄소, 일산화탄소, 황산화물, 그리고 입자 오염물질의 배출량이 훨씬 작은 장점을 가지고 있다. (바이오디젤이 함산소 화합물로서 가지는 장점은 가솔린-에탄올 혼합 연료에 있어서 에탄올이 함산소 화합물로서 가지는 장점과 동일하다.) 아래의 표 2에서는 100% 바이오디젤(B100)과 20% 바이오디젤(B20; 바이오디젤 20%(부피 기준)를 No. 2 디젤과 혼합한 연료)의 배기가스 성상을 No. 2 디젤의 배기가스 성상과 비교한 결과를 나타내었다.

〈표 2〉 바이오디젤 연료의 사용으로 인한 배기가스 성상의 변화 (참고문헌 [10])

(No. 2 디젤의 경우와 상대적 비교)

배기가스 성상	B100	B20
일산화탄소	−43.2%	−12.6%
탄화수소	−56.3%	−11.0%
입자 오염물질	−55.4%	−18.0%
질소산화물	+5.8%	+1.2%
이산화탄소	−78.3%	−15.7%
air toxics	−60 to −90%	−12 to −20%
mutagenicity	−80 to −90%	−20%

(미국 14 EPA FTP Heavy Duty Test Cycle 시험 자료의 평균치임)

또한 바이오디젤은 No. 2 디젤과 비교하여 대부분의 물성들이 비슷함과 동시에 훨씬 높은 flash point로 인하여 취급, 저장, 그리고 운송 측면에서 보다 나은 안전성을 가지고 있다. 아래의 표 3에서는 No. 2 디젤과 바이오디젤의 연료 물성과 특성을 비교하였다.

〈표 3〉 No. 2 디젤과 바이오디젤(B100)의 연료 물성과 특성 (참고문헌 [10])

연료 성상	No. 2 디젤	바이오디젤(B100)
연료조성	C_{10}~C_{21} 탄화수소	C_{12}~C_{22} FAME
열량, Btu/gal	131,295	117,093
비중, 60F/60F	0.85	0.88
원소조성, weight%:		
- carbon	87	77
- hydrogen	13	12
- oxygen	0	11
유황성분 함량, weight%	0.05 max.	0~0.0024
boiling point, ℃	188~343	182~338
flash point, ℃	60~80	100~170
cloud point, ℃	-15 to 5	-11 to 16
pour point, ℃	-35 to -15	-15 to 13
Cetane no.	40~55	46~60
stoichiometric air/fuel ratio	15	13.8

(FAME: fatty acid methyl esters)

미국에서는 바이오디젤의 사용량이 최근 수년간 급격히 증가하였는데, 가솔린에 혼합되는 에탄올과 비교할 만 한 수준의 정부 보조금이 바이오디젤에도 제공될 경우 매년 20억 갤런의 바이오디젤이 사용될 것으로 예측되고 있다. 이 사용량은 미국의 운송용 디젤 연료 소비량의 8% 수준에 해당하는 값이다.

3.4 혐기성 소화

에탄올 생산이 발효에 의해서 당분을 에탄올과 수분의 혼합물로 변형시킨 후

에너지가 집약적으로 소모되는 증류 조작에 의해서 알코올을 회수하는 공정인 반면, 혐기성 소화는 최소한의 에너지를 사용하여 여러 다양한 식물성 및 동물성 물질들을 메탄으로 변형시키는 공정이다. 발효 공정이 잘 알려져 있는 반면, 혐기성 소화 공정은 최근까지지도 산업에 적용된 경우가 별로 없어서 발효 공정의 경우보다 잘 알려져 있지 못하다.

혐기성 소화에서는 원료물질 속에 존재하는 대부분의 에너지가 생성물인 메탄으로 이동하며 단지 아주 약간의 에너지가 미생물 세포들을 만드는데 사용된다. 따라서 혐기성 소화는 에너지 측면에서 바이오매스를 처리하는 효율적인 방법이라고 할 수 있다.

아래와 같이 글루코오스의 혐기성 소화를 생각해 보자:

$$(CH_2O)_6 \rightleftarrows 3CH_4(g) + 3CO_2(g)$$

글루코오스 1 kilomole의 연소열은 2.81GJ이며 메탄 3킬로몰의 열량은 2.67GJ이다. 이 반응의 엔탈피enthalpy 변화량은 글루코오스 1킬로몰 당 -0.14GJ으로서 발열반응이지만, 글루코오스 속에 존재하는 에너지의 95%가 메탄으로 이동하므로 반응에 의한 에너지의 손실이 거의 없다. 그 반면, 이 반응의 자유 에너지free energy 변화량은 글루코오스 1킬로몰 당 -0.418GJ으로서 엔탈피 변화량보다 훨씬 크다. 이 반응의 엔트로피entropy 변화량이 글루코오스 1 킬로몰 당 927kJ/K이므로 이 반응에 의해서 엔트로피가 상당히 많이 증가함을 알 수 있고, 결과적으로 이 반응에 대한 열역학적 구동력driving force이 크다고 할 수 있다.

일반적으로 혐기성 소화는 다음과 같은 세 가지 단계로 진행된다:

(1) 여러 형태의 발효성fermentative 박테리아의 작용에 의해서 다양한 물질들이 작은 분자량의 물질들로 전화되는 반응들이 일어난다. 예를 들어 다당류가 단당류로, 단백질이 펩타이드peptide와 아미노산amino acid으로, 지방이 글리세린glycerine과 지방산으로 분해하는 반응들이 일어난다.

(2) 아세토제닉acetogenic 박테리아의 작용에 의해서 알코올과 높은 분자량의 유

기산higher organic acids이 초산acetic acid, 수소, 그리고 이산화탄소로 전화되는 반응이 추가적으로 일어난다.

(3) 위의 (1), (2) 단계에서 생성된 초산, 수소, 그리고 이산화탄소로부터 메타노제닉methanogenic 미생물의 작용에 의해서 메탄과 이산화탄소의 혼합물, 그리고 메탄과 수분water의 혼합물이 만들어진다. 즉, 초산으로부터 메탄과 이산화탄소가 생성되고 수소와 이산화탄소로부터 메탄과 수분이 생성된다.

표 4에는 위에서 설명된 각각의 단계에서 일어나는 반응들을 수록하였다. 이와 같이 여러 미생물들의 상호 협동적인 작용의 결과로서 일어나는 혐기성 소화로부터 바이오가스라고 불리우는 메탄/이산화탄소의 혼합물이 생성되는데 메탄 함유량이 보통 65% 수준이다. 배치batch 형태로 반응시킬 경우 위의 세 가지 단계 중에서 메타노제닉 미생물이 작용하는 단계가 율속 단계rate limiting step이다: (1), (2) 단계에 비해서 (3) 단계의 진행 속도가 훨씬 느리다.

〈표 4〉 혐기성 소화 과정에서 일어나는 반응 (참고문헌 [10])

(반응 조건: 298 K, pH = 7)

반응	자유 에너지, MJ/kmole
(1) fermentative bacteria:	
$C_6H_{10}O_5 + H_2O \rightarrow (CH_2O)_6$	−17.7
$(CH_2O)_6 \rightarrow 3CH_3CO_2^- + 3H^+$	−311
$(CH_2O)_6 + 2H_2O \rightarrow CH_3CH_2CO_2^- + H^+ + 3CO_2 + 5H_2$	−192
$(CH_2O)_6 \rightarrow CH_3CH_2CH_2CO_2^- + H^+ + 2CO_2 + 2H_2$	−264
$(CH_2O)_6 + 6H_2O \rightarrow 6CO_2 + 12H_2$	−25.9
(2) acetogenic bacteria:	
$(CH_2O)_6 + 2H_2O \rightarrow 2CH_3CO_2^- + 2H^+ + 2CO_2 + 4H_2$	−216
$CH_3CH_2CO_2^- + H^+ + 2H_2O \rightarrow CH_3CO_2^- + H^+ + CO_2 + 3H_2$	+71.7
$CH_3CH_2CH_2CO_2^- + H^+ + 2H_2O \rightarrow 2CH_3CO_2^- + 2H^+ + 2H_2$	+48.3
$CH_3CH_2OH + H_2O \rightarrow CH_3CO_2^- + H^+ + 2H_2$	+9.7
$2CO_2 + 4H_2 \rightarrow CH_3CO_2^- + H^+ + 2H_2O$	−94.9
(3) methanogenic archea:	
$CH_3CO_2^- + H^+ \rightarrow CH_4 + CO_2$	−35.8
$CO_2 + 4H_2 \rightarrow CH_4 + 2H_2O$	−131
$HCO_3^- + H^+ + 4H_2 \rightarrow CH_4 + 3H_2O$	−136

혐기성 소화는 그림 3에 나타낸 것과 같이 유기 물질(예를 들어, 가축의 똥)과 물을 섞은 혼합물을 밀폐된 실험실 용기laboratory jar에 담아서 쉽게 진행시킬 수 있다. 그림 3에서 용기의 가운데 구멍은 혼합물을 담기 위한 것이고 왼쪽에 위치한 구멍은 액체 시료(pH 측정용)를 빼내기 위한 것이고 오른 쪽에 위치한 구멍은 바이오가스의 유출구이다. 이와 같은 실험실 규모의 혐기성 소화 장치digester에서 생성된 바이오가스는 물이 채워진 비이커beaker를 통과시켜서 세척한 후 기체 크로마토그래프gas chromatograph를 사용하여 분석할 수 있다. 소화 과정을 촉진시키기 위해서는 다른 소화 장치에서부터 채취한 슬러지(예를 들어, 하수 처리장에서 채취한 슬러지)를 용기내의 혼합물에 섞어야 한다. 용기의 온도를 37℃(310K)로 유지한 상태에서 며칠이 지나면 혼합물의 pH가 현저하게 떨어져서 초산의 생성이 진행되고 있다는 것을 알 수 있다. 처음에는 용기 내에서 산소가 소모되면서 기체가 거의 발생하지 않으나, 얼마 지나지 않아서 이산화탄소가 액체 밖으로 방울져 발생하게 된다. 약 10일이 경과하면 메탄이 발생하기 시작하고 그 상대적인 농도가 급격히 증가한다.

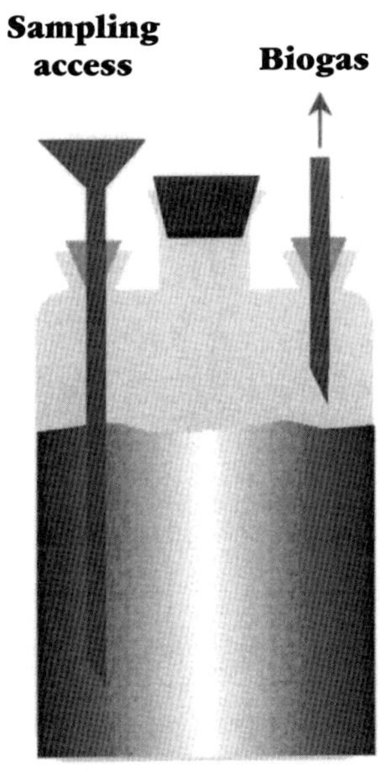

그림 3_ 실험실 규모의 혐기성 소화 장치

바이오가스 생성 속도production rate, 즉, 혐기성 소화 속도는 그림 4에 나타낸 것과 같이 혼합물의 용기 내 체류 시간residence time에 따라서 변화한다. 이와 같은 생성 속도에 대응하는 바이오가스 누적 생성량integrated production은 그림 5에 나타낸 것과 같다. 실제적인 혐기성 소화 장치는 배치batch 형태나 연속 흐름continuous flow 형태로 운전할 수 있다. 배치 형태의 운전은 소화 장치에 슬러리 혼합물을 투입한 후 밀폐시키는 것이다: 여러 미생물들이 자라나서 위에서 설명한 혐기성 소화의 세 가지 단계가 연속적으로 진행된다. 그림 4에 나타낸 것처럼 배치 형태로 운전되는 소화 장치는 정상 상태steady state에 결코 도달하지 않으며 30 내지 60일의 긴 체류 시간이 필요하다.

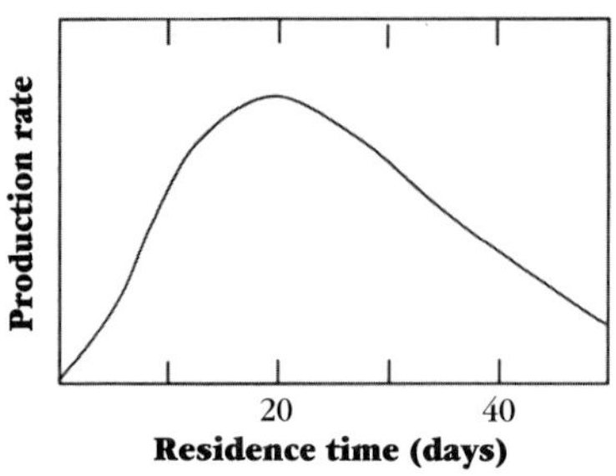

그림 4_ 배치 소화 장치에서 전형적인 바이오가스 생성 속도 (참고문헌 [2])

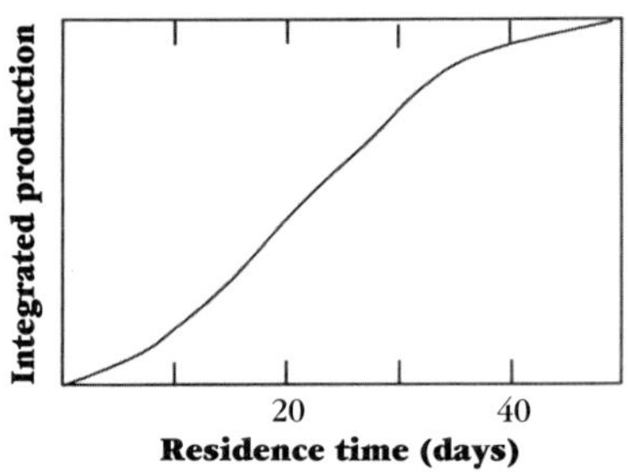

그림 5_ 배치 소화 장치에서 바이오가스 누적 생성량 (참고문헌 [2])

연속 또는 반연속semicontinuous 소화 장치는 탱크의 한 쪽에서 슬러리 혼합물이 유입되고 다른 쪽에서 처리된 슬러지가 유출되는 형태로 운전된다. 유입된 혼합물은 탱크 내의 각 지역을 천천히 이동하는데 각 지역에서의 반응들은 거의 정상 상태 조건에 도달되어 있다. 따라서 배치 형태의 운전보다 짧은 체류 시간(10 또는 20일)에 의한 소화 처리가 가능하다. 소화 처리에 긴 체류 시간이 필요하게 되면 소화 장치로의 혼합물 투입 속도loading rate가 느려지게 되므로 주어진 바이오가스 생산 속도에 대해서 큰 소화 장치가 필요하게 된다. (즉, 투자비가 증가하게 된다.) 소화 장치에 투입되는 혼합물은 잘게 쪼개진 유기 물질과 물이 섞인 슬러리인데, 고체 물질들의 일부는 완전히 소화되지만 일부는 전혀 소화되지 않는다. 전자(소화되는 고체)를 휘발성 고체volatile solids, VS라고 부르고 후자(소화되지 않는 고체)를 고정성 고체fixed solids, FS라고 부른다. 메탄 수율methane yield, Y는 VS 1kg으로부터 생성된 메탄의 양을 의미한다. 투입되는 혼합물에 따라서 차이가 있지만 VS가 완전히 소화되는 경우의 메탄 수율, Y_o는 VS 1kg당 21내지 29MJ의 메탄이 생성되는 것에 해당한다. (Y_o를 이상 수율ideal yield이라고 부른다.) 실제로 소화 장치에서는 VS의 일부분(분율 R)이 소화되므로 메탄 수율 $Y = RY_o$가 된다. R은 VS의 소화 분율을 의미하는 값으로서 소화 장치의 설계 형태, 투입되는 혼합물, 그리고 체류 시간에 의해서 결정된다. R의 값은 풀grass의 경우 25% 수준으로 낮은 편이고 활성 하수 슬러지activated sewage sludge의 경우 50% 수준으로 높은 편이다.

실제적인 바이오가스 생산 효율은 소화 장치의 단위 체적 당 VS 투입 속도, L에 의해서 결정된다. L을 하루 동안 소화 장치 $1m^3$당 투입되는 kg VS로 나타내면 소화 장치의 동력 밀도power density, P는 다음과 같이 나타낼 수 있다.

$$P = LRY_o, \qquad \text{joules/m}^3\text{/day}$$

예를 들어, Y_o = 25MJ(methane)/kg(VS)이고 R = 0.4일 경우 P = 10L MJ(methane)/m^3/day 또는 P = 100L W(methane)/m^3가 된다. 배치 형태로 운전되는 소화 장치는 최대 1.5kg(VS)/m^3/day의 투입 속도를 처리할 수 있으므로 150W/m^3(digester)의 속도로 메탄을 생산할 수 있다. 연속 흐름 형태로 운전되는 소화 장치는 최대 6kg(VS)/m^3/day의 투입속도 까지도 처리할 수 있으므로 약 600W/m^3(digester)의 메탄 생산 속도를 얻을 수 있다. 소화 장치의 동력 밀도를 증가시키는 한 가지 방법은 체류 시간을 감소시키는 것인데, 이것은 다음과 같은 조작들에 의해서 실현될 수 있다.

(1) 소화 장치를 높은 온도에서 운전 한다,

(2) 혼합물을 잘 교반agitation 한다,

(3) 미생물들을 고정화immobilization 시킨다,

(4) 효소, 증식 인자growth factors, 비료를 첨가한다, 그리고

(5) 투입물을 적절히 전처리pre-treatment 한다.

혐기성 소화가 잘 일어날 수 있는 온도 범위는 다음과 같다.

(1) 5℃(278K) 부근의 온도 범위(psychrophilic range),

(2) 37℃(310K) 부근의 온도 범위(mesophilic range),

(3) 55℃(328K) 부근의 온도 범위(thermophilic range).

가장 빠른 소화 작용은 thermophilic range에서 일어난다. 그러나 작은 규모의 소화 장치는 체적 대비 표면적의 비surface-to-volume ratio가 커서 열손실이 과다하므로 소화 장치의 경제적인 운전을 위해서는 큰 규모의 소화 장치를 높은 온도에서 운전하여야 한다. 메탄과 이산화탄소는 물에 아주 조금 용해되므로 이 기체들의 미세 기포들microbubbles이 그 기체들을 생산하는 메타노제닉 미생물들의 주위를 둘러싸는 경향이 있어서 미생물과 액체 사이의 접촉이 제한되고 반응이 지연되게 된다. 교반agitation에 의해서 이 기포들을 미생물들로부터 분리시킬 수 있는데, 그 결과 압력의 강하와 온도의 상승이 수반된다. 생산된 기체를 소화 장치 내부의 슬러리를 통해서 재-기포화rebubbling시키면 교반 효과를 경제적으로 얻을 수 있다.

소화 속도의 가장 큰 증가는 미생물의 고정화를 통해서 얻을 수 있는데, 그 이유는 소화 작용을 촉진시키는 생태계ecosystem의 형성이 느리게 진행되고 소화 작용의 찌꺼기residue가 매번 소화 장치로부터 배출되므로 미생물들과 새로운 배양물들cultures의 형성이 필요해지기 때문이다. 이러한 현상은 배치 소화 장치와 연속 흐름 소화 장치에 공통적으로 적용된다. 미생물들을 소화 장치 내에 체류시킬 수 있는 한 가지 방법으로서 생물학적 필터biological filter의 사용을 들 수 있는데, 박테리아 점액질slime이 생성될 수 있는 불활성inert 고체 물질 조각들chips을 소화 장치 내에 채워 넣음으로써 소화 작용의 찌꺼기는 배출되고 불활성 고체 조각들은 소화 장치 내에 남게 하는 것이다. 이러한 수단이 적절히 운전되기 위해서는 소화 작용의 찌꺼기가 충분히 유체fluid의 성상을 가져야 하는데, 이 조건은 대부분의 소화 장치 원료들에 있어서 실현되기 어렵다. 실제로 소화 장치의 운전에 있어서 한 가지 큰 문제점은 빽빽한 슬러지thick sludge의 생성으로 인하여 소화 장치가 막히는 현상이다. 따라서 소화 장치의 효율적인 운전을 위해서 원료 물질의 적절한 전처리가 매우 중요하다고 할 수 있다.

소화 속도를 향상시키기 위해서 유입물에 효소, 증식 인자, 비료, 등의 물질을 첨가하는 경우도 있다. 효율적인 소화를 위해서는 적절한 carbon-to-nitrogen (C/N) ratio와 carbon-to-phosphorus (C/P) ratio가 필요하므로 어떤 특정한 원료 물질들을 처리할 때 (C/N) 및 (C/P) ratio를 보정해 줄 수 있는 화학 물질들을 첨가하는 것이 중요하다. 적절한 (C/N) ratio는 20:1 부근이고 적절한 (C/P) ratio는 80:1 부근이다.

바이오가스를 먼 거리로 운반할 경우 바이오가스에 포함된 이산화탄소의 대부분을 제거함으로써 pipeline으로 운송할 수 있는 품질pipeline quality 수준으로 그 성상을 개선시킬 필요가 있다. 바이오가스는 쓰레기 매립장과 폐수 처리장에서 자연적으로 발생된다. 쓰레기 매립장에서 발생되는 가스는 대부분의 경우 대기 중으로 배출되는데, 그 가스에 포함된 메탄 성분은 심각한 온실 가스greenhouse gas로서 염화수소hydrogen chloride와 같은 해로운 불순물을 동반하기도 한다. 어떤 경우에는 쓰레기 매립지에 관정wells을 뚫어서 바이오가스를 수집하고 정화 처리한 후 천연가스 파이프라인에 주입시키기도 한다. 폐수 처리장에서는 바이오가스를 자주 수집한 후 태워 없애는데, 미국의 폐수 처리 시설들로부터 매일 배출되는 메탄의 양은 에너지 측면에서 5,000배럴의 석유에 해당된다는 추산이 있다. 그리 많지 않은 양의 에너지라고 하더라도 결코 낭비해서는 안 될 양의 에너지임은 분명하다! 어떤 도시들에서는 이 가스를 연료 전지에 공급하여 전기와 열량을 생산하기도 한다.

혐기성 소화의 대표적인 응용 사례는 하수sewage 처리에서 찾아 볼 수 있다. 전처리에 의해서 큰 고체 물질들이 제거된 하수와 액체 상태의 유기 폐기물이 도관을 통하여 일차 처리primary treatment용 침전 탱크로 보내어져서 많은 양의 고체들이 침전되어 슬러지를 형성하게 된다. 생성된 슬러지는 혐기성 소화 장치로 보내어져서 메탄 가스와 비료로서 사용될 수 있는 형태의 슬러지로 전화된다. 이 단계에서 남겨진 액체는 이차 처리secondary treatment용 탱크로 보내어져서 호기성aerobic 박테리아의 작용에 의하여 아직 남아있는 균류pathogen의 대부분이 제거된다. 이차 처리 과정은 박테리아가 필요로 하는 산소를 공급하기 위해서 공기를 주입aeration하거나 광합성에 의하여 산소를 생성하는 미생물 조류microalgae를 키움으로써 촉진시킬 수 있다. 이차 처리 단계의 생성물은 환경으로 배출하기에 안전하지만 조류algae의 증식을 촉진시키는 질산염nitrates과 인산염phosphates을 함유하고 있으므로 이러한 유출물을 순수한 음용수drinking water 수준으로까지 더 정화시키기 위해서는 삼차 처리tertiary treatment가 필요하다. 이 마지막 단계의 처리를 위해서 역 삼투압reverse osmosis을 포함한 많은 기술들이 사용될 수 있는 한편, 유출물을 인공적으로 조성된 습지wet lands로 보내서 자연적으로 정화시킬 수도 있다. 하수 처리에는 위에서 언급된 모든 단계들이 반드시 포함되지는 않는다: 일차 처리 이후의 단계들을 생략하는 경우들도 많으며 삼차 처리 단계는 자주 사용되지는 않는다.

하수 처리에 있어서 메탄 가스와 비료를 더 많이 생산하고 유독성 물질들을 제거하는 수단으로써 세관이 많은 수중 식물들을 하수 속에 키우는 것을 들 수 있다. 이러한 식물들 가운데 가장 주목을 받는 것이 water hyacinth인데, 엄청난 증식력을 가진 부유 식물로서 양호한 생육 조건 하에서는 하루 동안 1헥타르 당 600kg의 바이오매스(dry basis)를 생산할 수 있다. 그림 6에는 하수 처리-비료-메탄 생산의 복합 공정에 대한 블록 다이어그램block diagram을 나타내었다.

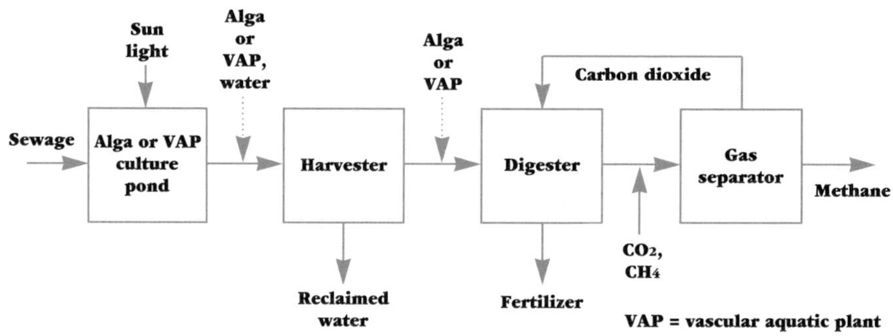

그림 6_ 하수 처리-비료-메탄 생산의 복합 공정에 대한 블록 다이어그램 (참고문헌 [2])

|부 록| 바이오매스와 관련된 용어해설

바이오연료biofuel

에탄올, 메탄올, 바이오디젤, Fischer-Tropsch 디젤과 같은 액체 연료와 수소, 메탄과 같은 기체 연료가 바이오매스 자원들로부터 생산될 수 있다. 바이오연료는 주로 자동차 용 연료로 사용되지만 전기를 생산하기 위해서 엔진이나 연료 전지 용 연료로도 사용될 수 있다.

바이오에너지bioenergy 전화 공정

생화학적 전화 공정: 효소, 미생물과 같은 바이오촉매의 사용에 의해서 바이오매스 또는 그로부터 유도된 화합물이 유용한 생성물로 전화된다. Cellulase, hemicellulase와 같은 효소들에 의한 가수 분해 공정에 의해서 탄화수소 성분의 바이오매스들이 오탄당five carbon sugar, 육탄당six carbon sugar으로 분해된다. 이스트yeast와 박테리아에 의해서 당분들sugars이 발효되어 에탄올로 전화된다.

광생물학적 전화 공정: 유기 생명체 물질의 자연적인 광합성 활동에 의해서 태양 에너지로부터 바이오연료를 직접 생산한다. 예를 들어 박테리아와 녹조류의 광합성 활동에 의해서 물과 태양 에너지로부터 수소가 생산된다.

열화학적 전화 공정: 열 에너지와 화학 촉매의 사용에 의해서 바이오매스를 중간체나 생성물로 분해시킨다. 산소가 결핍된 환경에서 바이오매스를 가열하면 가스화gasification에 의해서 주로 수소와 일산화탄소로 구성된 가스(합성 가스)가 생성된다. 공기가 없는 환경에서 바이오매스를 높은 온도로 가열하면 숯char, oxygenated oils, 메탄, 일산화탄소, 이산화탄소와 같은 열분해pyrolysis 생성물이 얻어진다. 용매, 산, 염기 물질을 사용하여 바이오매스를 분류fractionate하면 당분, 셀룰로오스, 리그닌과 같은 일련의 생성물이 얻어진다.

바이오파워biopower

바이오파워 기술은 미국 내에서 10GW의 설치 용량을 가진 전기 생산 방안이다. 지금의 용량은 모두 바이오매스의 직접-연소 방식에 의한 것이지만 장차 발전 효율이 개선되면 바이오매스를 석탄 보일러에서 석탄과 함께 연소co-firing시키거나 가스화 방식에 의해서 integrated gasification combined-cycleIGCC power generation system과 연료 전지 시스템으로의 응용이 예상된다. 직접-연소 방식은 바이오매스를 과량의 공기excess air와 연소시켜 뜨거운 연소 가스flue gas를 만들고, 이 연소 가스에 의해서 보일러로부터 수증기steam가 만들어지며, 스팀을 사용하여 터빈 발전기를 돌려서 전기를 생산하는 방식이다. 가스화 방식은 바이오매스를 산소가 부족한 환경에서 가열하여 중간 또는 저 칼로리의 바이오가스를 만들고, 이 바이오가스를 IGCC 방식의 발전용 연료로 사용하는 것이다.

|참고 문헌|

[1] M. Kaltschmitt, W. Streicher and A. Wiese, Renewable Energy: Technology, Economics and Environment, Springer, Berlin, 2007.

[2] A. V. da Rosa, Fundamentals of Renewable Energy Processes, Elsevier Academic Press, Oxford, 2005.

[3] G. M. Masters, Renewable and Efficient Electric Power Systems, Wiley-IEEE Press, New York, 2004.

[4] J. W. Tester, E. M. Drake, M. J. Driscoll, M. W. Golay and W. A. Peters, Sustainable Energy: Choosing Among Options, The MIT Press, Cambridge(Massachusetts), 2005.

[5] G. Boyle, Renewable Energy, 2nd ed., Oxford University Press, New York, 2004.

[6] B. Sorensen, Renewable Energy, 3rd ed., Academic Press, New York, 2004.

[7] G. Boyle, B. Everett and J. Ramage, Energy Systems and Sustainability, Oxford University Press, New York, 2003.

[8] D. L. Klass, Methane from Anaerobic Fermentation, Science, 223, 1021(1984).

[9] F. A. Street-Perrott, Y. Huang, R. A. Perrott, G. Eglinton, P. Baker, L. Ben Khelifa, D. D. Harkness and D. O. Olago, Impact of Lower Atmospheric Carbon Dioxide on Tropical Mountain Ecosystems, Science, 278, 1422(1997).

[10] 21st Century Complete Guide to Biofuels and Bioenergy, US Department of Energy Alternative Fuel Research Report, Progressive Management, New York, 2006.

|익힘문제|

1. 어느 식물의 잎은 330ppm의 이산화탄소를 함유하고 있는 대기 중에서 $1m^2$ 당 50W의 동력 밀도power density를 가진 태양광에 쬐였을 때 1분 동안 그 식물의 잎 $1cm^2$ 당 0.05micro moles의 이산화탄소를 흡수한다. 태양광의 동력 밀도가 $1m^2$ 당 600W로 증가하면 이산화탄소 흡수량이 1분 동안 식물의 잎 $1cm^2$ 당 0.36micromoles로 증가된다. 이와 같은 태양광 동력 밀도 범위에서는 식물의 잎 기공stomata의 크기가 변화하지 않는다고 가정한다.

(1) 위의 대기 중에서 태양광의 동력 밀도가 $1m^2$ 당 100W일 경우 식물의 잎에 의해서 흡수되는 이산화탄소의 양은 얼마나 되겠는가?

(2) 태양광의 동력 밀도가 $1m^2$ 당 1,000W일 경우 식물의 잎에 의해서 1분 동안 $1cm^2$ 당 단지 0.40micro moles의 이산화탄소가 흡수되는 것으로 측정되었다. 이러한 결과는 태양광의 동력 밀도가 크게 증가할 경우 식물의 잎 기공이 부분적으로 닫히기 때문인 것으로 추측된다. 태양광 동력 밀도가 $1m^2$ 당 1,000W인 경우의 기공 면적은 100W인 경우에 비해서 얼마나 작아 지는가?

2. 원통형 스테인레스 스틸 탱크로 만들어진 어느 혐기성 소화 장치의 직경이 d 이고 높이가 $2d$ 이며 금속의 두께가 3mm 이다. 소화 장치의 내용물의 온도와 유입 흐름의 온도는 모두 310 K로 유지되고 있다. 스테인레스 스틸의 열전도도thermal conductivity는 60W/m K이다. 이 소화 장치를 사용하여 1 kW의 순net 메탄 생산 속도를 얻을려고 하는데, 소화 장치의 내용물의 온도를 일정하게 유지하기 위해서는 메탄의 연소에 의해서 작동되는 가열 장치heater를 사용하여야 한다. 가열 장치의 효율은 70% 이다.

이 소화 장치에는 하루 동안 소화 장치 부피 $1m^3$ 당 4kg의 휘발성 고체물질이 채워지는데, 이 휘발성 고체물질 1kg 당 25MJ의 메탄이 생성되고 유입되는 휘발성 고체물질의 40%가 소화되고 있다. 소화 장치의 외부 벽 온도가 293K를 유지하고 있을 때 소화 장치의 직경을 계산하여라.

지열 에너지
Geothermal Energy

1 2 3 4 **5** 6 7 8 9

1. 수-지열 시스템에 의한 열 공급
2. 심층 관정deep wells에 의한 열 공급
3. 지열에 의한 발전geothermal power generation

5 지열 에너지Geothermal Energy

1. 수-지열 시스템에 의한 열 공급

수-지열 에너지의 활용은 땅 속 깊이 존재하는 냉수(40~100℃)와 열수(100℃ 이상)의 에너지 포텐셜energy potential을 이용하는 것을 의미한다. 지열수geothermal fluid는 보통 시추공borehole을 통해서 지하에서부터 지표면으로 끌어 올려진 다음, 지열수의 열이 지표면에서 소비자들에 의해 사용된다. 지열수가 지표면에서 직접 소비되는 경우를 제외하면 지열수는 또 다른 시추공을 통해서 지하로 되돌려 보내진다. 이와 같은 닫힌 순환계closed cycle에 의해서 지열수의 물질 수지mass balance가 보존되고 수력학적hydraulic 문제의 발생을 피할 수 있다.

1.1 기술적 배경

수-지열 시스템은 지열수 회로geothermal fluid circuit의 하공downhole 및 상공uphole 부분, 지역 난방 시스템district heating system, 그리고 지열 에너지가 에너지 공급 체계로 통합되는 부분으로 구성된다. 그림 1에는 이러한 에너지 시스템의 기본 개념을 나타내었는데, 땅 속에 있는 수-지열 자원에 연결하는데 필요한 two-hole system, 즉, 하나의 생산 관정production well과 하나의 주입 관정injection well으로 구성된다.

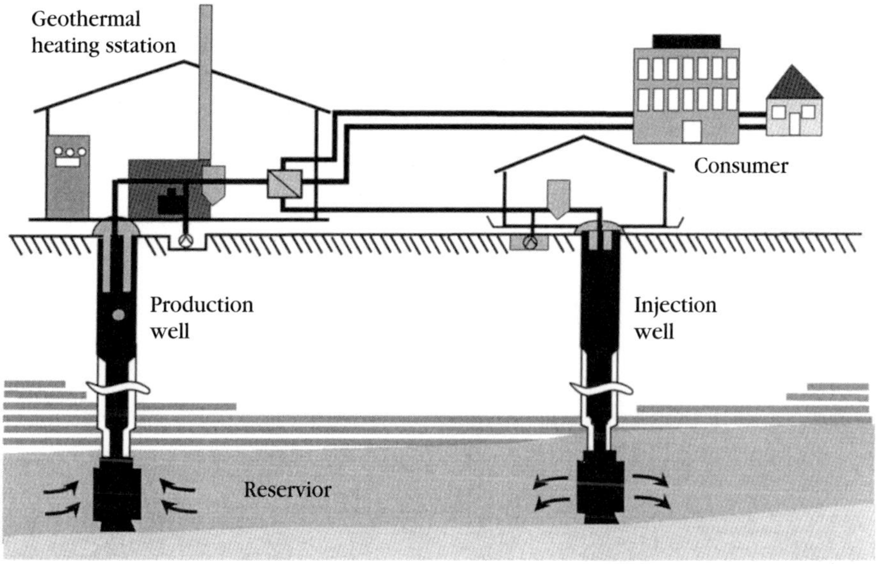

그림 1_ 깊은 지하의 수-지열 자원에 연결하기 위한 수-지열 난방 시스템의 기본 개념도

지열 관정의 시추geothermal well drilling

지열 에너지가 존재하는 지역의 높은 온도로 인한 어려운 시추 조건과 지열수 저장층reservoir의 단단한 암석 형태 때문에 지열 관정의 시추는 석유 또는 가스 관정의 시추와 기술적으로 비슷하지만 보통 더 힘든 작업으로 여겨지고 있다. 지열 관정의 시추에는 거의 예외 없이 회전식 시추법rotary drilling이 사용되고 있다. 시추 과정에서 잘려진 암석 조각들은 시추수drilling fluid에 의해서 지표면으로 운반되는데, 시추수는 펌프pump를 사용하여 시추관drill pipe을 통해서 지열 관정 아래로 보내지고 시추관과 시추공 벽 사이의 환형annulus 공간을 통해서 지표면으로 올려 보내지게 된다. 시추 작업에 있어서 가장 핵심적 요소인 시추수는 암석 조각들의 운반 뿐 만 아니라 시추공 벽의 안정화와 관정 내부로의 외부 유체 침투를 방지하는 기능을 가져야 하므로, 시추수 기둥column의 무게로부터 충분한 압력이 발생될 수

있도록 적절한 크기의 밀도를 가진 시추수가 선택되어야 한다. 대부분의 시추수는 벤토나이트bentonite와 같은 tixotropic 물질을 함유한 수성water-based 물질이 사용되며 염류salts 물질의 첨가에 의해서 시추수의 밀도가 조절된다. 그림 2에는 회전식 시추 장치rotary drilling rig와 부품들을 나타내었다.

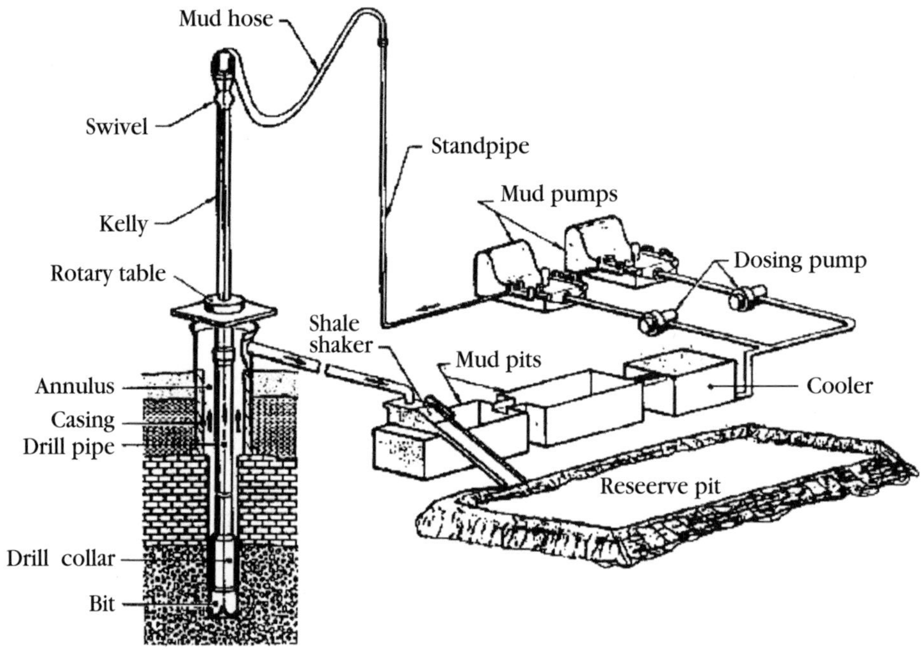

그림 2_ 회전식 시추 장치와 부품들의 구성도 (참고문헌 [10])

시추공의 붕괴를 막고 얕은 깊이의 지하에 있는 지하수 대수층(지하수를 간직한 다공질 삼투성 지층)을 보호하기 위하여 지열 관정은 쇠로 만든 파이프들을 단계적으로 삽입한 다음 파이프의 연결 부위들을 세멘트로 봉인cementation하는 방식으로 지열수 저장층에 설치된다. 그림 3에는 지열수 저장층 내에 생산 관정을 설치하는 작업의 개념도를 나타내었다.

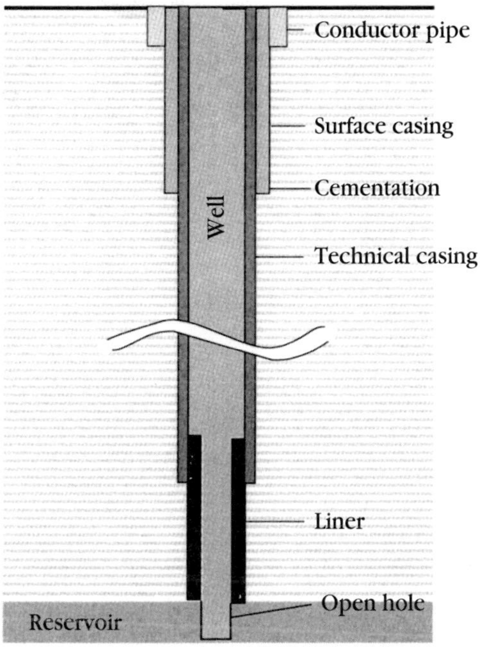

그림 3_ 지열수 저장층 내에 생산 관정을 설치하는 작업의 개념도

시추공의 아랫 부분downhole part

지열수 회로에 있어서 시추공의 아랫 부분에서는 에너지 운반 매체로 사용하기 위해서 지열수 저장층의 암석들로부터 따뜻하거나 뜨거운 지열수가 추출되어야 한다. 시추의 초기 단계에 지열수 저장층의 수력학적 성질들을 측정하고 분석하여 저장층의 에너지 공급 용량을 평가하여야 한다. 이 경우 가장 중요한 평가 요소들은 지열수의 생산 가능 속도와 온도이다. 지열 관정들의 시추 작업이 완료되고 성능 평가에 의해서 수력학적 조건들이 확인되면 지열수의 생산과 주입을 위해서 생산 관정과 주입 관정의 외벽casings을 설치하여야 한다. 한 시간 당 50 내지 $100m^3$의 지열수 생산 속도를 얻기 위해서는 보통 최소 20 내지 25%의 세공도porosity, 최소 0.5 내지 $1.0\mu m^2$의 투과도permeability, 그리고 최소 20m의 유효 깊이를 가진 다공성 사암sandstone으로 이루어진 지열수 저장층이 필요하다. 그림 4에는 지열수를 뽑아 올리기 위한 여러 가지 경우의 시추공 설계 개념도를 나타내었다.

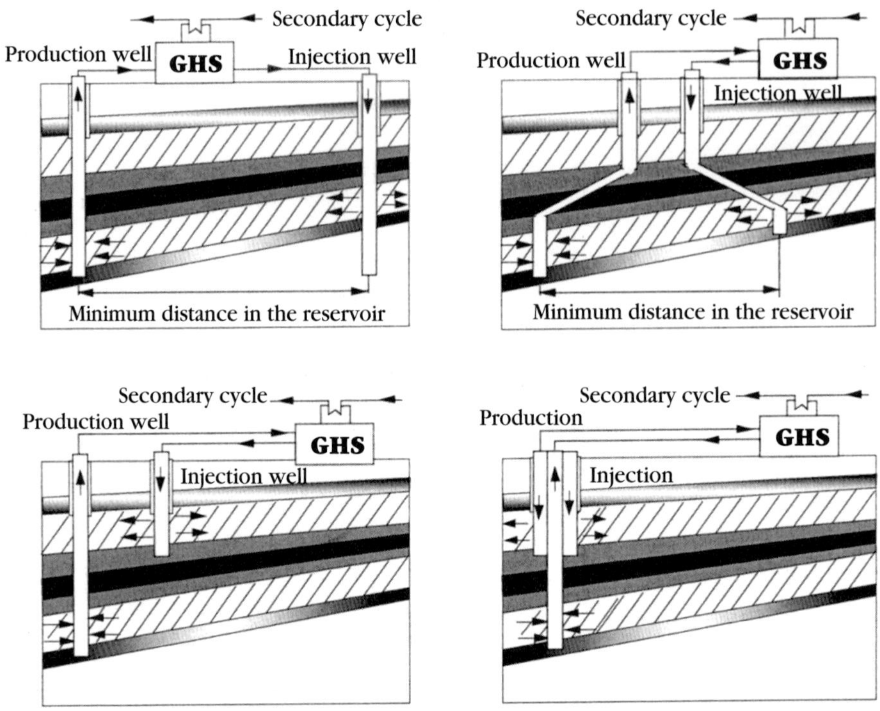

그림 4_ 지열수 추출을 위한 시추공 설계 개념도 (참고문헌 [10])

시추공의 윗 부분uphole part

지상에 있는 지열수 회로, 즉, 생산 관정과 주입 관정에 연결된 실제적인 지열 생산 시설geothermal heating station에 의해서 지열 에너지가 난방, 온수 그리고 공정열process heat로 연결된다. 지상에 있는 지열수 회로는 다음과 같은 요구 조건들을 충족시켜야 한다.

- 지열수의 생산과 운송,
- 이차적인 열 순환계secondary thermal loop로의 열 전달,
- 적합한 주입 수injection water 성상을 보장하기 위한 지열수 처리,
- 주입하기 전 압력의 증가,
- 지열수의 주입, 그리고
- 공정의 안정성.

그림 5에는 지열수 회로에 있어서 시추공 윗 부분의 조업 개념도를 나타내었다.

지열수의 생산에는 사이폰siphon 원리를 이용한 가스 리프트gas lift 방법이나 기계적 펌프가 사용되는데, 공기에 의한 가스 리프트 방법은 지열수의 배기ventilation로 인하여 지열수의 화학적 성질이 바뀌거나 고체물질들의 침전 현상이 발생할 염려가 있기 때문에 지열 관정의 시추 단계에만 제한적으로 사용된다. 지열 난방 시설에서 사용된 후 냉각된 지열수는 펌프에 의해서 주입 관정을 통해 재-주입re-injection되는 과정에서 지열수 저장층 내부의 암석층을 통과하게 된다. 따라서 재-주입 과정에서의 압력 강하pressure drop 현상을 피하기 위해서 입자상 물질particulate matter들이 지열수와 함께 지열수 저장층으로 재주입되지 않도록 하는 지열수의 여과filtering 과정이 필요하다. 시추 작업의 영향을 받지 않은 지열수 저장층 내에서는 지열수와 암석 사이에 화학적 균형chemical balance이 존재하지만, 지열수 회로 내에서는 다음과 같은 이유로 인하여 이 균형이 압력과 온도의 변화에 의하여 영향을 받을 수 있다.

- 지열수가 추출되는 과정에서 압력의 이탈,
- 온도의 강하 또는 지상의 지열수 회로 내부로 산소oxygen의 유입,
- 냉각된 지열수의 재주입 과정에서 압력의 증가,
- 생산 관정의 지열수와 주입 관정의 지열수 사이의 혼합, 그리고
- 온도의 상승.

지열수가 추출되는 과정에서 압력이 이탈하면 추가적인 탈가스화degasification 현상이 일어나서 pH 값과 산화환원 준위redox potential가 바뀔 수 있는데, 지열수 회로 내부로 산소가 유입되면 산화환원 준위는 추가적으로 증가한다. 재주입되는 지열수는 지열수 회로 내에서의 오염(예를 들어, 산소의 유입으로 인한 iron precipitation, 미생물의 할동으로 인한 particulate precipitation, 박테리아의 활동으로 인한 sulphide precipitation, 운전 초기에 발생될 수 있는 펌프 윤활유의 유입, 등)을 피하고 여과 과정을 거침으로써 미리 정해진 성상을 유지하여야 한다. 재-주입되는 지열수의 오염을 피하기 위해서는 지열수 회로를 포함한 전체 시스템을 항상 과압excess pressure 하에서 운전하여야 한다.

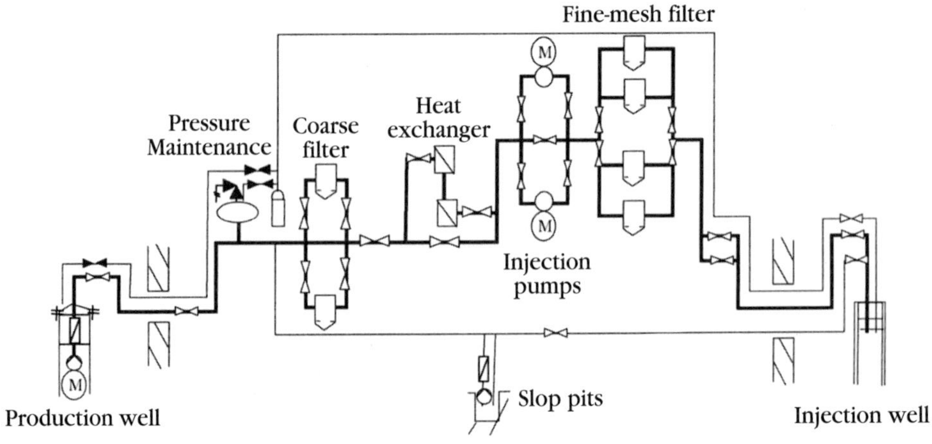

그림 5_ 지열수 회로의 시추공 윗 부분의 조업 개념도 (참고문헌 [10])

지역 난방 시스템

낮은 온도의 열에 대한 수요가 높은 산업체 소비자들 이외의 가계 소비자들 household customers은 지역 난방 시스템에 의해서 주거 공간 난방space heating과 가정용 온수를 공급하기 위해서 지열을 사용할 수 있다. 지역 난방 시스템의 기술적 구조는 무엇보다도 지역의 조건들(주택들의 배열 형태, 도로망, 등), 지역 난방 시스템의 격자 크기grid size, 그리고 지열 생산 시설의 수에 의해서 결정된다. 그림 6에는 전형적인 지역 난방 시스템의 다양한 형태들을 나타내었다.

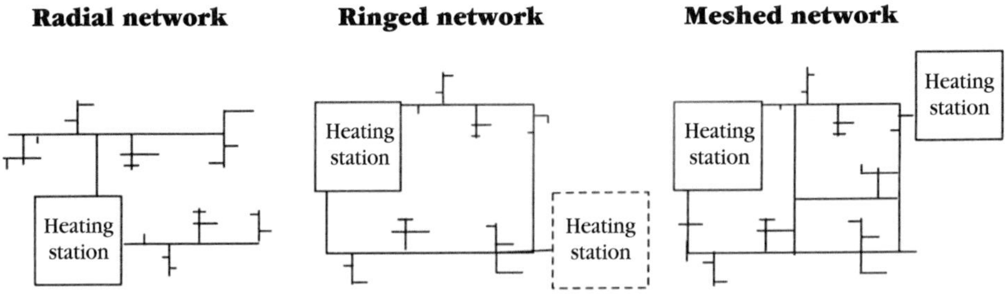

그림 6_ 지역 난방 시스템의 분배 network

지열이 운반되는 통로인 파이프라인pipeline의 설치 형태는 지상 설치, 도관duct 내부에의 설치, 혹은 땅 속에의 직접 설치를 들 수 있다. 땅 속에 직접 설치되는 파이프라인은 도관 내부에 설치되는 것에 비해서 설치 기간도 짧고 공간을 별로 사용하지 않는 관계로 인하여 설치 비용도 작아서 20MW 보다 낮은 열용량의 범위에서 일반적으로 가장 많이 사용되는 설치 형태이다.

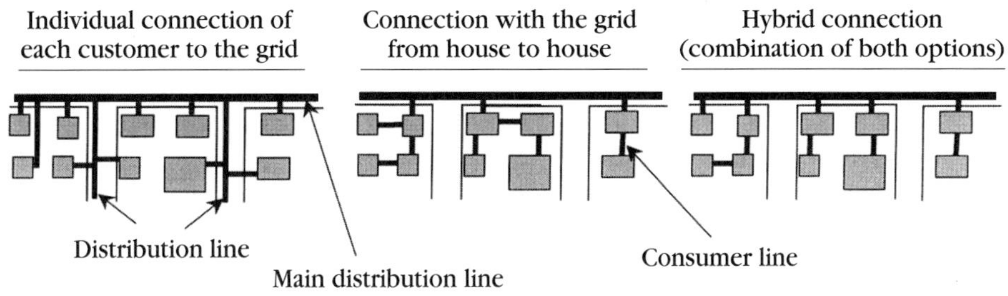

그림 7_ 지열 운반 파이프라인의 연결 형태 (참고문헌 [1])

토양 내의 습기 때문에 지열 분배 시스템geothermal distribution system이 갖추어야 할 주요한 요구 조건은 내부식성corrosion resistance이다. 또한, 열 손실을 막기 위해서는 단열재가 젖는 것을 방지하여야 한다. 이를 위해서 플라스틱 재킷jacket을 갖춘 철제 중형 파이프steel medium pipe 또는 플라스틱 중형 파이프 그 자체가 사용된다. 지역 난방 시스템을 주택 내부에 있는 난방 시스템에 연결하기 위해서는 house substation들이 필요하다. 직접적인 substation과 간접적인 substation의 차이점은 다음과 같다.

– 직접적인 substation에 의해서는 지역 난방 시스템에서 공급된 가열수heating water가 개별 주택에 설치된 지열 분배 시스템을 통해서 흐른다. 난방수의 온도는 차가운 물을 가열수에 보태어 조절한다. 간접적인 substation에 비해서 비용 측면에서 더 효과적이다.

– 간접적인 substation의 경우 지역 난방 시스템과 개별 주택에 설치된 지열 분배 시스템 사이에 열 교환 장치heat exchanger를 설치하여야 한다. 이 경우 주택의 지

열 분배 시스템이 지역 난방 시스템의 압력 조건과 수질 조건water properties의 영향으로부터 독립적으로 운전되는 장점이 있다.

시스템의 전체적 설계

지열 에너지 자원을 발굴하는데 소요되는 높은 투자비용 때문에 지열 생산 시설은 반드시 큰 규모의 지역 난방 시스템과 연결되어야 한다. 5MW 열 용량을 가진 지열 공급 체계는 대부분의 경우 가계 소비자들에게 있어서 공급 용량의 하한치lower limit에 해당한다. 지열 생산 시설은 기본 부하base load로 운전되는데, 최적 열 용량을 얻기 위해서는 최대 부하full load로 운전하는 시간이 많아야 한다. 뿐 만 아니라, 에너지 측면에서 가장 효율적이 되려면 지열이 지열수로부터 지역 난방 시스템에서 사용되는 가열수로 직접 전달되어야 한다. 지열수의 온도가 보통 40 내지 80℃이므로 지역 난방 시스템에서 회수되는 온도는 40℃ 미만이어야 한다. 이 보다 더 낮은 온도를 회수해야 할 경우 지열수의 추가적인 냉각을 위하여 heat pump가 사용되어야 한다. 그림 8에는 기본 부하와 최고점 부하peak load를 비용 측면에서 효율적으로 공급하는 지열 생산 시설들의 몇 가지 예를 나타내었다. 이러한 시설들은 직접적인 열 전달을 위해서 한 개 또는 여러 개의 열 교환 장치들이 필요하다. 많은 지열 생산 시설들은 열heat과 동력power의 병합 생산이 가능한 시설을 갖추고 있다. 이러한 열-동력 병합 생산 시설들CHP; combined heat and power plants은 지열수 생산과 주입에 필요한 80 내지 200KW의 동력 수요를 최대 부하 조건에서 오랫 동안 감당할 수 있다. 추가적으로 생산된 열은 지역 난방 시스템에 통합될 수 있다.

1.2 수-지열 생산 시설의 설치 예examples

수-지열 생산 시설에서는 한쪽 관정을 통해서 지열수가 생산되어 냉각된 후 또 다른 관정을 통해서 지열수 저장층으로 주입된다(그림 1 참조). 지역 난방 시스템 내에서 사용되는 물은 열 교환 장치에 의해서 직접 가열되며, 지열수 저장층의 특징이나 소비자의 요구에 따라서 heat pump를 사용하여 원하는 온도로 상승될 수 있다. 필요한 전기의 공급은 천연 가스 또는 경 연료유light fuel oil를 연소시키는 CHP 시설에 의하여 이루어진다. 생산된 열과 전기는 지역 난방 시스템에 추가적으로 공급된다. 에너지의 최고 수요peak demand 또는 조업 중단에 대비하기 위하여 단열된 에너지 저장용 물 탱크가 전체적인 시스템에 자주 통합되어 사용되며, 연료유 또는 천연 가스를 사용하는 최고 부하 용 열생산 시설도 전체적인 시스템에 추가된다.

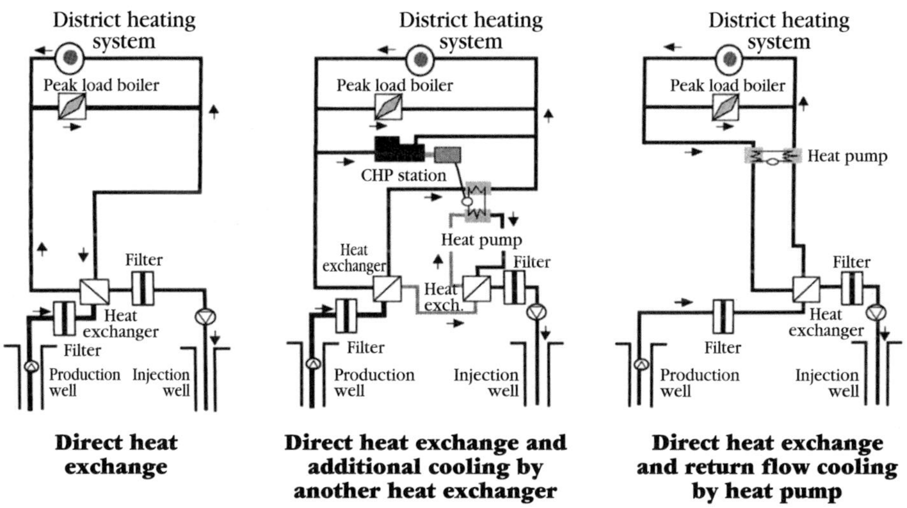

그림 8_ 지열 생산 시설 운전 원리의 몇 가지 예 (참고문헌 [10])

공간 난방space heating 또는 가정용 온수 공급 용도의 지열 생산 시설은 5MW 이상의 열용량이 되어야만 비용 측면에서 효과적으로 운전될 수 있다. 열 배분heat distribution은 지역 난방 network의 공급 흐름feeding flow 온도가 70℃이고 회수 흐름 온도가 50℃일 때 잘 이루어 질 수 있다. 표 1에는 대표적인 수-지열 생산 시설의 기술적 자료를 수록하였다.

〈표 1〉 수-지열 생산 시설의 기술적 자료 (참고문헌 [10])

자료 항목	대규모 시스템 A	대규모 시스템 B
열 요구량, GJ/a	26,000	52,000
열 생산량, GJ/a	32,200	64,400
지열이 차지하는 비율, %	85	51
기본 부하 생산 시설 :		
- 지열 용량, MW	3.4	2.1
- 생산 온도, ℃	100	62
- 최대 유속, m^3/h	60	72
- 생산/주입 관정 깊이, m	2,450/2,350	1,300/1,250
- 보조 장치		CHP station/heat pump
최고 부하 생산 시설 :		
- 연료	경 연료유	천연 가스
- burner 기술	low-NOx	low-NOx
- 열 생산 용량, MW	5	2×5
- 보일러 효율, %	92	92
지역 난방 network:		
- 길이, m	6,000	2×6,000
- 공급/회수 온도, ℃	70/50	70/50
- network 효율, %	85	85
- house substation 효율, %	95	95
	(a : are, $100m^2$)	

수-지열 생산 시설 A

지열 생산 시설은 각각 2,450m와 2,350m 깊이를 가진 하나의 생산 관정과 하나의 주입 관정으로 구성되어 있는데, 두 시추공 사이의 거리는 1,500m이다. 에너지 공급에 사용되는 지열수의 온도는 약 100℃이다. 실제 열 부하에 따라서 30 내지 $60m^3/h$의 지열수가 생산 관정으로부터 생산되어 지열 생산 시설로 보내진다. 지열수 생산 관정과 주입 관정은 지하에 설치된 유리섬유로 강화된 플라스틱 파이프라인을 통해서 지열 생산 시설에 연결된다. 지열 생산 시설 내에서 열은 각각 최대 열 공급 용량이 1,700KW인 두 대의 부하 조절이 가능한 열 교환 장치에 의해서 공급되며, 이들은 중간 크기의 회로intermediate circuit에 의해서 전체 시스템에 통합된다. 이것에 의해서 지열수의 온도와 질량 유속이 지역 난방 시스템에 요구되는 열 공급 용량에 따라서 최적으로 조절된다. 연중 공급되는 열의 약 85%가 지열수에 의해서 충당되며 나머지 15%는 경 연료유를 연소시키는 최고 부하 생산 시설에 의해서 공급된다. 지열 생산 시설은 약 5MW의 열 공급 용량으로 설계되었는데, 그 중 3.4MW는 지열수로부터 직접 공급된다. 생산된 열은 표 1에서 정의된 heating network에 따라서 분배된다.

수-지열 생산 시설 B

이 시설에서는 62℃의 온도를 가진 지열수가 1,300m 깊이에 위치한 지열수 저장층으로부터 생산된다. 지열수는 생산 관정 내부의 390m 깊이에 설치된 시추공 pump에 의해서 1시간 당 72m³의 부피 흐름으로 운반된다. 운반된 지열수는 pump에 의해서 지열 생산 시설로 보내지는데, 여기서 조업 조건에 따라 450 내지 1,400KW의 열 공급 용량이 열 교환 장치에 의해서 소모된다. 그 다음에는 1,450KW의 열 공급 용량을 가진 두 대의 (전기로 구동되는) heat pump를 사용하여 지열수를 약 25℃로 냉각시켜서 지역 난방 시스템 내부에서 사용되는 열전달 매체를 가열하는데 필요한 70℃의 온도를 만들어 낸다. 냉각된 지열수는 약 1,250m 깊이에 있는 지열수 저장층으로 재-주입된다. 두 대의 heat pump와 (펌프와 같은) 보조 장치들을 작동시키는데 필요한 전기 에너지는 630KW의 열 공급 용량과 450KW의 전기 공급 용량을 가진 두 대의 천연 가스 연소에 의한 CHP station으로부터 공급된다. 에너지의 최고 수요를 감당하고 지열 생산 시설이 제대로 작동하지 않게 될 경우에도 안정적인 열 공급을 보장하기 위해서 두 대의 천연 가스 연소에 의한 보일러를 전체 시스템에 통합시켰다. 이와 같이 10MW의 설치된 열 공급 용량을 가진 지열 생산 시설에서 약 51%의 연간 열 수요가 지열, 즉, 직접 열전달과 heat pump에 의해 공급되는 열 가운데 지열이 차지하는 부분에 의해서 충당되었다. CHP station에서부터 공급되는 열과 heat pump에 의해 공급되는 전체 열을 합하면 이 지열 생산 시설은 연간 전체 열 수요의 거의 85%를 감당한다. 나머지 15%

는 천연 가스 연소에 의한 최고 부하 생산 시설에 의해서 충당된다.

2. 심층 관정deep wells에 의한 열 공급

지열수가 심층 관정에 의해 추출되지 못하는 경우이더라도 시추공은 여전히 지열을 공급하는 관정으로 사용될 수 있는데, 아래에서는 지열 심층 관정에 대한 기술을 설명하였다. 지하에 저장된 열을 심층 관정에 의해서 개발하기 위해서는 그림 9에 나타낸 것과 같이 double coaxial casing을 갖춘 시추공이 필요하다. 깊은 지하의 열을 접근access하기 위해서는 지상으로부터 지열 생산 관heat production tube과 관정 벽well casing 사이의 환형 공간을 통해서 열전달 매체heat transfer medium가 펌프에 의해서 운반되어야 한다. 가열된 열전달 매체는 관정의 밑바닥으로부터 지열 생산 관을 통해서 지상으로 펌프에 의해서 운반되어진다. 이와 같은 지열 공급 시스템은 시추공이 관정 벽에 의해서 완전히 밀봉되는 형태의 폐쇄 계closed system에 해당된다.

땅 속 깊이가 증가할수록 암석 온도가 지열 구배geothermal gradient에 비례하여 상승하므로 열전달 매체는 지상으로부터 시추공의 밑바닥으로 이동하는 과정에서 가열됨으로써 지하로부터 에너지를 흡수하여 지열 공급을 가능케 한다. 그러나 지하로부터 흡수될 수 있는 에너지는 1m^2 당 평균 65mW의 자연적인 지열 흐름에 의해서만 공급된다. 열전달 매체가 관정 벽 바깥으로 이탈하지 않으므로 심층 관정과 땅 속 사이에는 물질 전달이 일어나지 않는다. 이러한 점이 개방 계open system에 해당되는 수-지열 활용의 경우와 다른 점이다. 대부분의 경우 열전달 매체로서 물이 사용되는데, 시추공 아랫부분의 부식을 최소화하기 위해서 억제제inhibitor로 처리된 물을 보통 사용한다. 지열이 흡수된 열전달 매체는 지열 생산 관을 통해서 시추공의 밑바닥으로부터 지상으로 이동하는데, 열손실을 최소화시키고 시추공 출구의 높은 온도를 얻기 위해서는 지열 생산 관 전체를 단열 처리하여야 한다. 시추공을 통해 흐르는 열전달 매체는 땅 속으로 세멘트 봉인된 관정 벽 표면의 온도를 떨어

뜨린다. 땅 속에 있는 암석들의 낮은 열 전도도thermal conductivity에도 불구하고, 열전달 매체와 주변 암석들 사이의 온도 차이 때문에 최대 200W/m의 속도로 지열이 열전달 매체로 전달된다. 주변 암석들은 그들의 초기 온도를 유지하지 못하므로 열전달 매체가 도달할 수 있는 온도는 심층 관정의 영향을 받지 않는 암석들의 온도보다 상당히 낮다. 심층 관정에 의한 열 공급 용량은 주로 아래와 같은 요소들에 의해서 결정된다.

– 지질학적 인자들, 예를 들어 지열 구배와 심층 관정 주변 암석들의 물리적 성질,

– 심층 관정의 기술적 형상, 예를 들어 직경과 재질, 지열 생산 관의 단열 성질, 주변 암석들과 관정 벽 사이의 열전달, 그리고

– 전체 시스템의 조업 원리.

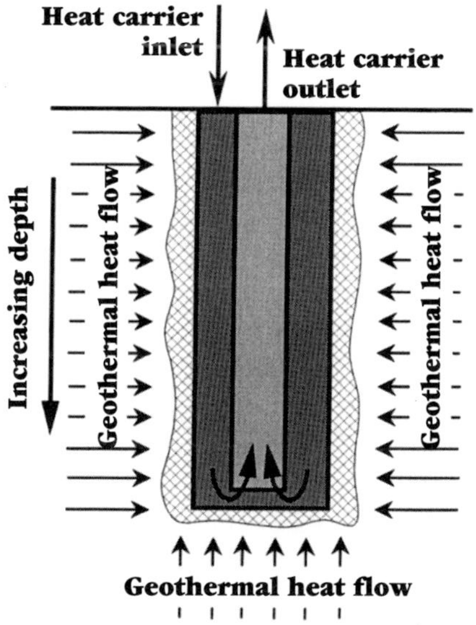

그림 9_ 심층 관정을 이용한 지열 생산의 원리 (참고문헌 [10])

1,000 내지 4,000m 깊이 범위에 있는 심층 관정으로부터 평균적인 지질학적 조건하에서 50 내지 400KW의 지열 용량을 얻을 수 있다. 열전달 매체는 심층 관정 시스템의 윗부분에 있는 주요 부품인 펌프에 의해서 심층 관정 내부를 순환한다.

이 펌프의 용량은 수-지열 활용에 사용되는 순환 펌프의 용량보다 작은데, 열 교환 장치 내부의 압력 손실이 없고 (지열수 추출의 경우와 달리) 폐쇄된 파이프라인을 통해서 열전달 매체가 흐르기 때문이다.

관정 출구에서의 온도는 보통 40℃ 보다 낮기 때문에 heat pump의 사용이 필수적인데, 심층 관정의 열 공급 용량이 수백 KW 정도에 불과하므로 전기 또는 가스 모터에 의해 구동되는 압축형 heat pump가 보통 사용된다. 이와 같은 시스템에서는 심층 관정 내부를 순환하여 흐르는 열전달 매체의 광범위한 냉각이 가능하며, 생산된 열은 작은 규모의 지역 난방 시스템에서 사용하기 적합한 수준으로까지 끌어 올릴 수 있다. 양호한 성능 계수COP; coefficient of performance를 얻기 위해서는 heat pump 출구의 온도, 즉, 지역 난방 시스템의 입구와 출구 온도를 높지 않게 유지하는 것이 유리하다. 지역 난방 시스템의 출구 온도가 관정 상부well head에서의 온도보다 상당히 낮으면 열 교환 장치를 heat pump 전단에 설치할 수 있다. 그림 10에는 심층 관정이 통합된 열 공급 시스템의 구성도를 나타내었다.

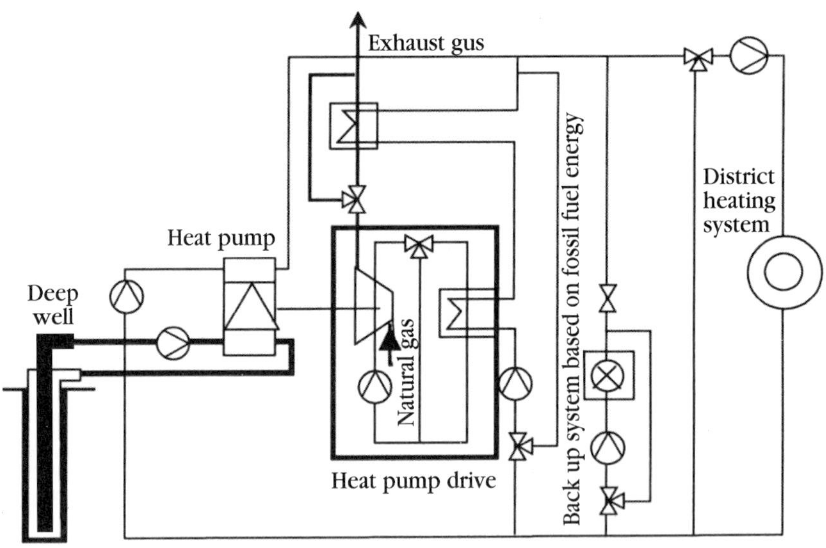

그림 10_ 심층 관정이 통합된 열 공급 시스템의 구성도 (참고문헌 [10])

열 공급 시스템의 조업 원리가 지열 용량에 미치는 영향은 심층 관정 내부를 흐르는 열전달 매체의 온도에 의해 결정된다. 즉, 지열 용량은 전체적인 에너지 공급 체계에 통합된 지상 시스템 구성 부분들aboveground system components과 시스템 운전 방식의 영향을 받는다. 이와 같은 운전 방식에 의해서 열 수요heat demand가 높은 시기에 소비자들에게 공급되는 총괄 열량overall heat에서 지열 에너지가 차지하는 몫을 높게 유지할 수 있다. 그러나 열전달 매체의 온도가 아주 낮아질 경우 관정 벽 내부, 즉, 관정을 둘러싸고 있는 암석들 내부의 온도 구배temperature gradient가 커지게 된다. 이러한 조건에서 연속적인 조업을 하게 될 경우 주변 암석들의 온도가 상당히 내려가게 되고 결과적으로 시스템의 열 공급 용량이 감소하게 된다. 따라서 심층 관정에 의한 열 공급을 최대한 오래 지속시키기 위해서는 이와 같은 지하 암석들에 의한 영향을 최소 수준으로 유지시키는 조업 방식을 채택하여야 한다. 심층 관정에 의한 지열 생산은 열 공급 체계heat supply system에 있어서 매우 자본 집약적capital-intensive이므로 기본 부하 만을 감당하도록 설계되어야 한다. 동절기에는 최고점 부하가 필요하므로 화석 연료를 연소시키는 보일러를 사용하여 난방 온도를 올릴 수 있어야 한다. 수-지열 생산 시스템에 비해서 심층 관정에 의한 열 공급 시스템은 닫힌 계로 운전되므로 위치의 영향을 거의 받지 않는 장점이 있다.

3. 지열에 의한 발전geothermal power generation

지열에 의한 발전(지열 발전)은 비교적 오랜 역사를 가지고 있다. Siemens가 전기 발전기를 발명한 지 38년 후, 그리고 Edison이 1882년 최초의 발전소를 시작한 지 22년 후, 이탈리아의 Conti에 의해서 1904년 지열 발전이 발명되었다. Tuscany에서 시작된 이 지열 발전은 1942년 128MW의 설치 전력에 이르렀고 2003년에는 약 790MW에 도달하였다. 1958년 New Zealand에서 작은 규모의 지열 발전소가 운전을 시작하였고, 1959년에는 또 다른 지열 발전소가 Mexico에서 운전을 시작하였으며, 1960년 미국 California의 Geysers Field에서 상업적 규모의 지열 발전이 시작되었다. 오늘날 25개 국가에서 지열 발전이 이루어지고 있으며 전세계적으로 지열 발전의 설치 용량은 2004년 8,930MW로 증가하였는데, 이것은 1995년부터 2000년 사이에 연 평균 17%의 증가에 해당된다. 이와 같은 성공적인 증가의 주요한 이유 중의 하나는 지열 발전의 기본 부하 능력 때문이다.

그러나 지열 발전은 높은 온도가 비교적 얕은 깊이에서 발견되는 경우에만 경제성을 가진다. 100m 당 약 3K가 상승하는 정상적 지열 구배geothermal gradient를 가진 지역에서는 5,000m 보다 깊게 뚫어야 150℃ 이상의 온도를 얻을 수 있다. 이러한 심층 관정들은 비싸며 실패 가능성이 높으므로, 경제적 측면에서 지열 발전은 주로 매우 높은 온도 구배와 높은 열 흐름heat flow을 가진 지열 지대geothermal fields에 국한되고 있다. 이러한 지열 지대에서는 화산 분기공fumaroles 또는 온천hot springs 같은 지열 활동의 증거가 지표면에서 자주 발견되는데, 그림 11에는 이러한 지열 지대의 지각earth crust 구성도를 나타내었다. 지열 자원은 지각 내부의 깊은 곳(종종 수십 km 깊이)에서부터 보다 얕은 곳으로 솟아 오른 뜨거운 마그마magma 인데, 이러한 마그마로 인하여 생기는 지각 내부의 높은 열 흐름은 대부분의 경우 낮은 투과도의 암석으로 덮인 다공성porous 또는 균열이 생긴 암석층 내의 물을 가열시킨다. 가열된 물은 부력의 영향 때문에 암석 내부에 모여서 높은 온도를 지표면으로 이동시킨다. 온도와 압력 조건에 따라서 가열된 유체는 지하에서 끓기 시작하고 증기가 생성되는데, 증기의 양이 지열 저장층의 특성을 결정한다. 유체의 온도는 수백 내지 3,000m의 깊이에서 보통 150 내지 300℃에 이르며 더 깊은 곳에서는 더 높은 온도가 얻어진다.

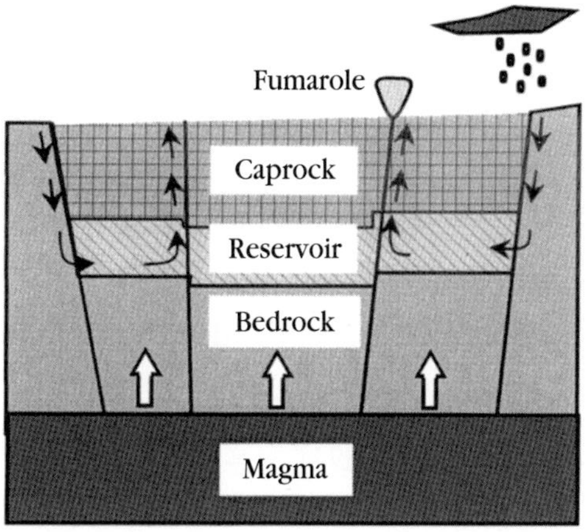

그림 11_ 지열 지대의 지각 구성도

오늘날 이용되는 대부분의 지열 지대들은 화산 활동이 활발한 지역 내에 있다. 일반적으로, 급속히 냉각하는 화산보다는 화산 아래에 묻혀있는 마그마 층이 오랜 기간에 걸쳐서 지열 발전을 위한 간접적인 자원으로 활용되고 있다. 마그마 층의 부피는 1 내지 10^5km^3에 이르며 그들의 열용량은 $10^{23}J$에 달한다. 가장 큰 마그마 층은 해양 한 복판에 있는 해령mid-ocean ridge을 따라서 솟아 오르고 있으며, 마그마 층 확산 중심의 대부분은 바다 밑에 있다. 그러나 육지에서도 이와 같은 해령을 따라서 지열을 추출해 낼 수 있는 지역들이 있는데, 가장 잘 알려진 곳이 Iceland이다. 화산 활동이 있는 지열 지대의 지열 발전 잠재력은 최근 1 헥타르 당 2.2×10^6TWh 로까지 추산될 정도로 엄청나게 크다. 이 값은 약 5.7×10^3TWh에 이르는 2004년의 지열 발전량과 비교되는데, 이것은 지열 지대의 지열 발전량이 지금에 비해서 최소한 수 백 내지 수 천 배 증가될 수 있음을 보여준다. 중남미 지역과 아시아, 아프리카의 많은 개발 도상국가에서는 전기 소비량의 상당 부분이 화산 활동과 연관된 지열 지대로부터 생산되는 지열 발전량에 의해 충당되고 있다. 이와 같은 지열 지대들의 일반적 특징은 한편으로는 1000m 보다 얕은 깊이에서 150℃ 보다 높은 온도를 가진다는 것과 또 다른 한편으로는 높은 수준의 수력학적 투과도hydraulic permeability을 가진다는 것이다. 그러나 이러한 엄청난 잠재력을 가진 지열 지대를 지구 상에서 찾아내는 것은 대단히 힘든 일이다. 대부분의 대륙에는 이러한 지열 지대를 형성하기에 유리한 조건들이 부족하며 많은 지열 지대들이 소비자들로부터 멀리 떨어진 지역에 존재한다. 이와 같은 이유 때문에 지열 발전은 다음과 같은 주요한 도전에 직면해 있다:

— 비교적 깊은 곳에 있는 비교적 낮은 온도의 지열 저장층을 개척해야 한다.

— 깊은 곳에서 생성되는 뜨거운 암석의 지열 에너지를 비용 측면에서 효과적으로 접근할 수 있는 개념들이 개발되어야 한다.

보통 1 내지 5W/(m K) 범위의 비교적 작은 암석의 열 전도도 때문에 관정 자체는 지열을 경제적인 속도로 추출하기에 너무 작은 열 교환 장치이다. 심층 관정은 비싸며 투자비를 정당화 하기 위해서는 최소한 10MW 크기의 열 공급 용량이 필요하다. 이러한 열 공급 용량은 땅 속에 있는 지열 저장층으로부터 생산 관정 1개 당 100m³/h를 초과하는 유속으로 지열수가 생산될 경우에만 가능하다. 이와 같은 지열 발전에 있어서 주요한 기술적 문제점은 심층부에서 생성된 암석층의 낮은 수력학적 투과도이다. 비용 측면에서 효율적인 발전에 필요한 지열수 생산 속도를 얻는데 충분한 투과도를 갖는 암석 생성의 형태는 고도로 다공성인 사암, 매우 균열이 심한 암석, 또는 석회암 뿐이다. 이러한 형태의 저장층을 열수 대수층hot water aquifer이라 부른다. 저장층의 온도는 거의 150℃를 초과하지 않으며 보통 100 내지 150℃의 온도가 예상된다. 더 높은 온도는 5,000m 이상의 깊이에서만 얻을 수 있지만, 이 깊이에서는 암석 투과도가 매우 낮아서 지열 발전에 충분하지 못하다. 이와 같이 단단한 암석층으로부터 지열수를 생산하는데 있어서는 다음과 같은 두 가지 방법이 가능하다.

— 땅 속 깊은 곳에서 자연적인 지열수 이동을 가능케 하는 단층 지역fault zones으로부터 지열수를 채취한다.

— 인위적인 열 교환 표면들artificial heat exchanging surfaces을 만들어낸다.

현재로서는 정상 내지는 정상 보다 약간 높은 온도 구배를 가진 지역 내에서의 지열 발전은 다음과 같은 세 가지 형태의 저장층에 대해서만 타당성이 있어 보인다.

— 열수 대수층,

– 단층 지역, 그리고

– 결정성 기반암층.

이와 같은 저장층 들의 지열 발전 잠재력은 실제로 무진장하다. 예를 들어 최근에 수행된 연구에 의하여 1,100EJ 이상의 전기 에너지가 부족한 독일의 지열 발전 잠재력을 추산해 본 결과, 다른 나라의 경우와 마찬 가지로 결정성 기반암층이 가장 큰 지열 자원층이고 단층 지역의 지열 발전 잠재력이 45EJ, 열수 대수층의 지열 발전 잠재력이 9EJ로서 결정성 기반암층보다 훨씬 작은 규모이다. 그러나 독일의 연중 동력 소모량인 2EJ/a와 비교했을 때 지열은 여전히 관심을 끄는 에너지 자원이다. 땅 속 깊은 곳에 있는 열수 대수층과 단층 지역의 수력학적 성질들이 잘 알려져 있지 않다는 것과 원하는 동력 생산성을 충족시키지 못 할 가능성이 있다는 것이 해결되어야 할 문제점들로 남아 있다. 이러한 이유 때문에 산 주입acid injection 또는 수력학적 균열 생성법hydraulic fracturing와 같이 자극을 주는 방법stimulation method을 사용하여 위와 같은 지열 저장층을 탐사하는 것이 매우 중요하다. 대부분의 경우 결정성 기반암층에서와 같이 원하는 지열수 흐름 속도를 얻기 위해서 큰 규모의 인위적인 균열 표면들artificial fracture surfaces을 만들어야 한다. 이러한 목적을 달성하기 위해서는 수력 파쇄 기술waterfrac-technique이 가장 적합하며 아마도 유일하게 가능한 지열 탐사 수단이라고 할 수 있다. (자극을 주는 방법과 수력 파쇄 기술은 나중에 다룰 지열 발전 생산성의 향상 부분에서 자세히 설명될 예정이다.) 위에서 언급된 지열 저장층의 구조와 조건에 근거하여 지열 발전 방법은 아래와 같이 구분될 수 있다.

열린 계에 의한 지열 발전

열린 계에서는 열전달 매체가 열린 회로 내부에서 순환된다. 즉, 열전달 매체가 땅 속으로 펌프를 사용하여 주입되어 지열수와 혼합된 후 다시 생산된다. 이러한 관점에서 다음과 같이 세 가지 종류의 지열 저장층이 차별화되어 비교될 수 있다.

– 열수 대수층 : 열수 대수층은 균열이 생긴 다공성 지열 저장층인데, 두 개 이상의 관정 시스템을 사용하여 뜨거운 지열수를 함유하고 있는 퇴적암층 내부의 대

수층으로부터 지열수를 끌어 낸다. 열수 대수층의 온도가 충분히 높고 충분한 지열수 생산 속도가 자연적으로 가능하거나 자극 방법에 의해 얻어질 수 있다고 가정하면 열-동력 병합 생산 또는 전적으로 동력 생산이 가능하다.

— 단층 지역 : 단층 지역은 지열수의 잠재적인 흐름 경로이며 암석층의 수력학적 투과도가 충분히 클 경우 위에서 언급된 열수 대수층의 경우와 비슷한 방법으로 지열수를 끌어낼 수 있다. 땅 속 깊이 위치하고 있으므로 아주 높은 온도를 얻을 수 있다.

— 결정성 암석층 : Hot-Dry-Rock(HDR) 또는 Hot-Fractured-Rock(HFR)을 의미하는데, 기반암층 내부에 있는 기존의 균열 망network of fissures에서 새로운 단층을 형성하거나 이미 존재하고 있는 작은 단층을 확대시킴으로써 HDR 또는 HFR 기술은 땅 속에서 인위적으로 새로운 열 교환 표면을 만들어 낸다. 두 개의 관정을 사용하여 이러한 열 교환 장치를 지상과 연결하면 지열수가 순환되고 가열되어 지열 및 동력 생산이 가능해 진다.

닫힌 계에 의한 지열 발전

닫힌 계에서는 열전달 매체가 닫힌 회로 내부에서 순환된다. 즉, 펌프를 사용하여 땅 속으로 주입된 열전달 매체가 땅 속에 있는 지열수와 완전히 분리되어 흐른다. 이러한 관점에서 다음과 같이 두 가지 형태의 닫힌 계가 비교될 수 있다.

— one-way system : 땅 속으로 flow-through system을 설치하여 열전달 매체가 한 쪽에서 관정 내부로 주입되고 수 킬로미터 떨어진 동일한 관정의 다른 쪽에서 생산되어 열 또는 전기 생산의 원료로 사용된다.

— two-way system : 그림 9에 나타낸 것처럼 coaxial 형태의 심층 관정 내부에서 열전달 매체가 순환하여 지열 에너지를 땅 속으로부터 끌어낼 수 있다.

그러나 지금의 입장에서는 열린 계에 의한 지열 발전 개념만이 기술적 및 경제적 관점에서 유망한 기술로 평가된다. 따라서 아래에서는 열린 계에 대한 기술적 사항들 만을 다룰 예정이다.

3.1 Subsurface system

Subsurface system은 지열 발전 시설에 있어서 땅 속에 있는 지열 저장층으로부터 열을 추출하는 부분을 의미한다.

3.1.1 탐사 방법Exploitation scheme

지열 지대

오늘날 지열 에너지로부터 생산되는 전기의 대부분은 증기가 많은 지열 지대에서 생산되는데, 이러한 지열 지대는 가장 탐사하기 쉽다. 지열 지대에 다소 촘촘한 간격으로 설치한 수직 형태의 생산 관정들에 의해서 생산된 증기로부터 액체 상liquid phase의 물질을 제거한 후 지상에 있는 단열된 파이프insulated pipes를 통해서 지열 발전 시설로 운반한다. 증기 생산 과정에서 분리된 액체와 지열 발전 시설에서 응축된 증기는 지표수surface water로 소비되는 경우가 많은데, 이러한 경우 어떤 지역에서는 환경 문제가 야기될 수 있고 지열 저장층의 압력을 계속적으로 감소시키는 결과를 초래하였다. 이러한 이유 때문에 재-주입 관정을 뚫어서 지열수나 보충수make-up water를 지열 저장층 내부로 재-주입 하였는데, 이러한 조치에 의해서 증기 생산이 감소되는 것을 막을 수 있었을 뿐 만 아니라 증기 생산량과 지열 발전량의 연속적인 회복이 가능하였다. 액체가 많은 지열 지대의 탐사 방법은 본질적으로 증기가 많은 지열 지대의 경우와 같다.

열수 대수층

이와 같은 종류의 지열 저장층으로부터 에너지를 추출하기 위해서는 기본적으로 최소한 두 개의 관정, 즉, 한 개의 생산 관정과 한 개의 재-주입 관정이 필요한데, 그 이유는 광물질minerals의 농도가 높은 지열수가 지표수로 소비될 경우 환경 문제가 유발되며 지열 저장층의 압력을 유지하기 위해서 지열수의 재-주입이 필요하기 때문이다. 생산 관정과 재-주입 관정은 최소한 약 1km 거리 만큼 떨어져 설치되어야 하는데, 그 이유는 재-주입된 차가운 물이 생산 관정 쪽으로 빨리 도달하는 것을 피하고 시스템의 기술적 수명을 길게 유지하기 위함이다. 수직 형태의 관정의 경우 이 거리는 시추공의 관정 머리 부분들wellheads 간의 거리에 해당되며 단열된 긴 파이프라인이 지상에 설치되어야 한다. 인구 밀집 지역에서는 지상에서 파이프라인을 길게 설치하는 것이 쉬운 일이 아닐 뿐 만 아니라 설치된 파이프라인은 미관상 좋지 못한 경우가 많다. 또한 시스템의 기술적 수명 기간 동안에 두 개의 시추 지점들을 유지하여야 하는 문제가 있다. 이러한 단점들을 해결할 수 있는 시추 방법이 directional drilling 인데, 이 시추 방법을 사용하면 생산 관정과 재-주입 관정을 한 지점에서 뚫을 수 있다. 땅 속 3,000m 이상의 깊이까지 도달하는 관정의 경우 땅 속 관정 끝 부분에서의 1,000m 간격은 시추공 들이 수직 방향으로부터 조금만 벗어나도 쉽게 얻을 수 있다. 이것은 첫번째 관정을 수직 방향으로 뚫고 또 다른 관정을 수직으로부터 이탈한 방향으로 뚫는 경우에도 성립하는데, 실제로 이 방법이 대부분의 경우 가장 경제적인 해결책이다. 열수 대수층으로부터 지열수를 생산하기 위해서는 생산 관정 내에서 원심력 펌프centrifugal pump를 사용하여야 하며, 지열수 회로geothermal loop 내부로의 산소의 유입을 막고 산화 철iron oxide 침전물 생성으로 인한 지열수 회로의 폐색clogging을 방지하기 위해서 시스템을 일정 수준의 과압overpressure으로 유지하여야 한다. (산소는 지상에 있는 지열 발전 시설과 재-주입 관정의 관벽을 부식시키는 작용을 한다.)

단층 지역

단층 지역은 수십 또는 수백 킬로미터의 길이를 가지며 10km 이상의 깊이에 도달하는데, 다소 수평으로 된 형태의 열수 대수층과는 달리 단층 지역은 보통 수직이거나 수직에 가깝다. 따라서 단층 지역에 있는 지열 자원으로부터 충분한 온도를 항상 얻을 수 있게끔 단층 지역에서 지열을 추출하는 깊이를 선택할 수 있다. 다른 지열 저장층과 마찬가지로 대부분의 단층 지역으로부터 에너지를 생산하기 위해서는 최소한 한 개의 생산 관정과 한 개의 재-주입 관정을 뚫어야 하며, 지열 생산과 재-주입 지점 사이의 거리는 열수 대수층의 경우와 같은 규모의 크기이어야 한다.

그러나 단층 지역이 수직에 가까운 정도에 따라서 생산 관정을 수직 방향으로 깊게 뚫고 재-주입 관정을 수직 방향으로 상대적으로 얕게 뚫는 것이 가능하며, 이것으로 인하여 투자 비용을 상당히 많이 감소시킬 수 있다. 어떤 경우에는 관정들을 수직 방향으로 뚫는 것이 충분할 수 있으나, 단층 지역을 교차하는 깊이는 directional drilling에 의해서 더 낫게 조절될 수 있다. (어떤 깊이에 있는 단층 지역의 방향orientation과 미끄러짐dip이 정확히 알려져 있지 않을 경우 특히 그러하다.) 또한 directional drilling에 의해서 단층 지역에 포함된 개별적인 균열 들을 더 많이 교차할 가능성이 커진다. 대부분의 경우 원하는 지열 에너지 흐름 속도를 얻기 위해서는 생산 관정 내부에 원심력 펌프를 사용하여야 한다.

결정성 기반암층

땅 속 매우 깊이 위치한 결정성 기반암층은 내부에 개구open fissures, 균열fractures, 또는 단층faults이 존재하므로 완전히 비非투과성은 아니지만, 전체적인 투과도는 지열 발전을 하기에는 보통 매우 낮다. 그러므로 HDR 기술의 기본적인 개념은 최소한 두 개의 관정을 연결하기 위해서 큰 규모의 균열 표면들을 만드는 것으로 구성된다. HDR 기술에 의한 지열 탐사 조업에서는 차가운 물이 한 쪽 관정으로 주입되어, 균열 속으로 순환되는 과정에서 균열 표면과의 열 교환 작용을 통해서 암석 온도에 의해 가열된 후, 두 번째 관정에서 생산된다. 주입된 물이 비등boiling 하는 것을 막기 위해서는 지열수 회로를 과압으로 유지하여야 하며, 열 교환 장치를 통해서 일차적인 지열수 회로primary loop로부터 전달된 열을 사용하여 이차적인 지열수 회로secondary loop에서 지열 발전을 위한 수증기steam가 생산된다. 시추 깊이(보통 5,000m 이상)와 온도(보통 150℃ 이상)에 따라서 상업적 규모의 시추 설비를 사용하여 1초 당 30 내지 100리터의 지열수 유속으로 운전하면 2 내지 10MW의 지열 발전 용량을 얻을 수 있다. 최소한 20 년에 달하는 시스템의 기술적 수명을 보장하기 위해서는 두 관정의 땅 속 끝 부분 사이에 약 1,000m의 간격과 5 내지 10km²의 균열 표면이 필요하다.

생산 관정과 재-주입 관정 가까이에 있는 균열 부분들 내에서의 높은 유속 때문에 균열 부분fracture system의 성능을 위해서는 균열 부분의 흐름 저항flow impedance이 중요하다. 에너지 및 경제적 이유들 때문에 균열 부분의 흐름 저항, 즉, 입구와 출구의 압력 차이를 출구의 유속으로 나눈 값이 1리터 당 0.1MPa s을 초과해서는 안된다. 균열 부분 내에서의 유체의 손실fluid losses이 HDR system의 작동을 위해서 또 다른 중요한 인자 인데, 순환 흐름량의 10% 보다 많은 유체의 손실은 오랜 기간에 걸쳐서 용인할 수 없는 수준이다. 이것은 이러한 경로를 통해서 아주 많은 양의 지하수가 손실되고 보충수를 위해서 추가적인 펌프 동력이 필요하기 때문이다. 유체 손실의 문제는 생산 관정 내에서의 활발한 펌핑pumping에 의해서 피할 수 있거나 최소화 될 수 있는데, 이러한 방법에 의해서 재-주입 관정 쪽의 고압 지역high-pressure zone 내에서 발생하는 유체의 손실이 생산 관정 쪽의 저압 지역low-pressure zone 내에서의 유체의 증가gain of fluid에 의해서 보충된다.

3.1.2 지열 발전 생산성의 향상

탄화수소hydrocarbon에 비해서 수증기 또는 열수hot water의 에너지 함량이 상대적으로 낮으므로, 상업적인 가치가 있는 발전량power output을 얻기 위해서는 지열 관정 속으로 아주 높은 질량 유속을 가지는 에너지 흐름이 필요하다. 증기가 많은 지열 저장층에 설치된 상업적 규모의 지열 생산 관정에서는 1시간 당 수십 톤의 수증기가 생산되어야 하며, 액체가 많은 지열 저장층에서의 경제적인 발전을 위해서는 1시간 당 수백 톤의 열수 흐름이 필요하다. 이것을 달성하기 위해서는 아주 높은 투과도를 가진 고도로 다공성이거나 균열 상태의 암석층이 형성되어야 한다. 그러나 지열 관정의 생산성은 산 처리acid treatment와 수력학적 균열 생성법hydraulic fracturing에 의해서 어느 정도 증가시킬 수 있다. HDR 개념에 의한 지열 생산 기술의 경우 열전달 매체의 흐름 경로가 수력 파쇄 기술waterfrac-technique을 사용하여 인위적으로 만들어 지므로 암석층의 투과도가 문제가 되지 않는다. 이와 같이 지열 발전 생산성을 향상시키는 수단들이 아래에 소개되었다.

산 처리

산 주입 방법은 지열 관정 부근의 흐름 저항을 제거하거나 최소화 시켜야 할 경우 지열 생산성을 향상시키는데 있어서 적합한 수단이다. 사암sandstone층의 경우 주입된 산은 석영 입자들 사이의 세멘트 가교cement bridges를 용해시킴으로써 세공 공간pore space을 증가시키지만, 암석 부피의 10%를 초과하는 비교적 높은 세공도porosity 때문에 측정 가능한 효과를 얻기 위해서는 세공을 메우고 있는 물질들을 많이 제거하여야 한다. 실제로 산은 시추공 벽 주변의 몇 분의 일 내지 몇 미터의 지역에만 영향을 미치므로 생산성 향상에 미치는 영향이 아주 제한적이다. 균열을 가진 암석층의 경우 더 좋은 결과를 얻을 수 있는데, 이러한 형태의 암석층에서는 유체의 흐름이 연결부joints, 자연적인 흐름 도관natural flow pipes, 또는 채널channels에 국한된다. 이와 같은 이차적인 세공도secondary porosity는 암석 부피의 극히 일부분(〈 0.01%)에 해당되므로 관정 주변의 훨씬 먼 거리에 걸쳐서 지열 생산성이 향상될 수 있다. 석유 또는 천연가스를 생산하는 관정에서 자주 사용되긴 하지만 산 처리 방법은 여전히 기술technique이라기 보다는 예술art에 가깝다. 산의 선택(염산, 불산, 초산, 포름산, 등), 농도, 부피, 유속, 그리고 첨가제, 즉, 부식 억제제corrosion inhibitor 등에 대한 것 들이 수식formula 보다는 경험과 감각에 더 근거를 두고 있다. 산 처리에 자주 사용되는 산의 부피는 수 내지 수십 입방 미터에 이르는데, 현지 혼합onsite-mixing과 주입에 특별한 장비가 필요하므로 산 처리는 상대적으로 값 비싼 기술이다.

수력학적 균열 생성법

수력학적 균열 생성 기술은 1947년 석유 생산 관정의 생산성을 높이기 위해서 발명되었는데, 오늘날에는 성숙된 기술로서 백만 개 이상의 석유 및 천연가스 생산 관정에 사용되었다. 이 기술의 기본적인 공정은 고압 펌프를 사용하여 유체를 시추공 내부로 주입하는 것인데, 유체 압력이 어떤 임계 수준critical level에 도달하면 암석층이 부서지게 된다. 보통 한쪽 축 방향의 균열이 시작되어 시추공을 수 내지 수십 미터 길이에 걸쳐서 반으로 쪼개는데, 유체의 주입이 계속됨에 따라서 시추공 양 쪽에 있는 암석층으로 균열이 확산된다. (대부분의 균열은 암석층 내부에서 수직 방향으로 진행된다.) 석유 또는 천연가스 생산 관정에서는 수력학적 균열 생성을 위해서 보통 수백 입방 미터의 유체가 1 초 당 10 내지 100리터의 유속으로 주입되고 관정 머리well head 부분에서의 주입 압력이 수십 MPa에 달한다. 석유 또는 천연가스 생산 관정에서의 균열 생성 조업은 균열의 길이가 석유 또는 천연가스 매장층의 두께 보다 크지 않도록 설계되고 있다. 압력이 제거된 후에도 균열의 열린 정도를 유지하기 위해서 모래 또는 다른 미세한 입자 크기를 가진 물질들을 유체에 혼합하여 균열 속으로 펌프를 사용하여 주입한다. 이러한 이유 때문에 미세한 물질의 혼합과 전달에 적합한 젤-형태gel-type의 유체들이 사용되며, 이 유체들이 가지는 높은 점도에 의해서 균열 생성 조업이 진행되는 동안 주변 암석으로의 유체 손실을 최소화 시킬 수 있다. 미세한 물질들이 균열 속으로 투입되고 나면 유체의 점도가 급격히 감소하므로 균열 속에서의 석유 또는 천연가스의 전달이 가능해 진다. 수력학적 균열 생성 기술이 석유 또는 천연가스 생산 관정에서는 완성된 기술이지만, 이 기술을 지열 에너지 생산에 응용한 경험은 아직 그리 많지 않다. 석유 또는 천연가스 생산에 비해서 지열 에너지 생산에 있어서는 균열 생성 기술을 적용하기 위한 요구 조건들이 더 높다. 예를 들어, (수증기를 생산하는 관정의 경우를 제외하고는) 유체의 질량 유속이 매우 크므로 높은 균열 전도도fracture conductivity와 높은 온도의 균열 생성 유체가 필요하다.

수력 파쇄 기술

HDR 개념의 지열 탐사는 수 평방 킬로미터에 달하는 인위적인 균열을 만들거나 자연적으로 존재하는 균열을 더 확장하는 것에 기술적 기반을 두고 있는데, 재래식의 수력학적 균열 생성 기술의 사용에 의해서는 기술적으로 가능하지 않다. 오늘날 유일하게 가능성이 있어 보이는 기술이 수력 파쇄 기술인데, 수력학적 균열 생성 기술과 비슷하지만 훨씬 간단하다. 균열의 생성을 위해서 소량 내지 적당량의 점성 유체viscous fluid를 주입하는 대신 아주 많은 부피의 물을 주입하는 것이다. 수력 파쇄 기술은 HDR 프로젝트에 있어서 광범위하게 사용되고 있는데, 결정성 암석층 내에서 수만 입방미터의 물을 주입함으로써 큰 규모의 균열 표면들이 생성된다.

압력이 제거된 후에도 균열들이 열린 상태로 유지되며, 결정성 암석 내에서 균열의 수력학적 전도도는 퇴적암 내에서 재래식 기술에 의해 형성된 균열의 수력학적 전도도 보다 상당히 더 크다.

3.2 Aboveground system

지열 발전에 적용되는 발전 기술은 다음과 같이 세 가지로 분류될 수 있다.

– 지열수가 발전소 내에서 working fluid로 직접 사용되는 열린 계,

– 지열수의 열이 working fluid에 전달되어 그 유체가 발전소 내에서 사용되는 닫힌 계,

– 열린 계와 닫힌 계를 혼합한 통합 계combined system.

이 모든 경우에 있어서 working fluid의 수증기 압력이 수증기 터어빈과 같은 work machine 내부에서 감소하게 되고, 이 과정에서 생산된 회전축의 기계적 에너지가 발전기에 의해서 전기 에너지로 변환된다. Working fluid의 열 에너지로부터 work machine의 기계적 에너지를 생산하는 열역학적 과정은 잘 알려진 Clausius Rankine process 이다. 아래의 그림 들에서는 위에서 분류된 발전 기술 들의 전형적인 schematic diagram을 나타내었다.

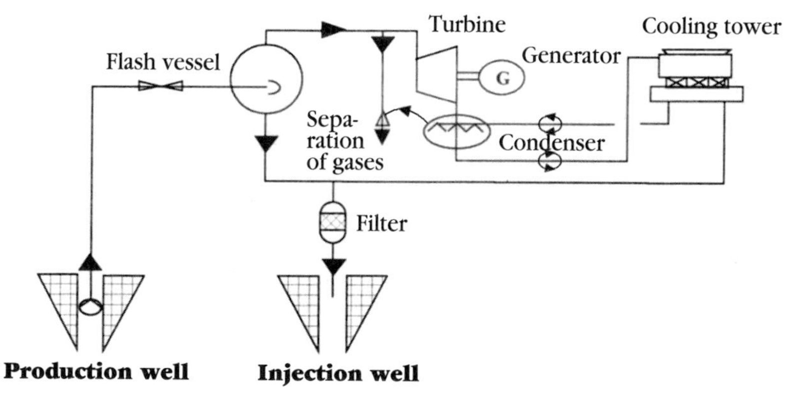

그림 12_ 열린 계의 지열 발전 시설(single flash with condensation) (참고문헌 [10])

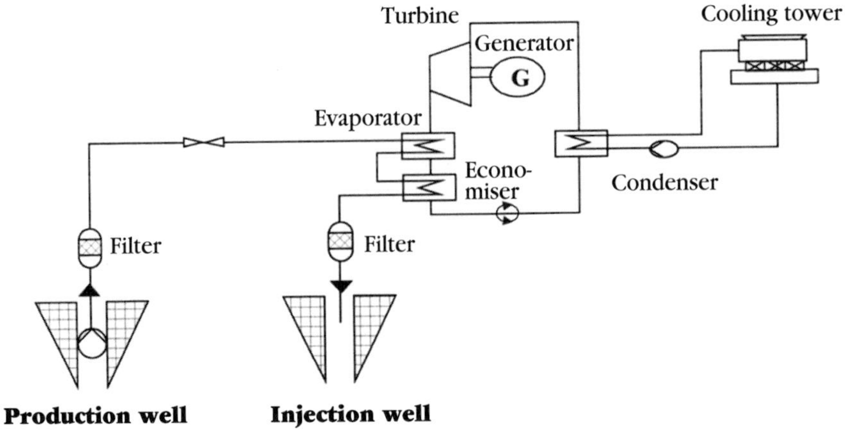

그림 13_ 닫힌 계의 지열 발전 시설(Organic Rankine Cycle) (참고문헌 [10])

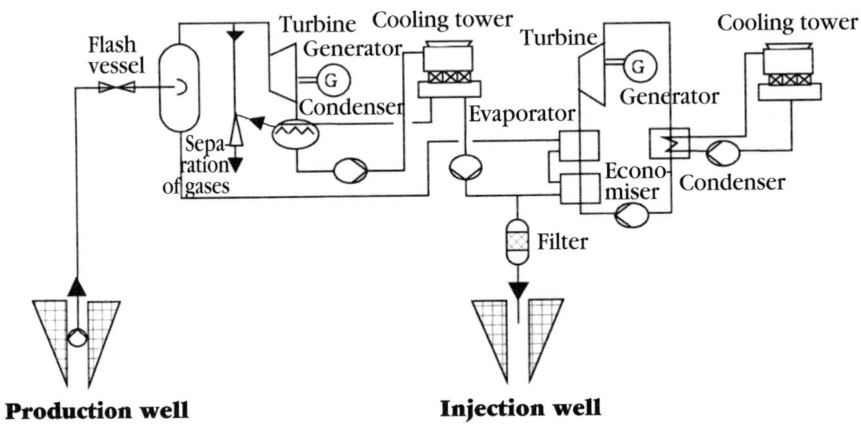

그림 14_ 통합 계의 지열 발전 시설(single flash with Organic Rankine Cycle) (참고문헌 [10])

|참고 문헌|

[1] G. M. Masters, Renewable and Efficient Electric Power Systems, Wiley-IEEE Press, New York, 2004.

[2] G. Boyle, Renewable Energy, 2nd ed., Oxford University Press, New York, 2004.

[3] B. Sorensen, Renewable Energy, 3rd ed., Academic Press, New York, 2004.

[4] G. Boyle, B. Everett and J. Ramage, Energy Systems and Sustainability, Oxford University Press, New York, 2003.

[5] E. Iglesias, D. Blackwell, T. Hunt, J. Lund and S. Tamanyu, Proceedings of the World Geothermal Congress 2000, Kyushu, Japan, 2000.

[6] S. Kalfayan, Production Enhancement with Acid Stimulation, PennWell Corporation, Tulsa, Oklahoma, 2000.

[7] R. Haenel and E. Staroste, Atlas of Geothermal Resources in the European Community, Austria and Switzerland, Th. Schafer, Hannover, Germany, 1998.

[8] J. C. Bresee, Geothermal Binary Power Generation System; Proceedings of the World Geothermal Congress 2000, Kyushu, Japan, 2000.

[9] L. M. Edwards, G. V. Chilingar, H. H. Rieke and W. H. Fertl, Handbook of Geothermal Energy, Gulf Publishing Company, Houston, U.S.A., 1982.

[10] M. Kaltschmitt, W. Streicher and A. Wiese, Renewable Energy: Technology, Economics and Environment, Springer, Berlin, Germany, 2007.

[11] 양철승, 도시의 하수를 이용하는 지열 발전, 서울경제신문, 2008.

|익힘 문제|

1. 미국 캘리포니아주 북부 미야카마스 산 일대의 Geysers 지역은 세계 최대의 지열 발전 지대로서 22개의 지열 발전소로부터 미국 전체 지열 발전량의 40%에 달하는 1,000MW 이상의 전력이 생산되고 있다. 이 지역에 첫 지열 발전소가 들어선 1921년 이후 땅 속으로부터 끊임없이 뿜어지던 수증기가 1990년대 들어 급격한 감소를 보였는데, 그 원인은 지열수의 고갈 때문이었다. 1998년 이 지역 지열 발전의 최대 수혜자인 Santa Rosa 시와 이 곳에서 19개의 지열 발전소를 운용하던 Calpine 사가 협력하여 'Geysers 되살리기 프로젝트' 에 나섰는데, Santa Rosa 시의 일반 가정에서 배출되는 하수sewage water를 지열 발전소의 수증기 관정에 주입하여 부족한 지열수를 보충하는 원리를 사용하였다. 즉, 발전에 사용되는 고온 수증기의 근원이 자연 상태의 지열수가 아닌 도시 하수로서, 환경 오염 방지를 위해 증류수 수준으로 정제된 도시 하수를 지열로 끓여서 수증기를 발생시켜 그 열에 의해서 터어빈을 돌려서 전기를 얻는 친환경environment-friendly 지열 발전 방식이다. 1억8,700만 달러 규모의 이 프로젝트를 통하여 2003년 Santa Rosa 시와 Geysers 지역을 연결하는 총 연장 66km의 파이프라인이 건설되었으며, 2007년 말 추가 증설된 파이프라인을 포함하여 매일 4,542만 리터의 도시 하수가 Geysers 지역의 지하 2~3km 아래로 주입되고 있다. 이와 같은 친환경 발전에 의해서 Calpine 사가 운용하는 지열 발전소에서만 2003년 대비 85MW 가량 많은 총 850MW의 전력이 생산되고 있는데, 이 전력량 상승분을 천연가스 화력 발전소에서 생산할 경우 연간 이산화탄소 26만 톤, 아산화질소 115만 톤 등 대량의 유해 물질이 배출되므로 'Geysers 되살리기 프로젝트' 는 지열 에너지의 생명을 연장시켜 막대한 환경적 이익을 제공하고 있다.

(1) Geysers 지역에서 원래의 지열 발전 시스템은 열린 계인가, 아니면 닫힌 계인가?

(2) 'Geysers 되살리기 프로젝트' 에 의한 친환경 지열 발전 방식은 열린 계인가?

(3) 친환경 지열 발전에 있어서 정제된 도시 하수는 생산 관정과 재-주입 관정 중 어느 것을 통해서 지열수 대수층으로 주입되는가?

(4) 주입된 25℃의 도시 하수가 지열 저장층에서 가열되어 10기압, 180℃의 과열 수증기로 바뀌었다면 Geysers 지역에서 매일 주입되는 도시 하수가 지열 저장층으로부터 회수하는 에너지를 계산하여라.

조력 에너지Tidal Energy

1 2 3 4 5 **6** 7 8 9

6 조력 에너지Tidal Energy

지구의 자전rotation과 관련하여 달과 태양의 중력은 주기적으로 해양의 수위water level를 바꾼다. 열린 바다open sea에서 조력에 의한 파도는 1m 보다 조금 더 큰 높이 차를 가지지만, 육지에 다다르면 조력에 의한 파도에 제동 효과braking effect가 생기고 해안선에서 역류backwaters가 생성되므로 10m 이상의 최대 수위 변화가 가능하다. 만bay이나 강의 어귀estuary같은 해안 지대에서는 조력에 의한 수위 변화가 20m 까지도 증가할 수 있다. 조력 에너지를 이용한 발전에는 다음과 같이 두 가지 방법이 있다.

– 조력 발전소에 의해서 후류의 위치 에너지potential energy를 이용하는 것, 그리고

– 해류marine current의 동력 밀도를 이용하는 것.

1. 조력 발전소

가장 쉬운 조력 발전 방법은 그림 1의 가장 위에 나타낸 것처럼 한 쪽 방향으로만 사용되는 one-basin-system 방식이다. 만은 둑dam에 의해서 열린 바다로부터 분

리되지만 방조문floodgate과 turbine에 의해서 바다와 여전히 연결되어 있다. 터어빈의 제어 시스템control system과 방조문은 바닷물이 방조문을 거쳐서만 만으로 들어오고 터어빈을 통해서만 만을 빠져 나가도록 작동한다. 이 터어빈은 전기 에너지를 공급하는 발전기에 연결되는데, 터어빈 설계가 간단한 장점이 있는 반면, 발전 가능한 시간대time period가 비교적 짧다는 단점이 있다.

이러한 단점을 피하기 위하여 그림 1의 가운데에 나타낸 것처럼 양 쪽 방향으로 작동되는 cross-flow 터어빈을 사용한다. 이 경우, 방조문은 만과 바다의 수위 차difference가 거의 없는 기간 동안 바닷물의 유입 흐름과 유출 흐름을 가속시킨다. 이러한 설계 방식에 의해서 one-basin-system 방식보다 훨씬 긴 시간대 동안 발전이 가능하나 더 높은 기술적 비용이 소요된다. 그러나 일반적으로 더 많은 에너지 공급량이 더 높은 비용을 감당하고도 남는다.

조력 발전소는 그림 1의 가장 아래에 나타낸 것처럼 two-basin-system 방식으로도 설계될 수 있다. 두 개의 basin은 각각 터어빈을 통해서 바다로 연결되고, 또 다른 터어빈이 두 개의 basin 사이의 둑 또는 연결 운하connecting canal에 설치된다. 바닷물의 유입 흐름과 유출 흐름은 바닷물이 밀물high tide 때에 한 쪽 basin으로 들어오고 썰물low tide 때에 다른 쪽 basin을 통해서 빠져 나가도록 조절된다. 그러므로 훨씬 더 규칙적이고 중단되지 않는 에너지 생산이 가능하지만, 한층 더 복잡한 설계와 더 넓은 basin 공간이 필요하다. 현재 가동 중인 조력 발전소는 전세계적으로 그리 많지 않는데, France의 St. Malo 부근의 Rance 강 어귀에 위치한 조력 발전소가 1966년부터 조업 중이며, Canada의 Fundy Bay에 위치한 20MW급 발전소가 1984년부터 성공적으로 가동되고 있고, 그 이외 Russia와 중국에 각각 1개와 2개의 조력 발전소가 가동 중이다. 그러나 France의 St. Malo에 있는 것 만이 대규모의 조력 발전소에 해당될 수 있는데, 평균 약 8.5m의 조력에 의한 수위 변화를 이용하여 최대 240MW의 전기 에너지를 생산할 수 있다. 전체적으로 볼 때, 조력 발전소들의 기술적 잠재력은 전세계적인 에너지 공급에 기여하기에는 너무 낮다.

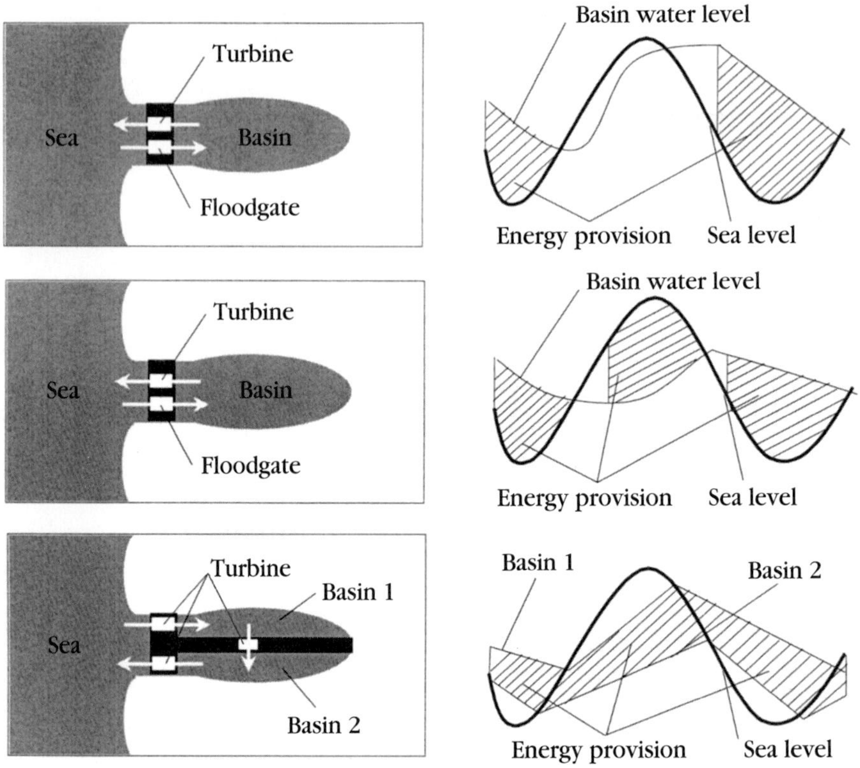

그림 1_ 조력 발전소의 작동 원리(위 : 한 쪽 흐름 방향의 one-basin-system, 가운데 : 양 쪽 흐름 방향의 one-basin-system, 아래 : two-basin-system) (참고문헌 [2])

2. 밀물과 썰물 흐름의 동력 이용

둑을 건설하여 만과 열린 바다를 분리하는 방식으로 바닷물의 조력 에너지를 이용하는 것은 자연 환경에 심각한 영향을 미치므로 밀물과 썰물 흐름에 의한 바닷물 운동을 이용한 에너지 생산 방안이 연구되고 있다. 그러나 이러한 발전 방법의 단점은 해류의 에너지 밀도가 상대적으로 낮다는 것이다. 비교적 느린 해류 속도와 큰 해류 단면 때문에 해류 내부에는 아주 작은 압력 차이가 존재하므로, 밀물과 썰물 흐름에 적합한 터어빈, 예를 들어 큰 Savonius 또는 Darrieus 회전자 형태의 터어빈이 개발되어야 한다. 그림 2에는 이와 같은 발전 방법의 예를 해상offshore 풍력 발전 시설과 비교하여 나타내었다.

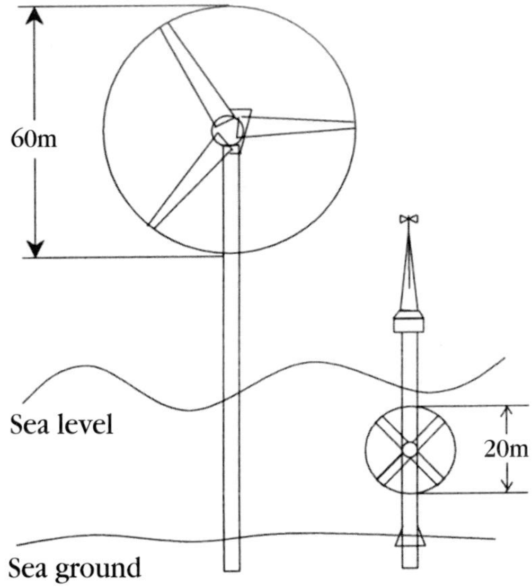

그림 2_ 해류의 동력을 이용하는 회전자의 작동 원리(해상 풍력 발전 시설과의 비교) (참고문헌 [2])

주어진 회전자 단면을 통해서 흐르는 바닷물의 밀물 및 썰물 흐름의 동력 P_{wa}는 풍력 발전의 경우처럼 다음과 같이 계산된다.

$$P_{wa} = \rho_{wa} \upsilon^3 A_{rot} / 2$$

여기서 ρ_{wa}는 바닷물의 밀도이고, υ는 해류 속도이고, A_{rot}는 해류의 흐름 단면적이다. 예를 들어, 해류 속도가 0.1m/s일 경우 0.5W/m²의 에너지 밀도가 얻어진다. 만일 해류 속도가 2m/s로 증가되면 에너지 밀도가 4,000W/m²로 커진다.

이와 같이 밀물과 썰물로 인한 해류의 동력을 이용한 조력 발전은 큰 규모의 터어빈을 바닷물 속에 설치하는데 있어서의 기술적 어려움 때문에 아직 실용화 되지 못하고 있다.

|참고 문헌|

[1] A. V. da Rosa, Fundamentals of Renewable Energy Processes, Elsevier Academic Press, Burlington, Massachusetts, 2005.

[2] M. Kaltschmitt, W. Streicher and A. Wiese, Renewable Energy:Technology, Economics and Environment, Springer, Berlin, 2007.

7 수소 에너지 Hydrogen Energy

1 2 3 4 5 6 7 8 9

7 수소 에너지Hydrogen Energy

1. 서론

수소는 가장 간단한 원소로서 수소 원자는 한 개의 양성자와 한 개의 전자로 구성되어 있다. 또한 수소는 우주에서 가장 많이 존재하는 원소이다. 이와 같이 가장 간단하고 가장 풍부함에도 불구하고, 수소는 지구 상에서 자연 상태에서 기체로 존재하지 않고 항상 다른 원소들과 결합된 상태로 존재한다. 예를 들어, 물H_2O은 수소와 산소의 결합이다. 또한 수소는 많은 유기 화합물에서 발견되는데, 특히 가솔린, 천연가스, 메탄올, 그리고 프로판과 같은 우리가 사용하는 많은 연료를 구성하는 탄화수소에서 발견된다. 수소는 탄화수소에 열을 가하여 탄화수소로부터 분리하는 개질reforming 공정에 의하여 만들 수 있는데, 현재 대부분의 수소는 이와 같은 방법에 의하여 천연가스, 석탄, 메탄올, 가솔린, 또는 바이오매스로부터 제조된다. 수소는 또한 물의 전기분해에 의해서도 얻어지며, 어떤 조류algae와 박테리아는 태양광을 쪼이면 어떤 조건하에서 수소를 방출하기도 한다.

수소는 에너지 함량이 높지만, 순수한 수소를 연소시키는 엔진engine에서는 공해물질이 거의 배출되지 않는다. 미국의 항공우주국NASA에서는 1970년대부터 우주 왕복선과 로케트rocket를 비행 궤도로 추진시키는데 액체 수소를 사용해 오고 있

다: 수소 연료 전지가 우주 왕복선의 전기 시스템에 동력을 공급하여 깨끗한 부산물인 순수한 물을 만들고, 이것을 승무원들이 식용수drinking water로 사용한다. 이 경우 연료 전지는 연료를 공급해 주면 끊임없이 재충전되는 배터리와 같기 때문에 항상 충전 상태를 유지한다.

미래에 있어서 수소는 전기와 같이 중요한 에너지 운반체로서 사용될 수 있다. (에너지 운반체에 의해서 에너지가 저장되고, 운반되고, 소비자들에게 사용가능한 형태로 공급된다.) 재생 가능한 에너지 원source, 예를 들어 태양, 으로부터 항상 에너지를 생산할 수 있는 것은 아니다. 즉, 태양 빛이 지구에 항상 내리 쪼이는 것은 아니므로 태양 에너지를 수소 형태로 저장해 놓고 필요할 때 사용처로 운송하여 사용할 수 있다. 궁극적으로 오늘날의 천연가스, 석유, 석탄, 그리고 전기의 공급체계 infrastructure를 대체하여 수소가 미래 사회에 동력을 공급하는 기본적인 에너지 공급체계를 형성할 것이란 전망이 지배적이다. 그러한 시대가 도래하면 지금의 에너지 경제energy economy가 새로운 수소 경제hydrogen economy로 바뀌게 될 것이다.

2. 수소의 생산

미래의 에너지 수요를 충족시킬 수 있는 수소를 생산하기 위한 가장 좋은 잠재력을 가진 기술들은 다음과 같은 네 가지의 일반적 범주로 분류된다.

— 열화학적thermochemical 기술,

— 전기화학적electrochemical 기술,

— 광전기화학적photoelectrochemical 기술, 그리고

— 광생물학적photobiological 기술.

2.1 수소의 열화학적 생산

오늘날 수소는 대부분 석유, 나프타naphtha, 그리고 천연가스와 같은 화석 연료

로부터 만들어지지만, 이러한 원료들이 조기에 고갈될 지도 모를 우려 때문에 훨씬 더 풍부한 매장량을 가진 석탄과 바이오매스의 이용도 점차 증가하는 추세이다. 탄화수소와 알콜의 부분 산화 반응partial oxidation, 수증기 개질 반응steam reforming, 또는 열 분해 반응thermal decomposition에 의해서 합성가스(syngas)라고 부르는 일산화탄소와 수소의 혼합물이 생성된다.

부분 산화 반응

수소 제조를 위한 부분 산화 반응은 촉매의 유무에 관계없이 일어날 수 있다. 일반적으로 수소 생산에 사용되는 원료 물질의 분자량이 작을 경우 수증기 개질 반응이 더 편리한 수소 제조 공정인 반면, 부분 산화 반응은 원료 물질의 분자량이 큰 경우에 더 선호되는 수소 제조 공정이다. 그러나 최근에는 분자량이 작은 메탄올의 부분 산화 반응을 이용한 연료 처리 장치fuel processor가 자동차 용으로 많은 관심을 모으고 있다. 부분 산화 반응에는 공기가 산화제oxidant로 사용되므로 생성물인 수소에 공기 중의 질소가 혼합되어 수소의 분압partial pressure을 감소시키고, 결과적으로 생성된 수소가 연료 전지에 공급되면 연료 전지의 출력output을 떨어 뜨린다. 부분 산화 반응은 연료와 한정된 양의 산소를 반응시켜서 일어난다. 탄화수소의 경우,

$$C_n H_m + (n/2)O_2 \rightarrow n\,CO + (m/2)H_2 \quad (1)$$

따라서 메탄의 경우,

$$CH_4 + (1/2)O_2 \rightarrow CO + 2H_2 \quad (2)$$

이러한 반응은 산소가 수소보다 탄소에 대해서 더 큰 친화력affinity을 가지는 것을 이용한다.

수증기 개질 반응

수증기 개질 반응에서는 연료가 물과 반응함으로써 생성물인 개질 기체reformate 속으로 질소가 유입되지 않으며 연료 뿐 만 아니라 물로부터도 수소가 생산된다는 점에서 부분 산화 반응과 대조를 이룬다. 탄화수소의 경우,

$$C_n H_m + n H_2O \rightarrow n CO + (n + m/2)H_2 \quad (3)$$

m = 0 이면 연료는 탄소 자체에 해당되고,

$$C + H_2O \rightarrow CO + H_2 \quad (4)$$

메탄의 경우,

$$CH_4 + H_2O \rightarrow CO + 3H_2 \quad (5)$$

열 분해 반응

알콜의 열 분해 반응은 메탄올과 에탄올에 대해서 아래와 같이 나타낼 수 있는데, 수소는 모두 연료로부터 생성된다.

$$CH_3OH \rightarrow CO + 2H_2 \quad (6)$$

$$C_2H_5OH \rightarrow CO + H_2 + CH_4 \quad (7)$$

합성가스

위에서 언급된 모든 반응에서 생성되는 합성가스는 직접 연료로서 사용될 수 있다. 일산화탄소가 섞여 있으므로 고체-고분자 전해질 연료 전지SPFC처럼 낮은 온도의 연료 전지에는 사용될 수 없지만, 용융 탄산염 연료 전지와 세라믹 연료 전지에도 직접 사용될 수 있다. 합성가스를 먼 거리에 떨어져 있는 소비자에게 공급해야 할 경우에는 단위 부피 당 에너지를 증가시키기 위해서 메탄으로 변형시키기도 한다. 또한 합성가스는 수많은 화학 물질들을 생산하는 원료로서 중요하게 사용된다. 이러한 용도와 낮은 온도의 연료 전지에 사용하기 위해서 합성가스의 수소 농도를 농축시키는 과정, 즉, shift 반응이 필요하다.

Shift 반응

Shift 반응은 일산화탄소와 물의 결합을 촉진하여 이산화탄소와 수소를 생성한다.

$$CO + H_2O \rightarrow CO_2 + H_2 \quad (8)$$

Shift 반응을 사용함으로써 합성가스의 H/C 비ratio를 광범위하게 조절할 수 있으며, 연료 전지에 사용될 경우 일산화탄소를 거의 제거할 수 있다. 메탄이 주성분

인 천연가스로부터 수소를 생산하는 경우 (5)와 (8)을 합하면,

$$CH_4 + H_2O \rightarrow CO + 3H_2 \quad (5)$$

$$CO + H_2O \rightarrow CO_2 + H_2 \quad (8)$$

$$CH_4 + 2H_2O \rightarrow CO_2 + 4H_2 \quad (9)$$

위의 반응 (9)에서 생성물들이 반응물들 보다 더 많은 에너지를 가지므로 이 반응은 흡열 반응이다. 반응이 일어나는데 필요한 에너지는 고정된 시설의 경우 탄화수소의 연소로부터 얻어지며,

$$C_n H_m + (n + m/4)O_2 \rightarrow n\,CO_2 + (m/2)H_2O \quad (10)$$

작은 규모의 자동차용 또는 주거용 시설의 경우, 생성된 개질 기체 속의 수소의 일부를 연소함으로써 편리하게 얻어진다.

메탄화반응methanation

메탄화반응은 합성가스를 메탄으로 전화시키는 반응으로서 화석 연료를 더 가치있는 천연가스로 변형시키는 공정의 일부이다. 탄소를 함유한 연료로부터 생산된 수소 흐름 속 일산화탄소의 대부분을 제거할 수 있는 이 반응은 메탄의 수증기 개질 반응의 역반응에 해당된다.

$$CO + 3H_2 \rightarrow H_2O + CH_4 \quad (11)$$

이산화탄소도 반응 (9)의 역반응을 통해서 메탄으로 전화될 수 있다.

$$CO_2 + 4H_2 \rightarrow CH_4 + 2H_2O \quad (12)$$

메탄올

메탄올은 가치있는 연료와 화학 물질인 동시에 많은 다른 화학 물질들의 생산에 있어서 중요한 중간체이다. 메탄올이 합성가스로부터 생산될 경우 연료 전지 자동차 용 연료로 편리하게 사용될 수 있다.

$$CO + 2H_2 \rightarrow CH_3OH \quad (13)$$

1902년 Sabatier와 Sedersens에 의해서 발견된 이 반응은 석탄으로부터 액체 연료를 생산하는 Fischer-Tropsch 공정의 기초이다. 또한 메탄올은 나무와 같은 바이

오매스로부터 직접 생산될 수도 있다.

수소의 정제

화석 연료의 열화학적 처리에 의해서 생산된 수소는 높은 농도의 이산화탄소, 낮은 농도이긴 하지만 해로운 일산화탄소, (선택된 공정에 따라서 유입된) 높은 농도의 질소, 원료에 함유된 불순물에서부터 생성된 유해한 황 화합물 등을 포함하므로, 연료 전지의 연료와 화학 물질 제조의 원료로 사용되기 전 다음과 같은 정제 과정을 거쳐서 순도를 높여야 한다.

– 수소를 생산하는 원료가 기체 상태로 존재할 경우 석회석과 같은 calcium-based 화합물의 슬러리를 분사spray하여 유황 성분(예를 들어 SO_2)을 제거한다. 액체 상태의 원료, 예를 들어 중질유heavy crude에 포함된 유황 함유 분자들을 H_2S 기체로 전화시키는 목적으로 낮은 농도의 코발트Co 또는 니켈Ni을 함유한 MoS_2 촉매가 사용된다.

– 이산화탄소를 분리하기 위해서는 $Ca(OH)_2$를 사용하여 이산화탄소를 흡수시키는 화학적 방법, 온도에 따른 이산화탄소의 용해도 변화를 이용한 temperature swing adsorption, 제올라이트zeolite와 같은 물질의 이산화탄소에 대한 선택적 흡착능력을 이용한 pressure swing adsorption, 이산화탄소에 대해서 상대적으로 높은 투과성permeability을 가지는 특수한 멤브레인membrane, 예를 들어 셀룰로오스 아세테이트cellulose acetate로 만든 멤브레인의 사용 등이 필요하다.

– 일산화탄소로부터 수소를 분리하여 생성물 흐름의 수소 농도를 증가시키기 위해서는 팔라디움palladium을 함유하는 금속 멤브레인이 사용된다. 팔라디움은 수소분자의 해리, 팔라디움-수소 hydride의 생성, hydride의 확산, 그리고 수소 분자로의 재결합 과정을 통해서 생성물 흐름의 수소 농도를 선택적으로 증가시킨다.

수소 생산 시설

화석 연료로부터 대규모로 수소를 생산하는 것은 이미 성숙된 단계의 기술로서, 그 공정의 흐름도를 그림 1에 나타내었다.

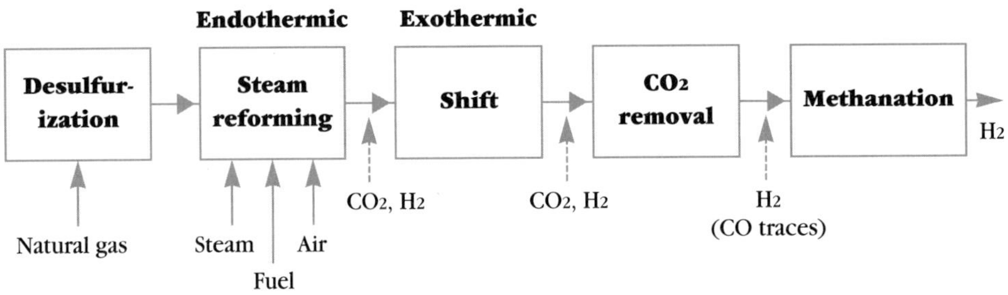

그림 1_ 전형적인 수소 생산 기술의 흐름도

첫 번째 단계는 원료의 탈황 처리인데, 후속 단계에서 사용되는 촉매의 피독 poisoning을 막기 위해 필요한 원료 정제 단계이다. 다음 단계에서 수증기 개질 반응에 의해서 합성가스가 생산되는데, 흡열 반응이므로 반응을 진행시키기 위해서는 연료의 연소에 의한 에너지 공급이 필요하다. 생성물 흐름 속에 포함된 일산화탄소의 대부분을 제거하는 shift 반응이 그 다음 단계에서 일어나는데, 발열 반응이므로 반응 평형에 유리하도록 낮은 온도에서 조업하는 것이 더 좋다. Cu-based 촉매를 사용하면 520K의 낮은 온도에서 조업하여도 만족스러운 반응 속도를 얻을 수 있다. Shift 반응의 생성물은 수소와 함께 높은 농도의 이산화탄소를 포함하므로 이산화탄소를 제거하는 단계를 거쳐야 하며, 마지막 단계에서는 생성물 흐름 속에 아직 남아 있는 미량의 일산화탄소를 메탄화반응에 의해서 제거한다. (제거되지 않은 일산화탄소는 연료 전지의 전극stack을 피독시키거나 후속 공정의 촉매를 변질시킨다.)

2.2 수소의 전기화학적 생산

물의 전기분해에 의한 수소의 생산은 비교적 오래된 기술로서 식품 산업과 소량의 수소를 필요로 하는 의약 산업에 주로 사용되어 왔다. 화석 연료로부터 제조된 수소가 제거하기 어려운 불순물들을 함유하는 경향이 있는 반면, 물의 전기분해에 의해서 제조된 수소는 쉽게 정화되는 장점이 있다. 전기분해 장치/연료 전지의 결합은 에너지를 저장하는데 있어서 탁월한 수단이다: 연료 전지 자동차에 연료를 공급하기 위한 수소 가스 충전소hydrogen gas stations에 물의 전기분해 장치를 설치하는 것이다.

전기분해 장치의 형상

비교적 최근까지 거의 모든 물의 전기분해 장치에는 액체 전해질이 사용되었다. 순수한 물의 낮은 전기 전도도와 산 수용액의 부식성 때문에 알칼리 전해질이 자주 사용되는데, 보통 25 내지 30% 농도의 KOH 수용액이 선호된다. 공기 중의 이산화탄소와 알칼리 전해질이 접촉하면 carbonate가 생성될 수 있으므로 전해질 용액과 공기 사이의 지나친 접촉을 피해야 한다. 작은 장치는 탱크 형태이고 큰 장치는 filter press 형태인데, 전해질 농도와 수준level의 제어control가 필요하다. 물의 전기분해에 의해서 생산되는 기체들의 혼합을 방지하기 위해서 장치는 diaphragm에 의해서 두 개의 공간compartment으로 나눠어 진다. KOH 수용액을 사용하는 장치는 기체 압력이 높을수록 운전 효율이 더 좋아지는데, 전극에 달라붙어 전극의 유효 표면적을 감소시키는 기포들의 크기가 작아지기 때문이다. 음극(수소 전극)은 값싸고 알칼리 용액 속에서 안정한 철iron로 만들어지고, 양극은 보통 니켈nickel로 도금된 철이 사용된다.

고체 고분자 전해질을 사용하는 물의 전기분해 장치는 KOH 수용액을 사용하는 장치보다 훨씬 작으며, 전해질 농도의 제어가 필요하지 않다. 또한 이 장치는 액체 전해질 장치보다 훨씬 높은 전류 밀도 조건에서 운전할 수 있지만, 탈-이온 수de-ionized water를 필요로 하며 젖은wet 수소가 생산되는 단점이 있다. 이온 교환ion exchange 멤브레인이 이상적인 전해질로서 적합한데, 0.1mm 만큼 얇은 두께의 전해질이 사용된다.

세라믹 전해질을 사용하는 물의 전기분해 장치는 450 내지 800℃의 온도에서 작동되는데, 수증기를 원료로 사용하지만 순수하고 건조한dry 수소를 생산한다. 높은 운전 온도에 의해서 양호한 반응 속도를 얻을 수 있으며, $SrCe_{0.95}Yb_{0.05}O_{2.975}$가 전해질로 사용된다.

2.3 수소의 광전기화학적 생산

일반적인 사실들

물의 분해 반응은 몇 개의 중간체들을 형성하는 연쇄적 단계들의 결과이며, 상황과 촉매에 따라서 각각 다른 경로를 따라 갈 수 있다. 물의 구조식 H-O-H 는 물의 해리의 첫 번째 단계가 H-O 결합의 파괴에 의한 H와 OH의 생성임을 의미한다. 그 다음, OH가 O와 또 하나의 H로 쪼개지며 동일한 원자들이 서로 결합하여 diatomic 분자들(H_2, O_2)을 형성한다. 이 과정에서 이온화된 물질들이 반응에 참여하지 않을 경우, 각 단계와 연관된 해리 에너지를 표 1에 나타내었다.

〈표 1〉 물의 분해 과정에서의 해리 에너지 (참고문헌 [2])

반응 단계	eV/molecule	MJ/kmole
$H_2O \rightarrow H + OH$	5.15	496.2
$OH \rightarrow H + O$	4.40	423.9
$H + H \rightarrow H_2$	-4.48	-431.7
$O + O \rightarrow O_2$	-5.12	-493.3
$H_2O \rightarrow H_2 + (1/2)O_2$	2.51	241.8

물의 분해 반응, $2H_2O \leftrightarrow 2H_2 + O_2$의 정확한 연쇄적 단계가 상황과 촉매에 따라서 다를 수 있지만, 그림 2는 이 반응의 전형적인 진행 흐름도를 나타내고 있다.

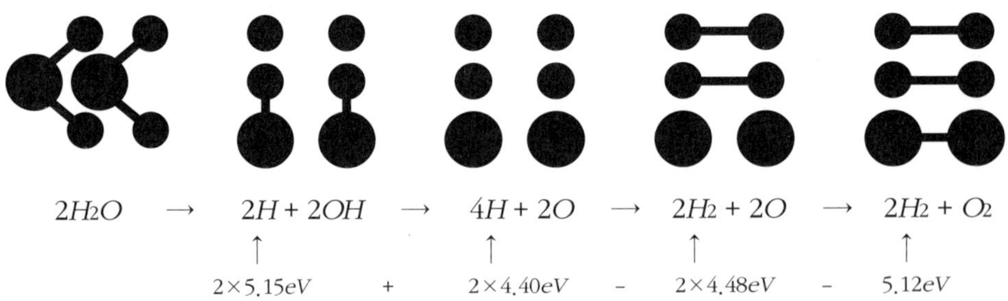

그림 2_ 물 분해 반응의 진행 흐름도 (참고문헌 [2])

물 분자와 구성 원소들 사이에는 2.51eV의 에너지 차이만이 존재하지만 물 분자를 직접 해리하기 위해서는 5.15eV의 에너지 장벽barrier을 극복하여야 하므로, 5.15eV 보다 작은 에너지를 가진 광자photon에 의해서는 물 분자의 직접 해리 반응이 일어나지 않는다. 물이 전기화학적으로 직접 분해되기 위해서는 물 분자 1개 당 5.15 + 4.40 = 9.55eV의 에너지 유입이 필요하다. 이러한 에너지 유입의 결과로서 물 분자가 분해되면 처음보다 2.51eV 만큼 더 많은 에너지를 가진 수소/산소 분자의 혼합물이 얻어진다. 유입된 에너지의 나머지는 활성 중간체들(OH, H, O)의 역반응으로 인하여 열로 바뀐다.

태양광에 의한 물의 전기분해

그림 3에는 태양광 스펙트럼spectrum 내부의 누적 에너지 분포를 나타내었는데, 에너지의 약 22%가 물 분자를 구성 원소들로 쪼개는데 필요한 에너지(2.51eV) 보다 더 많은 에너지를 가진 광자들과 연관되어 있다.

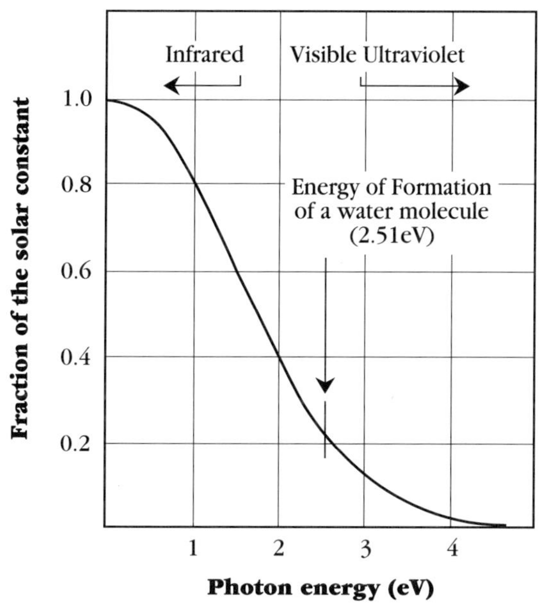

그림 3_ 태양광 스펙트럼 내부의 누적 에너지 분포 (참고문헌 [2])

그러나 위에서 설명된 바에 의하면 촉매를 사용하지 않을 경우 물의 전기분해 반응을 시작하기 위해서는 5.15eV 보다 더 큰 에너지를 가진 광자들이 필요하다. 따라서 실제로 태양광을 이용한 전기분해에 의해서 수소를 생산하기 위해서는 적절한 촉매의 개발이 필요한데, 다음에 있어서 촉매 X는 태양광의 영향 하에 있는 물 속에서 산화된다.

$$X + H_2O \rightarrow X^+ + H + OH^- \qquad (14)$$

$$X^+ + (1/2)H_2O \rightarrow X + H^+ + (1/4)O2 \qquad (15)$$

$$H^+ + OH^- \rightarrow H_2O \qquad (16)$$

이 반응의 threshold 에너지는 3.8eV로서 촉매를 사용하지 않을 경우에 필요한 5.15eV 보다 다소 작다. 이 반응에는 태양 에너지의 3% 만이 사용되는데, 그 가운데 많은 부분이 $H^+ + OH^- \rightarrow H_2O$ 반응, 즉, 물 분해의 역반응을 통해서 손실된다.

조금 더 유리한 반응은 촉매 Y가 환원되는 경우인데,

$$Y + H_2O \rightarrow Y^- + H^+ + OH \qquad (17)$$

$$Y^- + H_2O \rightarrow Y + OH^- + (1/2)H_2 \qquad (18)$$

$$OH^- + H^+ \rightarrow H_2O \qquad (19)$$

$$(1/2)OH + (1/2)OH \rightarrow (1/2)H_2O + (1/4)O_2 \qquad (20)$$

세 번째 반응은 역반응을 일으킬 중간체들, 즉, H^+와 OH^-가 생성되지 않는 반응인데,

$$Z + H_2O \rightarrow ZO + H_2 \qquad (21)$$

$$ZO \rightarrow Z + (1/2)O_2 \qquad (22)$$

이 반응의 threshold 에너지는 2.9eV이며 태양 에너지의 13%가 사용되는데, 반응의 실현 가능성은 불확실하다.

2.4 수소의 광생물학적 생산

어떤 식물들, 즉, 어떤 조류는 물에서부터 산소를 추출하고 수소를 방출함으로써 호흡에 필요한 산소를 생산한다. 태양 빛이 없는 경우에는 식물이 거의 활동을

하지 않으므로 방출되는 수소의 양이 작다. Hydrogenase 라는 효소를 사용하면 수소의 방출이 촉진되는데, 이 효소는 산소가 있으면 그 기능이 저하되므로 광합성이 진행되는 동안에는 활동을 멈춘다. 어떤 식물에서 유황 성분을 제거하면 가역적으로 광합성이 중지되므로 그 식물에 태양 빛이 내리 쬐일 때 많은 양의 수소가 생산될 수 있다. Chlamydomonas reinhardtii 라는 조류에 의한 광생물학적 수소 생산은 다음과 같이 2 단계로 진행된다:

– 조류가 정상적으로 성장하며 탄소 화합물들의 저장량이 증가된다.

– 유황 성분이 조류로부터 제거되고 그 조류가 태양 빛에 노출되면 축적된 탄소의 일부를 소비하면서 수소를 방출한다.

두 번째 단계에 의해서 많은 양의 탄소가 소모되면 첫 번째 단계가 다시 시작된다.

3. 수소의 운반과 저장

수소를 연료와 에너지 운반체로 사용하기 위해서는 안전하고 비용 측면에서 효과적인 운반과 저장을 위한 내부공급체계infrastructure가 필요하다. 지금까지 수소는 일반적으로 압축 기체 혹은 저온 액체 상태로 탱크에 저장되는데, 트럭을 사용하여 탱크를 운반하거나 대략 80km 보다 짧은 거리 구간에는 파이프라인을 통해서 압축 기체를 운반할 수 있다.

압축 기체compressed gas로 저장

실험실에서 사용되는 소량의 수소는 보통 150 기압에서 철로 만든 간단한 실린더 형태의 용기에 압축 기체 상태로 편리하게 저장될 수 있다. 연료 전지 자동차fuel cell vehicle; FCV에서 연료로 사용되는 수소는 탄소 섬유 포장재로 보강된 알루미늄 통canister에 압축 기체 상태로 저장되어 운반된다. 150리터 크기의 비교적 가벼운 용기는 500 기압에서 6kg의 수소를 담을 수 있는데 무게는 90kg 보다 적다. 이 용기는 1.5m 길이에 0.36m 직경의 실린더 형태이므로 차량에 적재하기 쉽고, 6kg의 수소는 약 20리터의 가솔린에 해당하는 860MJ의 에너지를 저장한다. 그러나 FCV의 효율이 가솔린을 연료로 사용하는 내연 기관 자동차의 2배 이상이므로 위에서 언급된 FCV의 수소 저장 용량은 보통 크기 승용차의 가솔린 연료 탱크 용량인 50리터와 비교할 만 하다. FCV의 수소 저장 용기는 폭발하기 전 수소가 누출되도록 설계되는데, safety factor가 보통 3:1 수준이므로 폭발 압력은 1,500 기압이다. 압축 기체 상태에서 수소를 대규모로 저장하려면 지하에 있는 다공성 암석층, 동굴 또는 오래된 광산, 지하수 대수층aquifer, 채굴이 끝난 천연가스 층과 같은 구조에 수소를 저장할 수 있다. 아직까지 수소의 지하 저장에 대한 경험은 거의 없지만 비슷한 누출 특성을 가진 헬륨helium의 지하 저장 시설에 근거하여 그림 4에는 많은 양의 수소 기체를 지하수 대수층에 저장하는 방법을 나타내었다.

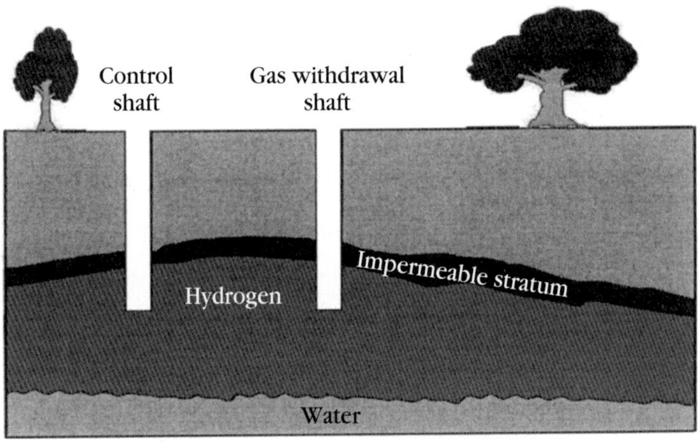

그림 4_ 지하수 대수층에 수소 기체의 저장

미국 Texas주 Amarillo에 있는 지하 저장 시설에는 8.5 × $10^8 m^3$의 헬륨이 저장되는데, 표준 온도와 압력 조건에서 같은 양의 수소는 10,000TJ의 에너지에 해당하는 양이다.

저온 액체cryogenic liquid로 저장

수소는 1898년 처음 액화되었지만 많은 양의 액체 수소를 생산하고 저장하는 기술은 최근 미국 우주항공국(NASA)에 의해서 개발되었다. 세계에서 가장 큰 액체 수소 저장 시설은 미국 Florida주 Cape Canaveral에 있는 3,375m^3 용량을 가진 것인데, 액체 수소가 71kg/m^{3}의 밀도를 가지므로 34TJ의 에너지에 해당하는 240,000kg의 액체 수소를 저장할 수 있다. 액체 수소를 비행기 연료로 사용하는 것에 대한 연구가 미국의 Lockheed 사에서 수행되었는데, 음속의 2.7 배에 해당하는 속도에서 234명의 승객을 7,800km까지 운반하는 비행기에 대하여 액체 수소를 연료로 사용할 경우 169톤의 총 무게 가운데 22톤이 연료인 반면, 항공유jet fuel를 연료로 사용하는 경우 232톤의 총 무게 가운데 72톤을 연료가 차지한다. 그러나 액체 수소 연료를 사용하는 상용commercial 비행기가 가까운 미래에 실용화되기는 어렵다.

화학 물질chemical compound에 저장

수소 저장에 있어서 주된 문제점은 수소의 낮은 밀도인데, 수소를 다른 물질과 결합시킴으로써 packing density를 상당히 증가시킬 수 있다. 그러므로 화학 물질에 의한 수소의 저장과 회수는 수소 성분이 풍부한hydrogen-rich 화합물을 합성한 후 그것을 분해시키는 것을 이용한다. 예를 들어, 암모니아(NH_3)와 하이드라진(N_2H_4)은 각각 113kg(H_2)/m^{3}과 126kg(H_2)/m^{3}의 수소 packing density를 가지는데, 이 값들은 액체 수소의 밀도 71kg(H_2)/m^{3}보다 훨씬 크다. 실용적인 수소 저장 화합물의 요구조건은 높은 저장 용량, 낮은 반응열, 우수한 가역성, 빠른 반응 속도, 우수한 분리 능력, 낮은 부식성이다.

고체 상태로 저장하는 방법solid-state methods

수소를 고체 상태로 저장하는 것은 기체 또는 액체 상태로 저장하는 것보다 더 안전하고 효율적인 잠재력을 가지고 있는데, 수소를 저장한 상태에서 이동하는on-board storage 자동차의 경우 특히 중요한 설계 요소가 된다. 현재 연구되고 있는 고체 상태의 수소 저장 기술은 탄소 나노튜브carbon nanotubes에 의한 흡착,

microspheres를 가진 유리 내부에 저장, 금속과 수소 사이의 화학적 반응에 의한 금속 수소화물metal hydrides의 형성 등을 포함한다.

수소 분자는 약한 Van der Waals 힘에 의해서 탄소 표면에 흡착되어 저장되므로, 저장된 수소를 회수하는데 필요한 에너지가 작다. 압력을 증가시키고 온도를 낮추면 탄소의 흡착 능력이 증가하는데, 활성 탄소activated carbon의 경우 20 내지 40기압과 액체 질소 온도에서 무게 기준으로 5 내지 6%의 수소 저장이 가능하며 이 값은 우수한 금속 수소화물의 수소 저장 능력과 거의 동일한 값이다. 그러나 높은 압력과 낮은 온도의 제약 조건 때문에 실제로 수소 저장에 사용되기에는 큰 한계가 있다. 탄소 나노튜브는 훨씬 더 효과적으로 수소를 흡착시키는데, 120K와 0.4기압 조건에서 단일 벽을 가진 탄소 나노튜브에 의해서 무게 기준으로 최대 10%의 수소 저장이 가능하다고 보고되었다. 또한 청어 가시herringbone 모양의 구조를 가진 흑연 나노섬유에 의해서 실온room temperature과 120기압 조건에서 무게 기준으로 67%의 수소 저장이 보고된 바 있다. 이러한 것들이 낮은 온도 또는 높은 압력을 필요로 하는 반면, 리튬을 섞은 탄소 나노튜브에 의해서 200 내지 400℃와 1기압 조건에서 20%의 수소가 저장된다고 보고되기도 하였다.

유리 microspheres에 의한 수소 저장은 유리의 수소 투과성이 온도에 따라서 변화하는 것을 이용하여 microspheres에 수소를 채워 가둬 두는 것이다.

금속 수소화물은 낮은 온도와 압력 조건에서 수소의 가역적인 저장과 방출 능력을 가지고 있는데, FCV에 응용시키는데 가장 적합한 압력-온도 조업 조건은 1 내지 10기압과 25 내지 120℃ 범위에 있다. 이것은 연료 전지의 폐열waste heat을 사용하여 금속 수소화물로부터 수소를 방출하는 것에 기초하고 있다. (현재는 폐열의 온도가 80℃보다 낮지만 높은 온도에서 작동하는 멤브레인이 개발되면 폐열의 온도가 증가할 가능성이 있다.) $NaAlH_4$ 와 같은 복합 금속 수소화물은 위에서 언급된 압력-온도 범위에서 높은 수소 저장 용량을 가지고 있다. Sodium alanate에 티타늄Ti 물질이 첨가되면 다음과 같은 2 단계 치환 반응에 의해서 가역적으로 수소의 저장과 방출이 진행된다.

$$NaAlH_4 \leftrightarrow (1/3)Na_3AlH_6 + (2/3)Al + H_2 \qquad (23)$$

$$Na_3AlH_6 \leftrightarrow 3NaH + Al + (3/2)H_2 \qquad (24)$$

1기압의 압력 조건에서 첫 번째 반응은 33℃ 이상의 온도에서 열역학적으로 유리하며 무게 기준으로 3.7%의 수소가 방출될 수 있고, 두 번째 반응은 110℃ 이상의 온도에서 일어나는데 1.8%의 수소가 방출될 수 있다. 금속 수소화물이 저장할 수 있는 수소의 양 보다 방출할 수 있는 수소의 양이 그 물질의 수소 저장 용량을 결정하는 핵심 인자이다. $NaAlH_4$의 최대 수소 저장 용량 5.5wt%는 2010년 미국 에너지성 목표인 6wt%에 미치지 못한다. 리튬 아미드lithium amide 계열의 복합 금속 수소화물도 개발 중인데, 다음과 같은 가역적 치환 반응이 285℃, 1기압의 조건에서 일어난다.

$$Li_2NH + H_2 \leftrightarrow LiNH_2 + LiH \qquad (25)$$

이 반응을 통해서 6.5wt%의 수소가 가역적으로 저장될 수 있으며 최대 10wt%까지도 가능하지만, 현재의 반응 온도는 자동차의 조업 범위 바깥이다. 리튬을 마그네슘Mg으로 치환하고 압력을 증가시키면 반응 온도를 220℃로 낮출 수 있다. 이러한 시스템에 대하여 계속 연구함으로써 조업 조건과 수소 저장 용량의 추가적인 개선이 가능할 것이다.

|참고 문헌|

[1] U. S. Department of Energy, Hydrogen, Fuel Cells and Infrastructure Technologies Program Homepage, 2006.

[2] A. V. da Rosa, Fundamentals of Renewable Energy Processes, Elsevier Academic Press, Burlington, Massachusetts, 2005.

연료 전지|Fuel Cell

1 2 3 4 5 6 7 8 9

8 연료 전지|Fuel Cell

1. 서론

화학적 에너지chemical energy를 전기electricity로 직접 변환하는 장치를 전기화학적 전지electrochemical cells라고 부르는데, 화학적 에너지가 중간 과정에서 열heat로 바뀌지 않으므로 Carnot 효율에 의한 제약을 받지 않는다. 손전등 배터리battery, 자동차 배터리, 연료 전지fuel cells가 전기화학적 전지의 예例이다. 한번 방전되고 나면 보존할 가치가 없는 배터리를 소모성 배터리, 또는 일차primary 배터리라고 부른다. 방전되고 나서 다시 사용할 수 있는 장치들은 다음과 같은 두 가지 범주에 속한다:

– 자동차 배터리처럼 충전 전류에 의해서 활성이 회복되는, 재충전이 가능한 rechargeable 장치로서 이차secondary 배터리라고 부르기도 한다.

– 연료가 계속 보충되므로 지속적인 출력output이 생산되는, 연료의 재공급이 가능한refuelable 장치로서 연료 전지가 이 범주에 해당된다.

1839년 Groves에 의해서 처음으로 'gaseous voltaic battery' 형태의 연료 전지가 발명된 이후, 미국 항공우주국에 의해서 연료 전지 연구가 부활되었다. Gemini와 Apollo 우주선, 그리고 우주 왕복선에 연료 전지가 사용되었다. 미래의 연료 전지 응용에 있어서 가장 중요한 것들은 자동차의 동력원, utility용 발전소, 분산형(가정용 포함) 동력 공급, 휴대 전화와 소형 전자 기기 용 동력원 등이다.

2. 전기화학적 전지

전기화학적 전지의 목적은 유용한 일을 할 수 있는 외부 회로external circuit 내부에 전자의 흐름을 공급하는 것이므로 이러한 목적을 충족시키려면 전기화학적 전지가 전자들의 source와 sink로 이루어져야 한다. 전자를 방출하는 반응이 산화이고 전자를 포획하는 반응이 환원이므로 전기화학적 전지에서 일어나는 반응들을 환원-산화redox 반응이라 부른다. 이 전지에서는 전체적인 반응full reaction이 물리적으로 분리되어있는 장치의 영역들에서 일어나는 두 개의 반쪽-반응half-reactions으로 분류된다: 이 영역들은 이온ion은 전달하지만 전자는 전달하지 않는 전해질에 의해서 서로 연결되어 있다. 산화 반쪽 반응에 의해 방출된 전자는 외부 회로를 경유하여 환원 반쪽 반응이 일어나는 쪽으로 이동할 수 있는데, 이것에 의해서 이 전지의 목적인 외부 전류가 발생한다. 이 외부 전류의 전통적 의미에서의 방향은 환원 반응 쪽에서 산화 반응 쪽으로 흐른다: 전류가 장치의 환원 반응 쪽을 흘러나오므로 그 쪽이 전지의 양극cathode이 되고, 장치의 산화 반응 쪽을 흘러들어가므로 그 쪽이 음극anode이 된다. 그림 1에는 전기화학적 전지에서 전자의 source와 sink에 의한 구성도를 나타내었다.

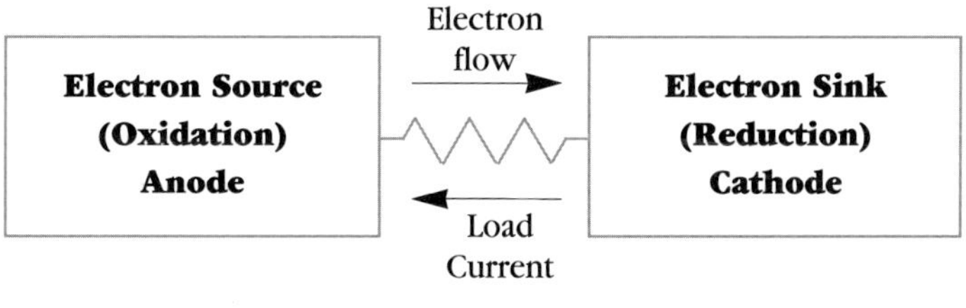

그림 1_ 전기화학적 전지에서 전자의 source와 sink

전기화학적 전지의 한 예로서 전해질 작용을 할 수 있는 멤브레인을 생각해 보기로 하자. 이 멤브레인의 한 쪽을 수소 기체와 접촉시키면 실온의 조건에서 소량의 수소가 해리되어 생성되는 수소 원자의 일부가 전자를 방출하면서 산화된다.

$$H_2 \rightarrow 2H \quad (1)$$

$$H \rightarrow H^+ + e^- \quad (2)$$

멤브레인이 전자를 전달하지 않으므로 전자들은 멤브레인 표면에 남게 되는 반면 이온들은 멤브레인을 통해서 확산되어 반대쪽에 다다르게 된다. 이온들이 양의 전하positive charge를 운반하므로 양이온들이 도달한 쪽은 양positive이 되고, 잉여 전자들이 남아있는 수소 쪽은 음negative이 된다. 결과적으로 형성되는 전장electric field에 의해서 이온들의 일부가 수소 쪽으로 되돌아 오므로drift back, 이온들의 확산과 되돌아 오는 플럭스flux가 같아지면 동적인 평형dynamic equilibrium이 생긴다. 그런 다음, 멤브레인의 양 쪽에 전도성 분말을 뿌려서 두 개의 다공성 전자-전도층, 즉, 두 개의 전극을 만든다. 이 전극들이 부하 저항 R_L을 통하여 서로 연결되면 이온들은 이 외부 연결을 통해서 흐르지 못하지만 전자들은 흐를 수 있게 된다: 전자들이 수소 쪽에서부터 반대 쪽으로 흘러 이동함에 따라서 그림 2에 나타낸 것처럼 전기 회로가 형성된다. 수소 전극에서 일어나는 반응은 다음과 같이 나타낼 수 있다.

$$2H_2 \rightarrow 4H^+ + 4e^- \text{ (음극 반응)} \quad (3)$$

이러한 그림은 열역학 제 1 법칙에 모순되는데, 부하에서 I^2R_L 만큼의 열이 생성되는 한편 양극에서는 유입되는 전자들이 멤브레인을 통해서 확산된 H^+와 결합하여 수소 원자를 다시 생성하고 결국 '연료'로 사용되는 수소 기체를 다시 생산함으로써 연료를 사용하지 않고 열을 생성하는 결과가 되기 때문이다. 외부 회로는 전자들이 흐르는 길path을 만들지만 전류가 순환되도록 하지는 못하므로, 양극 쪽의 열역학적 포텐셜potential을 낮추는 것이 필요하다. 이러한 것은 양극 쪽에 산소 기체를 도입하여 전자 및 H^+와 결합시킴으로써 물을 생성시키면 쉽게 가능해진다:

$$4e^- + 4H^+ + O_2 \rightarrow 2H_2O \text{ (양극 반응)} \quad (4)$$

이 반응은 에너지를 방출하는데, 수소를 연소시키는 경우에서처럼 열의 형태가 아니라 주로 전기의 형태로 된 에너지를 방출하며 이 에너지가 바로 연료 전지의 동력이다.

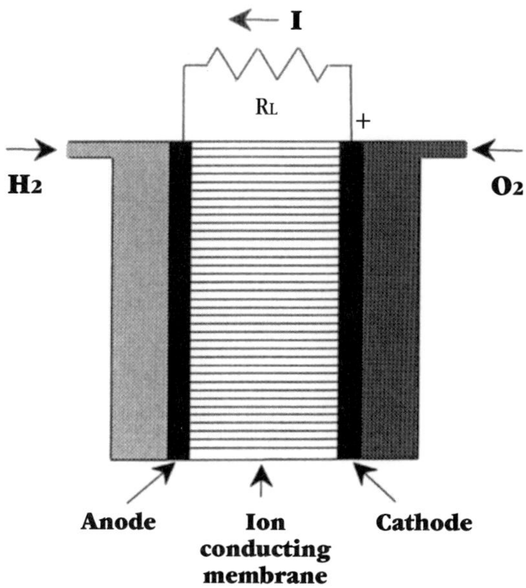

그림 2_ 전기화학적 전지의 구성도

표준 온도와 압력 조건에서 음극에서의 수소 해리 정도degree가 작지만 온도를 증가시키거나 촉매의 작용에 의해서 수소 해리 정도를 증가시킬 수 있다. 총괄적인 전지 반응은 다음과 같이 나타낼 수 있다.

$$2H_2(g) + O_2(g) \rightarrow 2H_2O\ (g) \tag{5}$$

3. 연료 전지의 분류

연료 전지는 흔히 아래의 표 1에서와 같이 두문자어頭文字語를 사용하여 구별하는 수가 많다.

〈표 1〉 여러 형태의 연료 전지

AFC(Alkaline Fuel Cell)	알칼리 연료 전지
DMFC(Direct Methanol Fuel Cell)	직접 메탄올 연료 전지
MCFC(Molten Carbonate Fuel Cell)	용융 탄산염 연료 전지
PAFC(Phosphoric Acid Fuel Cell)	인산형 연료 전지
PEMFC(Polymer-Electrolyte Membrane Fuel Cell)	고분자-전해질 멤브레인 연료 전지
SAFC(Solid Acid Fuel Cell)	고체 산 연료 전지
SOFC(Solid Oxide Fuel Cell)	고체 산화물(세라믹) 연료 전지
SPFC(Solid Polymer Electrolyte Fuel Cell)	고체 고분자 전해질 연료 전지 (PEMFC의 다른 이름)

3.1 작동 온도에 따른 분류

연료 전지에 의해 생산될 수 있는 최대 전류 밀도는 온도가 증가함에 따라서 빠르게 상승하는데, 연료 전지에서 일어나는 화학 반응의 속도가 빨라지기 때문이다. 그 반면, 작동 온도가 높으면 전해질 또는 연료 전지 내부의 다른 물질에 좋지 못한 영향을 미쳐서 연료 전지의 수명을 단축시키는 경향이 있다. 그림 3에는 여러 연료 전지들의 작동 온도 범위를 나타내었다.

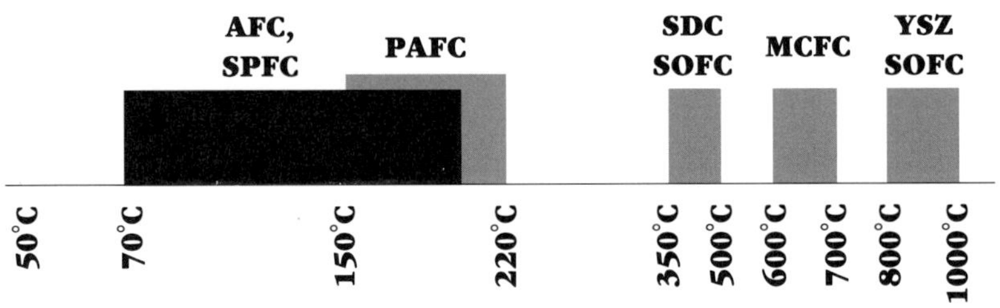

그림 3_ 여러 연료 전지들의 작동 온도 범위
(SDC = samaria-doped ceria, YSZ = yttria-stabilized zirconia)

연속적으로 운전하는 대규모의 연료 전지 발전소는 작동 온도가 높을수록 혜택이 있다: 반응 속도 측면에서 유리하며, 촉매가 필요 없거나, 촉매의 사용이 필요하더라도 일산화탄소의 피독에 영향을 받지 않으며, 배출 기체exhaust gas가 열 병합 발전cogeneration에 사용될 수 있으므로 전체적인 효율이 증가한다. 연료 전지 발전소의 조업 온도가 다소 낮으면 일반적 용도로 사용되는 온수hot water를 생산할 수 있으므로 지역 또는 가정용 발전의 경우에 있어서 장점이 있다. 자동차에서처럼 단속적으로 동력을 생산해야 하는 경우, 짧은 시간에 시동을 걸 수 있게끔 낮은 온도에서 작동하는 연료 전지를 사용하여야 한다. 그러나 낮은 온도에서 조업하면 일산화탄소의 피독 가능성이 커지고 촉매 필요량이 많아지며 복잡한 냉각 시스템이 필요하게 되는 단점이 있다. 현재 100℃보다 약간 낮은 온도에서 작동하는 PEMFC의 경우 최적 성능을 발휘하기에는 온도가 너무 낮으며, SOFC는 자동차에 사용하기에는 온도가 너무 높다. 실제로 PEMFC의 낮은 작동 온도에서는 촉매 반응과 일산화탄소 피독에 대한 민감성이 중요하고 SOFC의 높은 작동 온도에서는 위에서 언급된 높은 온도의 장점들이 나중에 소개될 수많은 단점들에 의해서 상쇄된다. 이러한 이유 때문에 PEMFC의 연구는 200℃에서 작동할 수 있는 polybenzimidazole 멤브레인과 같은 고온 플라스틱의 개발이 중요하고, SOFC의 연구는 samarium-doped ceria(SDC)와 doped lanthanum gallate 같은 저온 세라믹의 개발이 중요하다.

3.2 전해질 상태에 따른 분류

대부분의 초기 연료 전지들은 액체 전해질을 사용하였는데 누출될 수 있거나 부식성이 있거나 액체 수위와 농도의 조절이 필요하였다. 오늘날의 연료 전지들은 높은 온도에서는 세라믹 전해질을 사용하고 낮은 온도에서는 플라스틱 전해질을 사용한다.

3.3 연료의 형태에 따른 분류

연료 전지에서 사용되는 가장 간단한 연료는 수소이다. 그러나 이 기체는 저장하기 어렵기 때문에, 특히 자동차 용도로서 수소가 필요할 때 마다 수소를 추출할 수 있는, 수소를 쉽게 저장할 수 있는 물질들을 사용하기 위한 노력이 이루어지고 있다. 수소 추출 과정은 탄소를 함유하는 원료 물질이 주로 수소와 일산화탄소로 구성된 합성가스 또는 개질 가스reformate로 전화되는 수증기 개질 반응 단계로 이루어지며, 필요할 경우 개질 가스에 함유된 일산화탄소가 여분의 수증기와 반응하여 수소와 이산화탄소로 전화되는 shift 반응 단계가 그 뒤를 잇는다. MCFC, SOFC와 같이 높은 온도에서 운전되는 연료 전지에는 일산화탄소가 연료로 사용될 수 있으므로 수소-일산화탄소 혼합물인 개질 가스가 연료 전지로 직접 공급될 수 있다.

3.4 전해질의 화학적 성질에 따른 분류

전해질은 알칼리, 산, 용융 탄산염, 또는 세라믹 물질을 사용할 수 있다. KOH와 같은 알칼리 전해질은 전기분해 장치(전기를 사용하여 연료를 생산하는 장치)에 자주 사용된다. 알칼리 물질들은 대부분의 연료 전지에서는 사용되지 않는데, 그 이유는 산화제로 사용되는 공기 중의 이산화탄소가 불용성의 탄산염carbonates를 생성하여 전해질을 못 쓰게 만들기 때문이다. 순수한 산소가 있는 특별한 경우에는 KOH 연료 전지의 효율이 증가하는데, 우주에서 사용되는 연료 전지가 바로 이 경우에 해당한다. 산 물질들은 알칼리 물질들보다 부식성이 강하지만 비교적 약한 산 물질은 연료 전지에서 좋은 성능을 가진다. 특히 인산은 이산화탄소를 견디기 때문에 많이 사용되었는데, 좋은 성능을 유지하기 위해서 150 내지 220℃의 온도에서 운전해야 하며 액체의 비등을 막기 위해서 어느 정도의 압축이 필요하다. 낮은 온도에서는 용액의 전도도가 너무 작고 높은 온도에서는 재료의 안정성에 문제가 생길 수 있다. Yttria-stabilized zirconia(YSZ)와 SDC 같은 대부분의 세라믹 전해질은 O^{-2}와 같은 음이온negative ion을 전달하는 전도체이다. 그러나 최근에는 양이온positive ion 전도체들도 연구되고 있다. 고체 고분자 물질들은 일반적으로 양성자 전도체, 즉, 산 물질로 작용한다. 그러나 세라믹 전해질의 경우에서와 같이 양이온 전도체들도 연구되고 있다.

4. 연료 전지 반응

연료 전지의 화학 반응은 연료의 형태와 전해질의 성질에 따라서 결정된다. 가장 흔히 일어나는 반응의 조합들을 아래에 수록하였으며, 그림 4에 나타내었다.

4.1 알칼리 전해질

일반적으로 KOH와 같은 알칼리 전해질을 사용하는 수소-산소 연료 전지들은 전류를 운반하는 이온으로서 OH^-를 사용한다. OH^- 이온에 산소 원자가 함유되어 있으므로 음극에서 물이 생성된다. 전해질 속의 KOH는 다음과 같이 해리된다:

$$KOH \leftrightarrow K^+ + OH^- \tag{6}$$

수소가 음극에서 OH-와 결합하여 물을 생성하면서 외부 부하를 통해서 순환되는 전자들을 방출하므로

$$2H_2 + 4OH^- \rightarrow 4H_2O + 4e^- \tag{7}$$

양극에서는 전자들이 OH-을 재생산하므로

$$4e^- + O_2 + 2H_2O \rightarrow 4OH^- \tag{8}$$

KOH는 물론 소모되지 않으며, 총괄 반응은 아래와 같다.

$$2H_2 + O_2 \rightarrow 2H_2O \tag{9}$$

4.2 산 전해질

산 전해질이 사용되면 H^+이 생성된다. 이 양성자 이온은 SPFC에서와 같이 수소의 이온화 또는 전해질 속의 산 물질의 해리에 의해서 생성된다. 인산 전해질의 경우,

$$H_3PO_4 \leftrightarrow 3H^+ + PO_4^{-3} \tag{10}$$

H^+이 어떤 경로에 의해서 생성되든지 간에 H^+은 음극 반응에 의해서 보충 된다.

$$2H_2 \rightarrow 4H^+ + 4e^- \tag{11}$$

양극에서 산소의 존재 하에 H^+가 부하를 통해서 순환하는 전자들에 의해서 환

원되어 물을 생성 한다.

$$4H^+ + 4e^- + O_2 \rightarrow 2H_2O \quad (12)$$

총괄 반응은 알칼리 전해질의 경우와 동일하며, 양극에서 물이 생성되고 H_3O^+이 활성 이온이다.

4.3 용융 탄산염 전해질

용융 탄산염 전해질은 탄소 산화물들carbon oxides의 영향을 받지 않는다. 이 전해질들이 비교적 높은 온도에서 작동하므로 반응 속도가 더 유리하다.

수소를 연료로 사용할 경우 일어나는 반응들은

$$H_2 + CO_3^{-2} \rightarrow H_2O + CO_2 + 2e^- \quad (13)$$

$$(1/2)O_2 + CO_2 + 2e- \rightarrow CO_3^{-2} \quad (14)$$

일산화탄소를 연료로 사용할 경우 음극 반응은 다음과 같으며

$$CO + CO_3^{-2} \rightarrow 2CO_2 + 2e^- \quad (15)$$

양극 반응은 수소의 경우와 동일하다.

4.4 세라믹 전해질

세라믹 전해질은 보통 음이온들을 전도한다. 양극에서는 산소가 부하 전류를 구성하는 전자들을 포획하여 이온화 된다.

$$O_2 + 4e^- \rightarrow 2O^{-2} \quad (16)$$

음극에서는 전해질을 통해서 이동한 O^{-2}와 연료가 결합하여 전자들을 방출한다.

수소를 연료로 사용할 경우,

$$2H_2 + 2O^{-2} \rightarrow 2H_2O + 4e^- \quad (17)$$

일산화탄소를 연료로 사용할 경우,

$$2CO + 2O^{-2} \rightarrow 2CO_2 + 4e^- \quad (18)$$

4.5 메탄올 연료 전지

음극 반응은

$$CH_3OH + H_2O \rightarrow CO_2 + 6H^+ + 6e^- \quad (19)$$

양극 반응은

$$6H^+ + 6e^- + (3/2)O_2 \rightarrow 3H_2O \quad (20)$$

총괄 반응은 다음과 같다.

$$CH_3OH + (3/2)O_2 \rightarrow CO_2 + 2H_2O \quad (21)$$

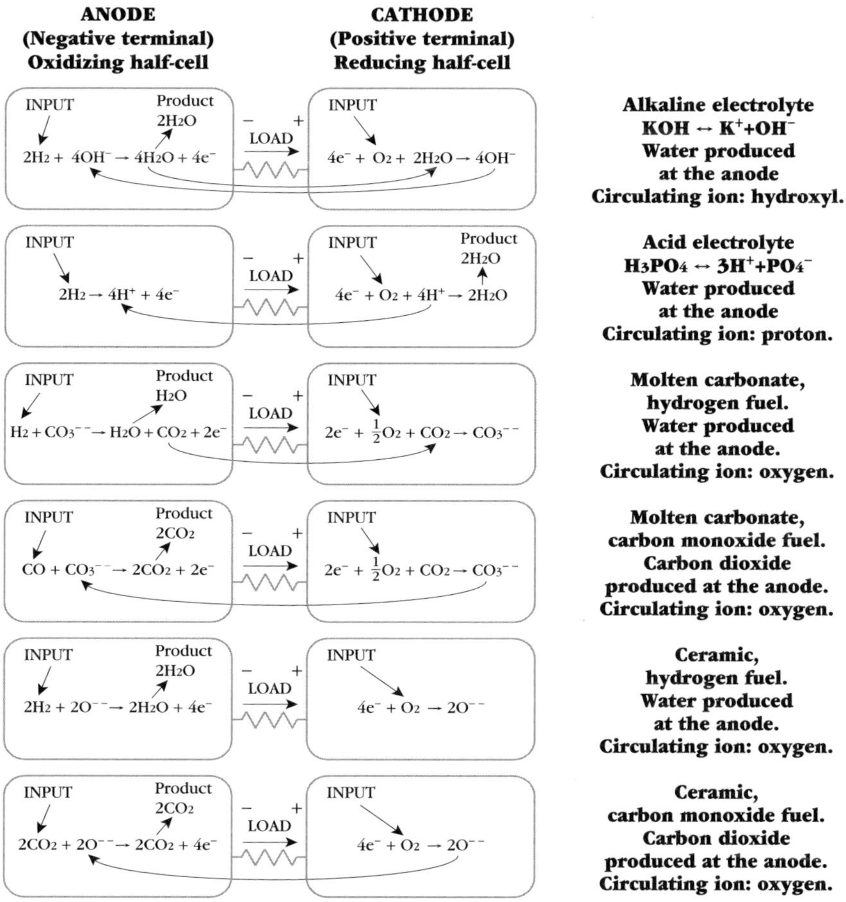

그림 4_ 연료 전지 반응들의 예 (참고문헌 [1])

5. 전형적인 연료 전지들의 작동 원리

연료 전지의 전해질은 연료 전지에서 일어나는 화학 반응과 필요한 촉매의 종류, 연료 전지의 작동 온도 범위, 필요한 연료 등을 결정하며, 이러한 특성들에 의해서 연료 전지의 가장 적합한 응용 사례가 결정된다.

5.1 알칼리 연료 전지AFC

알칼리 연료 전지는 초창기에 개발된 연료 전지 기술들 가운데 하나로서, 미국의 우주 개발 프로그램에서 우주선의 전기 에너지와 물을 생산하기 위해서 광범위하게 사용된 첫 번째 형태의 연료 전지이다. 이 연료 전지에는 KOH 수용액이 전해질로 사용되며 다양하고도 값비싸지 않은 금속들이 음극과 양극에서 촉매로 사용된다. 높은 온도에서 조업하는 알칼리 연료 전지는 보통 100 내지 250℃에서 작동하지만, 최근 개발된 알칼리 연료 전지는 그 보다 낮은 온도인 23 내지 70℃에서 작동하도록 설계되었다. 알칼리 연료 전지는 빠른 반응 속도 때문에 성능이 우수하며 우주선에서 사용될 때 거의 60%에 가까운 효율을 기록하였다. 이 연료 전지의 단점은 이산화탄소에 의해서 쉽게 피독되는 것인데, 공기 중 소량의 이산화탄소에 의해서도 조업이 영향을 받으므로 연료 전지에 사용되는 수소와 산소를 정제하여야 한다. 이러한 정제 과정과 피독 위험으로 인한 연료 전지 수명의 단축 가능성 때문에 알칼리 연료 전지는 상대적으로 고비용이지만, 우주 또는 바다 속과 같이 멀리 떨어져 있는 지역에서 사용될 경우 비용은 그리 큰 문제가 아닐 수도 있다. 그러나 대부분의 상업적 발전 시장에서 경쟁하기 위해서는 알칼리 연료 전지는 비용 차원에서 더 효과적이어야 한다. 알칼리 연료 전지의 stack은 8,000시간 이상 동안 안정적인 조업 상태를 유지할 수 있는데, 대규모의 전력 생산에 있어서 경쟁력을 갖추기 위해서는 40,000시간 이상의 가동 시간을 필요로 한다. 이 수준은 재료의 내구성 문제 때문에 아직 달성되지 못했는데, 알칼리 연료 전지 기술의 상업화에 있어서 가장 심각한 장애 요소이다. 그림 5는 알칼리 연료 전지의 작동 원리를 나타내는 구성도이다.

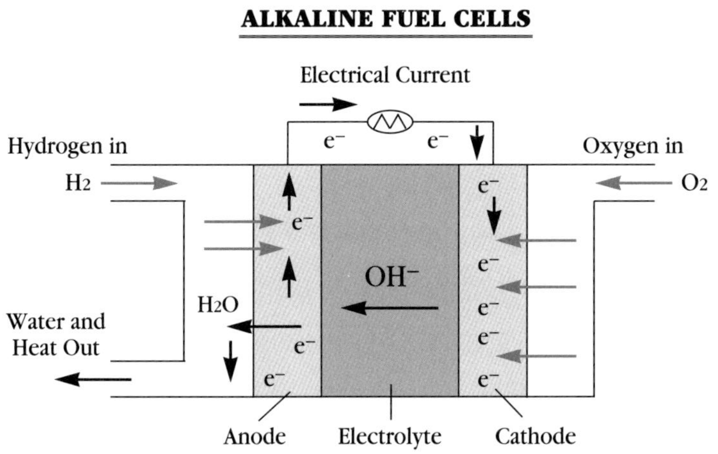

그림 5_ 알칼리 연료 전지의 작동 원리 구성도 (참고문헌 [2])

5.2 인산형 연료 전지PAFC

인산형 연료 전지는 테플론Teflon으로 접합된 실리콘 카바이드 매트릭스silicon carbide matrix 속에 담겨진 액체 상태의 인산을 전해질로 사용하며 다공성의 탄소 전극들에는 백금platinum 촉매 물질이 포함되어 있는데, 그 작동 원리를 그림 6에 나타내었다. 인산형 연료 전지는 현대적인 연료 전지의 '첫 번째 세대first generation' 로 여겨지는데, 기술적으로 가장 성숙되고 상업적으로 맨 처음 사용된 형태의 연료 전지로서 현재 미국에서만 200기unit 이상이 운전되고 있다. 이 연료 전지의 첫 번째 상업적 규모의 운전은 1983년 일본의 Tokyo Electric Power Company가 운전을 시작한 4.5MW급 장치이다. 지금 이 회사는 Toshiba가 International Fuel Cell Company(IFC Co.)의 전지들을 사용하여 제작한 11MW급 PAFC 시설을 운전 중이다. IFC Co.의 자회사인 ONSI가 PC25로 알려진 200kW급 분산형 PAFC 발전 장치를 제작하였는데, 1991년에서부터 2001년 사이에 전세계에서 220기 이상이 팔렸다. PC25로부터 열과 37% 연료 효율의 전기가 생산되었는데, 열 공급은 260kW의 60℃ 온수 또는 130kW의 온수와 또 다른 130kW의 120℃ 열의 합으로 이루어졌다.

PC25의 연료로 천연 가스 또는 혐기성 소화 장치anaerobic digester에서 생산된 바이오가스가 사용되었다. 이러한 형태의 연료 전지는 보통 고정된 발전 시설용 stationary power generation으로 사용되는데, 어떤 경우에는 시내 버스와 같이 큰 차량들의 동력 공급을 목적으로 사용되기도 한다.

인산형 연료 전지는 다음에 소개될 고분자-전해질 멤브레인 연료 전지PEMFC에 비해서 (수소로 개질된) 화석 연료에 포함된 불순물에 대해서 더 잘 견딜 수 있다. 수소 속에 포함된 일산화탄소는 PAFC와 PEMFC의 음극에 있는 백금 촉매와 결합하여 연료 전지의 효율을 떨어 뜨리는데, PAFC의 경우 175℃와 190℃에서의 일산화탄소 농도 허용치가 각각 1%와 2%인 반면, 더 낮은 온도인 80℃에서 운전하는 PEMFC의 경우 일산화탄소 농도가 10ppm 이하가 되어야 한다. 인산형 연료 전지는 전기와 열의 병합 발전에 사용되면 85% 효율을 가지지만, 전기 만을 생산할 경우에는 37 내지 42% 효율을 나타낸다. 이 값들은 보통 33 내지 35% 효율로 운전되는 화력 발전소에 비해서 그저 조금 더 효율적일 뿐이다. 인산형 연료 전지는 중량과 부피 기준에서 다른 형태의 연료 전지들 보다 발전 용량이 작고 값비싼 백금 촉매가 필요하므로, 일반적으로 크고 무거우며 비싸다. 전형적인 인산형 연료 전지는 kW 당 4,000 내지 4,500$의 비용이 소요된다.

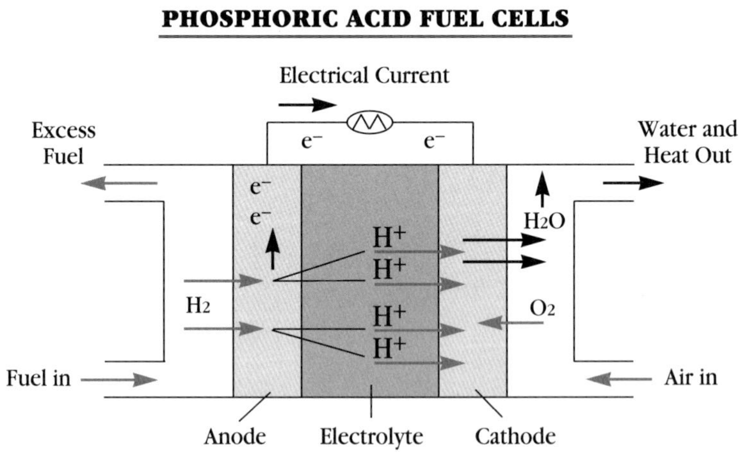

그림 6_ 인산형 연료 전지의 작동 원리 구성도 (참고문헌 [2])

5.3 고분자-전해질 멤브레인 연료 전지PEMFC

양성자-교환 멤브레인 연료 전지라고도 부르는 고분자-전해질 멤브레인 연료 전지는 개념상 가장 간단한 연료 전지로서 다른 형태의 연료 전지들에 비해서 중량과 부피가 작고 동력 밀도가 큰 장점이 있다. 이 연료 전지는 이온-전도성 고분자 물질로 만든 고체 멤브레인을 전해질로 사용하며 백금 촉매를 함유하는 다공성 탄소 전극들로 구성된다. 전도되는 이온은 양이온일 경우 보통 양성자이고 음이온일 경우 보통 하이드록실 이온OH^- 인데, 대부분의 멤브레인이 양성자-교환 형태이지만 음이온-교환 형태의 멤브레인도 이산화탄소 fouling에 대한 영향이 없고 덜 비싼 촉매를 사용할 수 있는 가능성 때문에 많이 검토되고 있다. 이 멤브레인은 충분히 얇고(보통 50 내지 180μm) 기체 투과도가 작으며 상당한 크기의 압력차를 견딜 수 있을 만큼 강도가 있어야 한다. 사용되는 대다수의 멤브레인들은 테플론Teflon 같은 backbone에 술폰산 그룹(SO_3 group)을 가진 side chain들이 달린 형태의 화합물이다. PEMFC는 인산형 연료 전지 또는 아래에 소개될 용융 탄산염 연료 전지처럼 부식성 전해질을 사용하지 않으며 물과 공기로부터 수소와 산소 만을 필요로 하는데, 수소는 저장 용기 또는 연료 전지에 탑재된 개질기로부터 공급된다. Ballard Power Systems와 Daimler Benz의 협력에 의해서 빠른 속도로 개발된 이 연료 전지 기술은 자동차용 동력 공급에 최적일 뿐 만 아니라 고정된stationary 발전 시설용으로도 다른 연료 전지 기술들과 경쟁 중이다. PEMFC의 중량 기준 동력 밀도는 0.7kW/kg 이상으로서 항공기 엔진 수준에 근접하므로 벌써 자동차에 응용하기에 충분한 범위 안에 들어와 있으며, 앞으로 더 개선해야 할 부분은 비용 대비 동력 밀도power-to-cost ratio 이다.

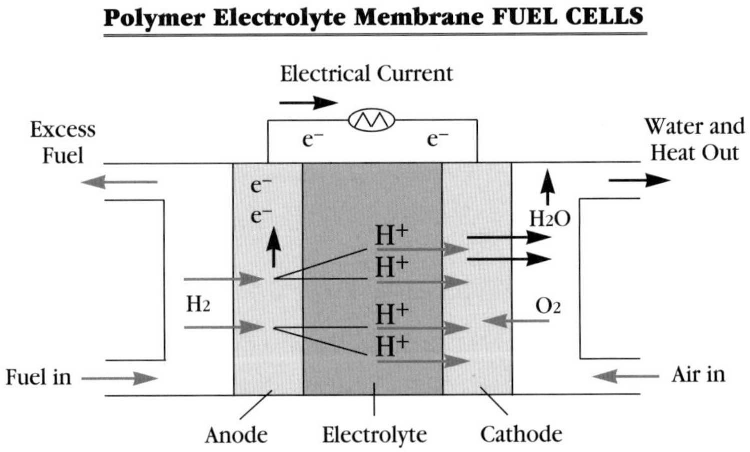

그림 7_ 고분자–전해질 멤브레인 연료 전지의 작동 원리 구성도 (참고문헌 [2])

고분자–전해질 멤브레인 연료 전지는 80℃ 부근의 비교적 낮은 온도에서 작동되므로 시동이 빠르게 걸리고 부품들의 마모가 작으며 내구성이 뛰어나다. 그러나 이 연료 전지는 수소의 전자와 양성자를 분리하기 위해서 보통 백금과 같은 귀금속 촉매의 사용을 필요로 하므로 비용 증가의 요인이 된다. 또한 백금 촉매는 일산화탄소에 의한 피독에 매우 민감하므로 알콜 또는 탄화수소 연료로부터 생산된 수소의 경우 연료 가스 속의 일산화탄소를 감소시키기 위한 추가적인 반응장치 또는 palladium 필터의 사용이 필요하여 비용 증가의 또 다른 요인이 된다. 이와 같은 문제점을 해결하기 위하여 일산화탄소에 대한 내성耐性이 더 강한 백금/루테늄 합금을 음극 촉매로 사용하거나 수소 연료에 소량의 산소를 주입하여 일산화탄소와 선택적으로 결합시키는 방안이 모색되고 있다. PEMFC의 연료에서 해로운 불순물로서는 일산화탄소 뿐 만 아니라 황 화합물(예를 들어 H_2S)과 암모니아를 들 수 있다. 값싼 전해질과 값싼 촉매의 개발은 PEMFC 기술의 성숙도 향상에 필수적인데, Daimler Benz에 의하면 궁극적으로 자동차용 PEMFC에 의해 생산되는 1kW 당 20 내지 30$의 비용이 소요될 것으로 예측된다.

고분자–전해질 멤브레인 연료 전지는 주로 운송용transportation 발전 장치와 일부의 고정된stationary 발전 시설에 사용되고 있다. 이 연료 전지는 시동에 소요되는 시간이 짧고, 장소에 대한 민감성이 적고, 중량에 비해서 높은 출력을 가지므로 승용차나 버스에 사용하기 적합하다. 이러한 연료 전지를 자동차에 사용하는 것에 대한 심각한 장애 요인은 수소의 저장 용량이다. 순수한 수소를 연료로 사용하는 대부분의 연료 전지 자동차에서는 압축된 수소 기체를 자동차에 탑재된 압축 용기에 저장하여야 한다. 수소의 낮은 에너지 밀도 때문에 연료를 재충전하기 전에 수소-연료 자동차가 가솔린-연료 자동차와 동등한 거리(보통 300 내지 400 마일)를 여행할 수 있을 만큼 충분한 수소를 탑재하기는 어렵다. 더 높은 에너지 밀도를 가진 액체 연료들(예를 들어 메탄올, 에탄올, 천연가스, 액화 석유 가스, 가솔린)이 연료로 사용될 수 있지만 액체 연료를 수소로 개질하기 위한 연료 처리장치를 자동차에 탑재하여야 하며, 이러한 제약 조건이 비용 상승과 잦은 정비의 원인이 된다.

5.4 용융 탄산염 연료 전지MCFC

용융 탄산염 연료 전지는 전력 생산과 산업 및 군수용 동력 공급을 위해서 천연가스와 석탄을 연료로 사용하는 화력 발전소를 교체하기 위한 대상으로 개발되고 있다. 이 연료 전지는 다공성 세라믹 리튬 알루미늄 산화물$LiAlO_2$ 매트릭스 속에 분산된 리튬Li과 포타슘K의 용융 탄산염 혼합물로 구성된 전해질을 사용하는데, 650℃ 이상의 높은 온도에서 작동하므로 값비싸지 않은 금속들이 음극과 양극에서 촉매로 사용될 수 있어서 비용을 절감할 수 있다. 또한 60%에 근접하는 효율을 가지므로 인산형 연료 전지의 37 내지 42% 효율 보다 상당히 높으며, 폐열waste heat이 회수되어 사용되면 총괄 연료 효율은 85%에 다다른다.

용융 탄산염 연료 전지는 개선된 효율 때문에 인산형 연료 전지에 비해서 상당히 많은 비용을 절감할 수 있는데, 알칼리, 인산형, 그리고 고분자-전해질 멤브레인 연료 전지와는 달리 용융 탄산염 연료 전지는 에너지 밀도가 높은 연료를 수소로 전화시키는 외부 개질기가 필요 없다. 용융 탄산염 연료 전지의 작동 온도가 높으므로 에너지 밀도가 높은 연료들이 연료 전지 자체 내부에서 '내부 개질' 이라고 부르는 과정에 의해서 수소로 전화되므로 또 다른 비용 절감의 요인이 된다. 1996

년 Energy Research Corporation(ERC)에 의해서 정상 운전 단계에 근접한 미국의 Santa Clara에 위치한 2MW급 용융 탄산염 연료 전지는 1.93MW의 교류 전력을 계통선grid에 공급함으로써 44%의 발전 효율을 기록하였다. Santa Clara의 MCFC 발전소와 여러 다른 발전 시설의 실증 운전에서부터 축적된 경험을 바탕으로 ERC는 2004년 2MW급 MCFC 발전소의 상업화를 시작하였다.

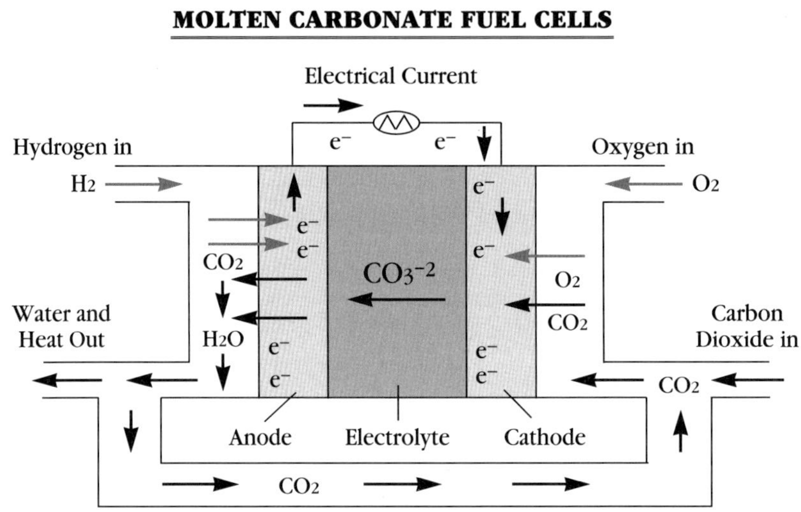

그림 8_ 용융 탄산염 연료 전지의 작동 원리 구성도 (참고문헌 [2])

용융 탄산염 연료 전지는 일산화탄소 또는 이산화탄소에 의한 피독에 대해서 강한 내성을 가지며(심지어 이러한 탄소 산화물들을 용융 탄산염 연료 전지의 연료로 사용할 수도 있다), 석탄으로부터 만들어진 기체들을 연료로 사용할 수 있어서 더욱 매력적이다. 이 연료 전지는 다른 형태의 연료 전지들 보다 불순물에 대한 내성이 더 강하므로 석탄의 내부 개질 까지도 할 수 있을 것으로 예측된다. 즉, 상대적으로 더 많이 더러운 화석 연료인 석탄을 수소로 전화하는 과정에서 생성되는 황화합물과 고체 입자들particulates과 같은 불순물에 견딜 수 있도록 만들어 질 수 있다고 생각된다. 현재의 용융 탄산염 연료 전지 기술의 주된 단점은 내구성이다. 이 연료 전지의 높은 작동 온도와 부식성이 강한 전해질은 부품의 붕괴와 부식을 촉진시켜서 연료 전지의 수명을 단축시킨다. 또한 양극이 서서히 용해되고 내부 개질에 사용되는 촉매가 탄산염에 의해 피독되는 것도 연료 전지 수명 단축의 원인이다. 부식에 견딜 수 있는 부품 재료들과 성능의 저하 없이 연료 전지의 수명을 연장시키는 용융 탄산염 연료 전지의 설계가 현재 모색되고 있다.

5.5 고체 산화물 연료 전지SOFC

고체 산화물 연료 전지는 단단한 비非다공성의 이온-전도성 세라믹 화합물을 전해질로 사용하는데, 전해질이 보통 50μm 두께의 얇은 고체이므로 다른 형태의 연료 전지처럼 판plate과 같은 형상으로 만들 필요가 없다. 고체 산화물 연료 전지는 연료를 전기로 변환시키는 데 있어서 대략 50 내지 60%의 효율을 보일 것으로 예측되는데, 연료 전지 시스템의 폐열을 회수하여 활용하는 열병합 발전의 경우에는 총괄 연료 사용 효율이 80 내지 85%를 초과할 수 있다. 이 연료 전지 기술의 핵심은 온도에 따른 이온-전도성의 변화이다. Samaria-doped ceria(SDC) 전해질은 350 내지 500℃의 비교적 낮은 온도에서도 양호한 이온-전도성을 가지지만, 보다 더 많이 사용되는 yttria-stabilized zirconia(YSZ) 전해질의 경우 800℃ 이상의 높은 온도에서 운전하여야 만족할 만한 이온-전도성을 얻을 수 있다. 음이온 대신에 양성자를 전도하는 세라믹 전해질도 개발 중 인데, $BaCeO_3$와 같은 양성자 전도체를 전해질로 사용하면 YSZ 전해질에 비해서 약 10% 높은 효율이 가능할 것으로 예측된다.

고체 산화물 연료 전지는 대략 800 내지 1,000℃ 부근의 아주 높은 온도에서 작동하므로 귀금속 촉매를 사용할 필요가 없으며 다공성 니켈로 이루어진 음극의 촉매 작용 때문에 연료의 내부 개질이 가능하다. 따라서 다양한 연료를 사용할 수 있고 연료 전지 시스템에 개질기를 추가하는 것과 관련된 비용을 줄일 수 있다. 또한 고체 산화물 연료 전지는 황 화합물에 대한 내성이 가장 강한 형태의 연료 전지인데, 다른 형태의 연료 전지에 비해서 수십 내지 수백 배 크기의 황 화합물 농도를 견딜 수 있다. 뿐 만 아니라, 이 연료 전지는 일산화탄소에 피독되지 않으므로(일산화탄소는 고체 산화물 연료 전지의 연료로 사용될 수도 있다), 석탄으로부터 만들어진 기체들을 연료로 사용할 수 있다. 그림 9에는 고체 산화물 연료 전지의 작동 원리를 나타내었다.

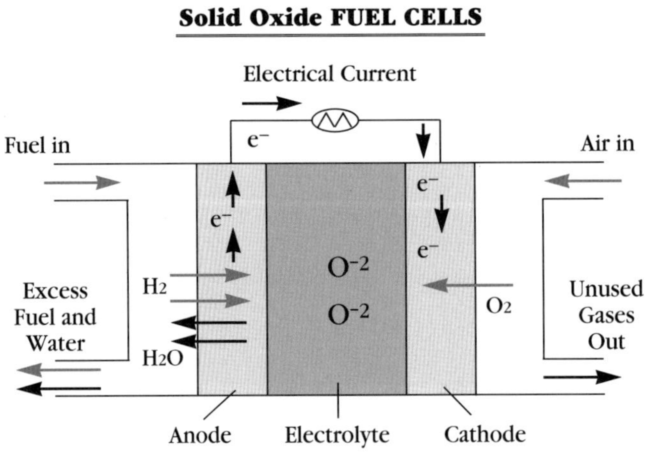

그림 9_ 고체 산화물 연료 전지의 작동 원리 구성도 (참고문헌 [2])

고체 산화물 연료 전지의 높은 운전 온도는 부품과 재료의 내구성, 즉, 연료 전지의 수명에 좋지 못한 영향을 미치는데, 높은 온도와 열 순환thermal cycling으로 인한 기계적 스트레스를 견딜 수 있도록 비싼 합금 재료를 사용해야 되는 필요성, 다공성 전극의 소결sintering로 인한 연료와 공기 투과도의 점차적 감소, 전극 물질이 전해질 속으로 확산되는 현상 등이 결정적인 단점 들이다. 또한 시동이 느리게 걸리고, 열의 보존과 운전원의 보호를 위해서 상당한 열 차폐thermal shielding가 필요하다. 따라서 이 연료 전지는 고정된stationary 발전 시설에는 적합하지만 운송용transportation 동력과 소형의 이동형portable 동력을 공급하는 발전 장치로서는 적합하지 않다. 고체 산화물 연료 전지의 동력 밀도는 실험실 수준에서 12kW/m²로서 PEMFC의 20kW/m²보다 상당히 작으며, 현재 생산 중이거나 곧 생산될 SOFC의 경우 이것 보다 더 작아서 약 3kW/m² 수준에 머물고 있다. 고체 산화물 연료 전지의 운전 온도에서 높은 내구성을 가지는 값비싸지 않은 재료를 개발하는 것이 이 연료 전지 기술이 당면한 핵심 과제이다. 800℃보다 훨씬 낮은 온도에서 작동하는 고체

산화물 연료 전지, 예를 들어 SDC 전해질을 사용하는 SOFC를 개발하여 내구성과 비용 문제를 해결하려는 노력이 현재 진행되고 있으나, 고체 산화물 연료 전지의 운전 온도가 낮아지면 전력 생산량이 감소하는 문제점을 함께 해결하여야 한다.

5.6 직접 메탄올 연료 전지DMFC

대부분의 연료 전지에 연료로 사용되는 수소는 시스템에 직접 공급되거나 메탄올, 에탄올, 탄화수소와 같이 수소가 풍부한 연료를 개질함으로써 시스템 내부에서 생산될 수 있다. 그러나 직접 메탄올 연료 전지는 순수한 메탄올을 연료로 사용하는데, 메탄올이 수증기와 혼합되어 연료 전지 음극으로 직접 공급된다. 이 연료 전지에서는 메탄올의 높은 에너지 밀도 때문에 다른 연료 전지들이 안고 있는 연료 저장 문제가 크게 문제시되지 않는다: 메탄올은 가솔린 또는 디젤 연료보다는 못하지만 수소보다 높은 에너지 밀도를 가지고 있다. 또한 메탄올은 가솔린처럼 액체이기 때문에 현재의 액체 연료 공급체계를 사용하여 일반 대중에게 운반하고 공급하기가 매우 편리하다. 직접 메탄올 연료 전지는 순수한 수소를 연료로 사용하는 연료 전지들에 비해서 상대적으로 새로운 기술이므로 연구 개발 측면에서 다른 형태의 연료 전지에 비해서 대략 3 내지 4년 늦은 상태이다.

미국 항공우주국NASA 산하에 있는 Jet Propulsion Laboratory(JPL)에서 연구 중인 직접 메탄올 연료 전지는 연료로서 3% 메탄올 수용액을 사용하고 산화제로서 공기를 사용하는데, 전지 반응들은 식 (19), (20), (21)에 나타낸 것과 같다. 이 연료 전지는 Nafion 계열의 멤브레인과 꽤 많은 양의 귀금속 촉매(1cm²당 2 내지 3mg Pt-Ru)를 사용하는 고체 고분자 연료 전지인데, Nafion과 많은 귀금속 사용량 때문에 비용이 많이 소요된다. 이 연료 전지를 90℃, 2.4 기압의 공기 압력 조건에서 운전했을 때 연료로 소모된 메탄올 1리터 당 5.0MJ의 에너지가 생산되었다. 직접 메탄올 연료 전지의 장점은 음극이 물과 직접 접촉하므로 멤브레인의 탈수 현상을 피할 수 있고 액체가 항상 흐르므로 열 제거가 간단하다는 것이다. 또한 다른 형태의 연료 전지에서 메탄올이 수소로 개질될 때 일산화탄소가 생성되는 반면, 직접 메탄올 연료 전지에서는 메탄올로부터 이산화탄소와 물이 생성되므로 공해 문제가 크게 경감된다.

그러나 이 연료 전지의 단점은 Nafion 멤브레인을 통해서 음극에서부터 양극으로 메탄올이 이동하는 것methanol crossover으로서, 이로 인하여 연료 전지의 효율이 감소하는 것이다: 양극에 도달한 메탄올은 음극에서와 동일한 반응을 일으켜서 역-전압counter-voltage을 생성함으로써 부하로 전달되는 전압을 감소시킨다. 이러한 단점을 해결하기 위해서 값싸고 새로운 물질의 멤브레인이 개발 중인데, methanol crossover 문제가 해결되면 지금보다 더 농축된 메탄올 혼합물을 연료로 사용할 수 있으므로 더 높은 효율을 얻을 수 있다. JPL에서는 직접 메탄올 연료 전지로부터 궁극적으로 40% 이상의 효율을 얻을 수 있을 것으로 예측하고 있으며, 이 연료 전지 기술을 운송용 동력 생산과 소형 전자 기기들을 위한 이동형 동력 생산에 응용하는 것을 고려하고 있다.

5.7 재생가능한regenerative 연료 전지

재생가능한 연료 전지는 다른 형태의 연료 전지와 마찬가지로 수소와 산소로부터 전기를 생산하고 열과 물을 부산물로 생성한다. 그러나 이 연료 전지 시스템은 태양 에너지 또는 다른 에너지 원에서 생산된 전기를 사용하여 여분excess의 물을 산소와 수소 연료로 분해시킬 수 있다. 이러한 기술은 상대적으로 새로운 연료 전지 기술로서 NASA의 주도하에 현재 개발되고 있다.

위에서 설명된 여러 형태의 연료 전지 기술들의 특성을 부록의 표 2에서 비교하였다.

6. 연료 전지의 응용

연료 전지 기술은 급속하게 개발되고 있으며 곧 성숙 단계에 진입할 것으로 예측되는데, 현재로서는 주로 다음과 같은 두 가지의 영역에 응용을 위한 노력이 집중되고 있다.

6.1 고정된stationary 발전 시설

여러 형태의 고정된 발전 시설에는 최대 1GW급의 대규모 용량의 중앙-동력 생산 시설과 수십 MW급의 분산-동력 생산 시설, 그리고 10 내지 100kW급의 현지on-site 전력 생산 시설이 포함된다. 이와 같은 응용 사례에 있어서 연료 전지는 전통적인 열 기관에 비해서 다음과 같은 장점이 있다.

(1) 시끄러운 소음이 없다.

(2) 공해 물질의 발생이 거의 없다.

(3) Module 형태로 건설되므로 발전 용량을 확대하기 쉽다.

(4) Module 형태로 생산되므로 대량 생산하기 쉽다.

(5) 발전 시설의 분산이 가능하다. 즉, 소음과 공해 물질의 배출이 거의 없으므로 주거 지역에서도 발전 시설을 가동할 수 있어서 송전 비용을 절감할 수 있다.

(6) 폐열을 이용한 지역 난방이 가능하다. 즉, 온수가 필요한 인구 밀집 지역 가까이 연료 전지 발전소를 설치할 수 있다.

(7) SOFC 또는 MCFC 형태의 연료 전지 발전소의 경우 높은 온도의 배기 가스를 사용하여 열 병합 발전cogeneration이 가능하다.

(8) 전력 수요 변화에 신속히 대응할 수 있다.

(9) 과부하에 대한 특성이 매우 좋다.

(10) 중량 대비 출력 또는 체적 대비 출력이 우수하다.

(11) 신뢰도가 우수하며 유지 보수와 관련된 비용이 작다.

그러나 열 병합 발전 형태로 운전할 경우 낮은 소음의 장점이 없어질 수 있다.

6.2 자동차용 발전 장치

현재의 연료 전지 기술은 효율, 수명, 중량 대비 출력, 체적 대비 출력 등의 면에서 벌써 운송용 동력 생산에 적용시키기 적합하다. 소형 및 중형 자동차의 경우 크기가 작은 PEMFC 형태의 연료 전지가 이상적인데, 공해 물질의 배출이 아주 작고 연료 효율이 높으며 체적 및 중량 대비 동력 밀도가 뛰어나고 운전 온도가 낮기 때문에 시동 걸기가 용이한 장점들이 있다. PEMFC의 연료인 수소는 압축 가스 형태로 사용하거나 메탄올 또는 금속 수화물과 같은 수소 운반체의 형태로 사용하는데, 메탄올은 화석 연료 또는 바이오매스로부터 생산할 수 있다.

연료 전지 자동차에는 시동에 필요한 동력을 공급하고 dynamic braking으로부터 회수된 에너지를 저장하는 에너지 저장 장치(축전지, flywheel, 또는 ultra-capacitors)가 필요하다. 이처럼 저장된 에너지는 급가속시 연료 전지 출력을 보충하는데 사용되므로 연료 전지로부터 요구되는 출력은 자동차에 의해서 요구되는 평균 동력 수준에 가깝다. 이런 이유 때문에 연료 전지의 크기와 비용을 절감할 수 있으며, 연료 전지 자동차에서 전기적으로 저장되는 에너지는 순전히 축전지로부터 동력을 공급받는 전기 자동차의 그것에 비하면 일부분에 지나지 않는다. 캐나다의 Ballard Power Systems는 자동차용 연료 전지를 상업적으로 생산하는데 가장 근접한 회사들 중의 하나이다. 이 회사에서 제조된 연료 전지 버스들이 1999년 Vancouver와 Chicago에서 압축 수소 가스를 연료로 사용하여 최고 95km/h의 속력으로 560km의 거리를 상업적으로 운행하였는데, 275마력의 모터motor를 사용하였으며 공해 물질을 전혀 배출하지 않았다. Ballard Power Systems의 대주주인 Daimler-Benz는 연료 전지로 구동되는 van을 시험 중이며, 곧 연료 전지 자동차를 생산하여 판매할 계획이다. 뿐 만 아니라 Ford, Toyota, Mazda, General Motors가 비슷한 계획을 수립하였으며 Honda가 2003년 첫 번째 연료 전지 자동차를 공급하였다.

6.3 기타 응용

연료 전지의 실용적인 응용은 우주선에서 최초로 이루어 졌는데, 수소와 산소를 사용하여 전기와 음용수를 생산하였다. GE에서 개발한 PEMFC가 먼저 사용되었으나 지금은 알칼리 연료 전지가 더 많이 사용되고 있다: Apollo 우주선에서 사용되었으며 우주 왕복선과 우주 정거장의 동력 공급에 사용된다. 또한 연료 전지는 소형 잠수정과 대형 잠수함의 동력 생산에 이용되는데, 독일 해군이 개발한 400kW급 연료 전지는 잠수함에 사용 중인 표준형 디젤 엔진 출력의 절반에 해당한다. 이러한 연료 전지는 장차 디젤 엔진과 hybrid 형태로 사용될 수 있을 것이다. 연료 전지가 더 작고 가벼워지면 열 발생이 적고 소음이 없으므로 열 추적 미사일을 피할 수 있는 항공기의 운행에도 이용될 수 있을 것이다.

7. 연료 전지의 효율

식 (5)에 나타낸 연료 전지의 총괄 반응으로 되돌아 가보자.

$$2H_2(g) + O_2(g) \rightarrow 2H_2O(g) \tag{5}$$

두 개의 수소 분자를 이루는 네 개의 수소 원자들과 한 개의 산소 분자를 이루는 두 개의 산소 원자들이 재배열하여 두 개의 물 분자들을 생성하는 과정에서 잉여 에너지가 발생한다. 원자들을 분자로 결합하는 힘force은 전기적인 성격을 띠지만 수소와 산소가 일정한 압력 하의 열량계에서 직접 반응하면 전자들과 이온들이 무작위적으로 충돌하는 과정에서 발생하는 에너지는 열heat로만 변환된다. 그러나 만일 이 반응이 이상적인ideal 연료 전지에서 일어나면 잉여 에너지의 일부는 전기의 형태로 배출된다. 이때 이 반응의 엔탈피 변화량, ΔH의 얼마가 전기 에너지로 변환되며 이상적인 경우임에도 불구하고 에너지의 일부가 열의 형태로 변환되는 이유를 이해하는 것이 중요하다.

가역적인 연료 전지에서 생산되는 전압을 V_{rev}라고 하자. 1kilomole의 물은

$N_0 = 6.022 \times 10^{26}$개의 분자를 가진다. 식 (4)에 나타낸 연료 전지의 양극 반응에서 생성되는 한 개의 물 분자 당 두 개의 전자들이 부하를 순환한다.

$$4e^- + 4H^+ + O_2 \rightarrow 2H_2O(g) \qquad (4)$$

따라서 부하에 전달되는 에너지는 전하charge $2qN_0$와 전압 V_{rev}의 곱이다. 보다 일반적으로 나타내자면, 가역적인 연료 전지에서 생성물 1kilomole 당 생산되는 전기 에너지는

$$W_e = n_e q N_0 V_{rev} \equiv n_e F V_{rev} \qquad (22)$$

여기서 n_e = 생성물 1kilomole 당 배출되는 전자의 kilomole 수;

q = coulomb 단위로 나타낸 전자의 전하;

N_0 = 1kilomole에 대한 Avogadro 수;

$F \equiv qN_0 \equiv$ 전자 1kilomole의 전하 = 9.647×10^7 coulombs/kmole이다.

가역적인 연료 전지에 의해서 부하에 전달되는 전기 에너지 W_e는 전지 반응의 자유 에너지 변화량, ΔG에 해당되므로

$$\Delta G = -n_e q N_0 N \, |V_{rev}| \qquad (23)$$

여기서 N = 생성된 물의 kilomole 수이다. 연료 전지 시스템으로부터 전기 에너지가 제거되므로 $\Delta G < 0$이다. 연료 전지의 이론적 효율은 생성된 전기 에너지와 화학 반응의 엔탈피 변화량 사이의 비ratio이므로 가역적인 연료 전지에서는 다음과 같이 정의된다.

$$\eta_{rev} \equiv \Delta G / \Delta H \qquad (24)$$

연료 전지의 효율이 온도와 압력에 대하여 어떻게 변화하는가를 조사하려면 그림 10에 나타낸 것과 같은 온도와 압력의 변화에 따른 ΔG와 ΔH의 변화에 대한 자료가 필요하다.

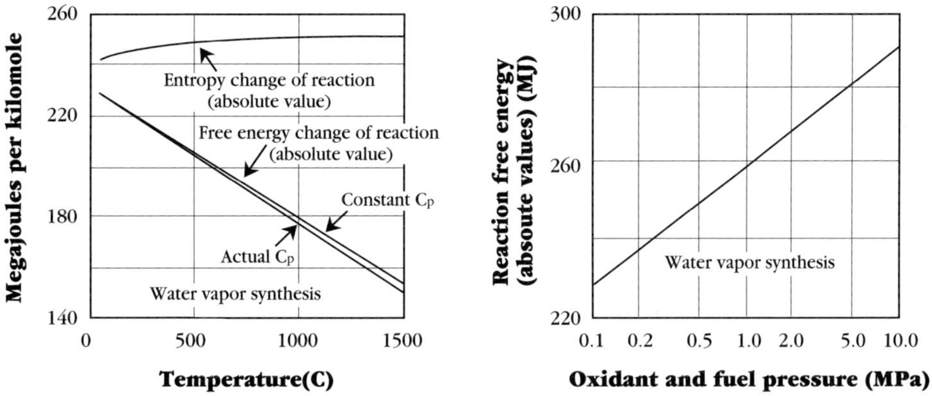

그림 10_ 온도와 압력의 변화에 따른 연료 전지 반응의 ΔG 및 ΔH의 변화
(왼쪽: 0.1 MPa의 일정한 압력 조건, 오른쪽: 298K의 일정한 온도 조건) (참고문헌 [1])

일정한 온도 조건에서 압력을 증가시키면 ΔG가 증가하므로 높은 압력에서의 연료 전지 운전이 효율 면에서 유리하다. 일정한 압력 조건에서 온도를 증가시키면 ΔH의 변화는 거의 없는 반면 ΔG는 상당히 많이 감소하므로, 가역적인 연료 전지의 경우 온도가 높아질수록 효율은 줄어든다. 그러나 실제의 연료 전지에서는 정반대의 현상이 일어나는데, 온도 증가에 의한 전지 반응 속도의 증가가 ΔG의 감소를 훨씬 더 크게 상쇄하기 때문이다.

실제 연료 전지의 효율은 연료 전지에 의해서 부하에 전달되는 전기 동력electric power, P_L과 전지 반응이 열량계에서 일어났을 때 생성되는 열 동력heat power 사이의 비이다.

$$\eta_{practical} = P_L / P_{in} = qn_eN_0V_L / \Delta h \qquad (25)$$

여기서 P_{in} = 열량계에서 생성되는 열 동력을 전기 동력으로 환산한 값;

Δh = 열량계에서 수소의 연소열heat of combustion;

V_L = 연료 전지로부터 부하로 전달되는 전압이다.

V_L은 항상 V_{rev}보다 작은데 그 이유는 다음과 같다.

– 연료 전지에는 전자 흐름에 대한 내부 저항과 이온 흐름에 대한 전해질 내부 저항이 있다.

— 전류 생산이 전지 반응의 속도에 의해 제약을 받는다.

— 원하지 않는 반응으로 인하여 정상적 전위(potential)와 반대 방향의 전압이 생성된다.

이 이외에도 실제의 연료 전지가 이상적인 연료 전지보다 효율이 작은 몇 가지 이유가 아래와 같다:

— 연료의 불완전한 사용 : 연료의 일부가 반응하지 않고 배출되거나 원하지 않는 부반응side-reaction에 쓰이거나 촉매 개질기와 같은 부속 장치를 가동하는데 소모되는 현상;

— 생산된 전류의 분산 : 생산된 전류의 일부가 부하 이외의 경로로 누출되거나 압축기compressor와 같은 보조 장치를 가동하는데 사용되는 현상;

— 유효 전극 면적의 감소 : 생성된 물이 적절히 처리되지 않아서 전극 표면에서 반응 물질, 전해질, 전극 사이의 접촉이 방해받는 현상electrode drowning 또는 충분한 수분이 공급되지 않아서 PEMFC의 고체 전해질 멤브레인의 이온 흐름에 대한 저항이 증가하는 현상membrane drying.

그림 11에는 가역적으로 운전되는 이상적인 연료 전지와 이상적인 물의 전기 분해 장치로 구성된 시스템을 나타내었다. 어느 한 쪽의 유입 흐름이 다른 쪽의 유출 흐름과 완전히 같은데, 그렇게 되기 위해서는 전기 분해 장치로 수증기water vapor가 유입되어야 한다.

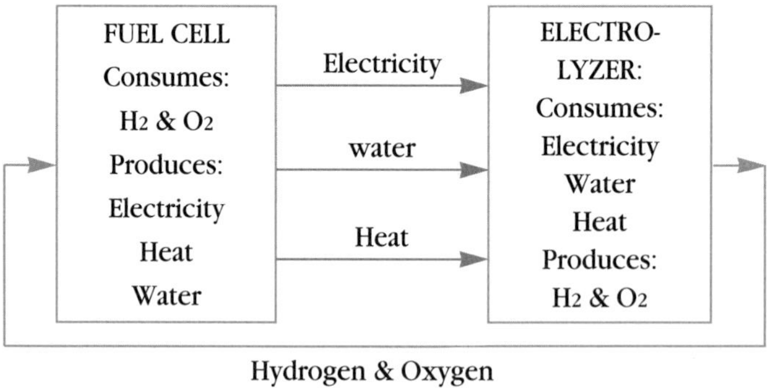

그림 11_ 연료 전지와 물의 전기 분해 장치로 구성된 가역 시스템 (참고문헌 [1])

〈표 2〉 여러 형태의 연료전지 기술들의 특성

Comparison of Fuel Cell Technologies

Fuel cell Type	Common Electrolyte	Operating Temperature	System Output	Efficiency Electrical	Applications	Advantages	Disadvantages
Polymer Electrolyte Membrane (PEM)*	Solid organic polymer poly-perfluorosulfonic acid	50 - 100°C 122 - 212°F	<1kW - 250kW	53-58% (transportation) 25-35% (stationary)	• Backup power • Portable power • Small distributed generation • Transportation	• Solid electrolyte reduces corrosion & electrolyte management problems • Low temperature • Quick start-up	• Requires expensive catalysts • High sensitivity to fuel impurities • Low temperature waste heat • Waste heat temperature not suitable for combined heat and power (CHP)
Alkaline (AFC)	Aqueous solution of potassium hydroxide soaked in a matrix	90 - 100°C 194 - 212°F	10kW - 100kW	60%	• Military • Space	• Cathode reaction faster in alkaline electrolyte, higher performance	• Expensive removal of CO_2 from fuel and air steams required (CO_2 degrades the electrolyte)
Phosphoric Acid (PAFC)	Liquid phosphoric acid soaked in a matrix	150 - 200°C 302 - 392°F	50kW - 1MW (250kW module typical)	32-38%	• Distributed generation	• Higher overall efficiency with CHP • Increased tolerance to impurities in hydrogen	• Requires expensive platinum catalysts • Low current and power • Large size/weight
Molten Carbonate (MCFC)	Liquid solution of lithium, sodium, and/or potassium carbonates, soaked in a matrix	600 - 700°C 1112 - 1292°F	<1kW - 1MW (250kW module typical)	45-47%	• Electric utility • Large distributed generation	• High efficiency • Fuel flexibility • Can use a variety of catalysts • Suitable for CHP	• High temperature speeds corrosion and breakdown of cell components • Complex electrolyte management • Slow start-up
Solid Oxide (SOFC)	Solid zirconium oxide to which a small amount of Yttria is added	650 - 1000°C 1202 - 1832°F	5kW - 3MW	35-43%	• Auxiliary power • Electric utility • Large distributed generation	• High efficiency • Fuel flexibility • Can use a variety of catalysts • Solid electrolyte reduces electrolyte management problems • Suitable for CHP • Hybrid/GT cycle	• High temperature enhances corrosion and breakdown of cell components • Slow start-up • Brittleness of ceramic electrolyte with thermal cycling

*Direct Methanol Fuel Cells (DMFC) are a subset of PEM typically used for small portable power applications with a size range of about a subwatt to 100W and operating at 60 - 90°

|참고 문헌|

[1] A. V. da Rosa, Fundamentals of Renewable Energy Processes, Elsevier Academic Press, Burlington, Massachusetts, 2005.

[2] U. S. Department of Energy, 21st Century Complete Guide to Biofuels and Bioenergy, Progressive Management, New York, 2006.

석탄가스화 및 액화Coal Gasification & Liquefaction

9

1. 서론
2. 석탄의 직접액화
3. 석탄가스화
4. 가스정제
5. 연료가스로부터 기체상 수은 처리
6. 석탄가스화 복합발전IGCC
7. 석탄의 간접액화

9 석탄가스화 및 액화
Coal Gasification & Liquefaction

1. 서론

현대 사회의 주요 에너지원으로써 높은 비중을 차지하고 있는 석유자원의 고갈과 불안정한 가격변동으로 인하여 석유를 대체할 수 있는 탄화수소원으로 석탄에 대한 관심이 한층 높아지고 있으며, 청정 석탄이용기술을 개발해야 한다는 목소리가 높아지고 있다. 석탄을 활용한다고 하여 에너지 문제를 완전하게 해결할 수는 없겠지만 매장량이 풍부한 석탄을 이용한 기술을 활용하면서 대체 또는 신재생에너지에 대한 연구를 지속하게 된다면 석유를 대체하기 위한 충분한 연구기반을 마련할 수 있을 것이다.

초 청정석탄 이용기술은 매장량이 풍부하고 활용도가 미비한 갈탄 등을 대상으로 개발되고 있으며, 여러 선진국들 중에서 일본이 주도적으로 연구를 수행하고 있다. 그러므로 청정석탄 이용기술에 대한 원천기술의 확보를 위해서 연구개발이 시급한 상황이다. 국제적인 경제여건에 따라 원유의 가격이 급격히 변화하는 시대에 진입하는 단계에서 한국의 경우처럼 에너지 자원이 없는 나라에서 석탄을 이용한 초 청정 연료의 생산 및 활용은 선택이 아니라 필수이다.

2000년대 전후 중국 등 아시아 국가들의 석유 소비급증으로 인하여 원유가가 급격히 오르내리면서 고유가 시대 도래를 예고하고 있고 국제적인 금융의 흐름에 따라 가격이 오르거나 내려가는 현상이 발생되지만 장기적으로는 높은 가격을 유지하게 될 것으로 예상되기 때문에 국가 에너지위기는 장기화될 것으로 전망된다. 또한 석유의 가채매장량이 한정적이기 때문에 점차적으로 고갈이 되어 가고 있는 상황이다.

세계적으로 석유 수입국가로는 일본에 이어 3번째인 한국은 경제상황 전체가 석유류의 가격변동에 매우 민감하게 반응할 수밖에 없으며, 국내 경제상황에서 에너지가 차지하는 비중이 매우 크므로 에너지자원의 수급 불안정에 따른 위기는 곧바로 국가위기로 이어질 수 있다는 점에서 매우 중요하다. 국내의 석유 의존도는 2003년 50% 정도에 이르고 있다. 따라서 고유가 및 수급 불안정에 대비하기 위하여 석유를 대체할 수 있는 연료의 개발 및 매장량이 풍부한 저가 에너지원의 안정적인 확보가 매우 중요하다.

국가 에너지 위기 관리차원에서 보면 석탄은 가채매장량만 200년이 넘게 사용할 수 있는 양이 세계적으로 매장(전체 매장량은 700년 사용 가능)되어 있는 것으로 보고되고 있다. 석탄이 매장된 지역은 석유처럼 어느 지역에 편중되어 있는 것이 아니라 지역적으로 고루 분포되어 있다. 그러나 세계적으로 활용되고 있는 석탄은 주로 유연탄 중에서 역청탄만이 연료로 활용되고 있다. 이와 유사한 매장량을 가지고 있는 저급연료인 갈탄 및 아연청탄 등의 활용은 미비한 상태에 있다. 따라서 활용이 미비한 저급 연료인 갈탄 등을 전처리하여 활용을 확대하는 것이 고유가에 대비할 수 있는 적절한 대안 기술로 판단된다.

미국 등 일부 국가에서는 석유를 대체하기 위한 방안으로 석탄의 활용에 대한 연구를 꾸준하게 해오고 있으며, 이에 대한 하나의 방안으로 석탄의 전처리에 의한 오염물질을 제거하기 위한 연구를 진행하고 있다. 석탄을 처리하지 않고 사용할 경우 ash, 중금속물질 등 다양한 오염물질이 발생하기 때문에 여러 가지 후처리 설비들을 필요로 한다. 석탄 액화 등의 기술은 예전부터 수행되어 왔으며, 근래에는 석탄의 전처리에 의한 오염물질이 사전에 제거된 초 청정연료의 생산 및 활용에 대한 연구가 활발하게 이루어지고 있다.

이 장에서는 청정석탄이용기술로서 신재생에너지 개발 보급 촉진법에서 신 에너지로 구분하고 있는 석탄의 가스화 및 액화에 관하여 소개하였다. 석탄으로부터 탄화수소 연료를 생산하는 방법은 석탄의 직접 액화 및 가스화로 구분할 수 있다. 이들 중 석탄의 가스화는 수소와 일산화탄소가 주성분인 합성가스를 생산하고 생산된 합성가스를 촉매전환공정에서 가스 및 액상의 탄화수소를 생산하는 기술이다. 석탄으로부터 액체 탄화수소를 얻는 방법은 석탄의 직접액화와 간접액화로 구분되며, 석탄의 가스화로부터 얻어진 합성가스를 촉매전환공정에 의해서 액체 탄화수소를 합성하는 과정이 석탄의 간접액화 방식이다.

석탄의 가스화로부터 얻어진 합성가스는 합성가스 자체로서 연료로 활용할 수 있으며, 막분리에 의한 수소생산으로 연료전지에 적용이 가능하다. 한편, 합성가스의 액화과정인 GTLGas to Liquid공정에 의해서 수송용 연료와 화학원료를 생산할 수 있는 피셔-트롭스 합성 그리고 DME 합성에 관하여 소개하고자 한다. 더불어 청정한 석탄가스를 생산하기 위하여 이용되는 합성가스 정제기술들 중 탈황기술에 대하여 함께 소개하고자 한다.

2. 석탄의 직접액화(참고문헌 [1, 2])

석탄의 직접액화란 석탄을 열분해하여 생성된 자유 라디칼free radical에 수소를 첨가하거나 탄소를 제거하는 반응으로부터 수소와 탄소의 원자비율H/C을 0.6-1.0에서 1.2-2.0으로 높이는 과정이다. 석탄의 직접액화공정은 전처리 공정, 직접액화 반응공정, 분리공정, 그리고 품질개선 공정으로 구성되어 있다.

2.1 직접액화 반응공정

석탄 직접액화를 위하여 전처리과정에서 석탄을 분쇄, 탈황, 순환용 용매와 혼합 후 슬러리 상태로 준비하여 직접액화반응공정에 투입한다. 직접액화 반응공정은 분해반응과 증류 및 분리과정이 포함된 1차 액화공정과 생성된 액체 탄화수소를 경질화 및 고급화upgrading를 위한 공정으로 이루어져 있다. 분해반응은 열 또는 촉매작용에 의해서 탄화수소, 산소, 황을 함유하는 약한 결합이 절단되어서 다양한 분자량의 자유기 및 카르보늄 이온이 생성되고, 이들이 수소화hydrogenation, 수소 재배치rearrangement, 그리고 자체 재결합 등에 의해서 안정화 되는 과정이다. 이 과정에서 적당한 수소의 공급으로 안정화 되었을 경우에는 기체 또는 액체 생성물로 전환되고, 수소가 원활이 공급되지 않았을 경우에는 자체 결합에 의해서 분해되기 어려운 코크스와 같은 고분자 물질이 형성된다.

수소의 공급은 열분해 과정에서 석탄에 존재하는 수소의 전달로 이루어지며, 액상 생성물의 수율은 수소화 과정에 의한 액화에서 자유기의 효과적인 안정화로부터 높아지게 된다. 또한 기체상의 수소 또는 유기용매에 의하여 수소를 공급하는 경우에는 촉매를 적용하는 수소화공정이 개발되어 있다.

석탄의 직접액화로부터 생성된 액체 생성물(다중 고리 방향족 화합물)은 경질-고급화 공정에서 분자량이 감소되거나 비균일 원자(질소, 산소, 황)가 제거되어 고품질의 인조원유로 전환된다.

석탄직접액화와 관련된 반응은 다음과 같다.

- C-C 결합 분해 및 수소화 반응
- 다중 고리 방향족 화합물의 수소화, 개환 분해, 그리고 이성화 반응
- 비균일 원자를 제거하기 위한 수소첨가 분해반응(수첨 탈황, 수첨 탈질, 수첨 탈산소)

2.2 석탄 직접액화용 촉매

석탄의 직접액화과정의 1차 액화공정에서 얻어진 증류유distillate의 수율과 품질을 높이기 위하여 수소화, 분자량 감소, 그리고 비균일 원자의 제거 반응이 필수적이다. 이와 같은 반응을 촉진시키기 위하여 촉매가 사용되는데, 촉매의 역할은 다

음과 같다.

- 낮은 온도에서 기체상 수소와 석탄분자를 반응시킬 수 있도록 반응조건의 완화
- 수소 원자를 석탄 분자에 선택적으로 공급하여 수소이용효율을 높임
- 수소 공여 용매의 재수소화로 수소 공여능력 향상
- 액화유 전화율 및 품질 향상
- 석탄액화유에 존재하는 비균일 원자의 제거로 청정 인조 원유 생산

석탄액화공정에 사용되는 촉매는 슬러리, 고체, 그리고 액체 촉매가 사용된다. 액체 촉매로 $ZnCl_2$가 사용되었으나 부식문제와 더불어 수소화를 위한 촉매기능이 떨어져 코크스 생성과 같은 문제를 발생시키기 때문에 현재는 사용되지 않고 있다. 또한 슬러리 촉매로 석탄회재 또는 철광석 중에 존재하는 활성 성분(pyrite)이 사용되었으나 역시 활성이 높지 않아 많은 양을 투입해야 하는 문제가 있으며, 생성 액화유의 품질이 낮다는 단점이 있다. 이러한 이유에서 고체 촉매가 주로 사용되었는데, 고체촉매로는 Co(Ni)-Mo(W)/γ-Al_2O_3 담지촉매가 수소화 처리로부터 비균일 원자를 제거하는 목적으로 사용되었다. 이와 같은 고체 담지촉매는 열적, 화학적 안정성과 기계적 강도가 우수한 다공성 담체에 활성 성분을 담지하여 높은 촉매활성catalytic activity을 가지도록 제조되었다. 또한 고체 촉매는 회수가 가능하여 촉매 활성을 재생시키면 다시 사용할 수 있다는 장점이 있다. 그러나 고체 촉매는 석탄과의 접촉이 효과적이지 못하며, 반응의 진행에 따라 코크스와 금속 성분에 의한 피독으로 비활성화가 진행될 경우 촉매의 활성이 현저히 저하되는 것이 단점이다.

고체 촉매는 석탄과 고체-고체간의 접촉이 효과적이지 못하고 코크스와 금속 성분들에 의한 피독으로 활성이 저하되는 문제가 발생된다. 이와 같은 문제로 인하여 석탄의 직접액화에 사용되었을 경우 촉매의 경제성과 이용효율이 낮아지는데, 이를 보완하기 위하여 분산 촉매dispersed catalysts가 개발되었다. 분산 촉매는 촉매의 전구체를 석탄에 분산시켜 제조된 촉매인데, 석탄을 담체로 사용하여 촉매활성

성분의 전구체를 석탄의 넓은 표면에 고루 분산시켜 직접액화반응의 효율을 높이기에 효과적이다.

이와 같이 분해공정과 경질-고급화 공정의 2단계 공정을 통하여 생산된 액화유는 고체/액체 분리를 거쳐 정유공장의 원유 정제공정과 개질공정 그리고 분해공정을 통하여 최종 액체 탄화수소 연료로 생산된다.

2.3 직접액화용 용매

석탄의 직접액화과정에서 수소화 액화의 경우 수소는 기체상의 수소를 직접 주입하거나 수소공여 용매hydrogen donor solvent를 이용하여 공급한다. 석탄의 분해과정에서 생성된 자유기free radical는 수소에 의해서 안정화되는데, 이 때 테트랄린tetralin과 같은 수소공여 용매가 사용되며, 촉매에 의해서 안정화 반응이 향상된다. 석탄의 직접액화에 사용되는 용매는 세 가지 종류로 구분된다.

- 용매 자체에 수소원자를 공여할 수 있는 수소공여 용매
- 용매 자체에 수소를 공여할 수 없으나 외부로부터 수소를 전달받아 공여해 줄 수 있는 수소전달 용매
- 수소공여 기능이나 전달 기능 없이 석탄분말을 슬러리화 하는 슬러리화 용매

수소공여 용매인 테트랄린은 석탄의 열분해로부터 생성된 자유기에 4개의 수소원자를 공여하여 안정화시키며, 테트랄린은 나프탈렌으로 변한다. 나프탈렌은 기체상태의 수소에 의해서 재수소화반응이 진행되어 테트랄린으로 환원된다. 이와 같은 과정으로 테트랄린은 수소공여 및 수소전달 기능을 가진 용매로서 작용된다.

2.4 석탄 직접액화공정

석탄의 직접액화공정은 액화원리에 따라 저온건류법과 촉매수소화 분해법 그

리고 비촉매 용매추출법으로 구분된다.

저온건류법은 비교적 낮은 온도(400-600℃)로 석탄을 건류하여 저온타르를 얻고 이를 정제하여 액체연료를 생산하는 COEDcoal oil energy development법 등이 있는데, 액체 연료의 수율이 낮은 단점이 있다.

촉매수소화 분해법은 독일의 베르기우스가 제 2차 세계대전 이전에 개발하여 실용화시킨 방법이다. 이 방법은 미분탄과 석탄 액화유가 혼합된 슬러리에 황화철 또는 염화주석과 같은 고체촉매를 첨가하여 수소 분위기의 고온(400-500℃) 및 고압(200-700atm)조건에서 수소화 분해하는 방식이다. 역청탄을 원료로 사용할 경우, 3.6톤의 원료로부터 대략 1 톤 정도의 가솔린 및 경유 그리고 액화석유가스LPG를 생산할 수 있다. 대표적인 촉매수소화 분해공정으로 H-coal 액화공정이 있다. 이 공정은 1964년부터 미국의 Hydrocarbon Research사에 의해서 개발되었으며, 그림 1에 나타낸 것과 같이 여러 종류의 연료가스를 포함한 경질 및 중질 액화유를 얻을 수 있다.

H-coal 액화공정에서는 건조된 미분탄이 순환유와 혼합되어 200기압으로 투입되어 수소와 혼합된다. 혼합물은 371℃로 가열되어 ebullated-bed catalytic reactor의 하부로 주입되어 반응기 내에서 촉매와 유동층 상태로 부유하면서 액화반응이 진행된다. 반응기의 상단으로 배출되는 증기상의 생성물은 응축기에서 기체와 액체로 분리된다. 기체상의 생성물에 함유된 수소는 순환시키고 나머지 기체상의 탄화수소와 암모니아 그리고 황화수소 등은 분리 및 제거된다. 한편 액체상으로 분리된 액화유는 증류과정에서 경질 증류유와 중질 증류유로 분리되고, 이들 중 중질 증류유의 일부는 원료인 미분탄과 혼합되어 순환된다. 또한 액체와 고체가 혼합된 생성물은 고체/액체 분리공정과 감압증류공정을 통해 중질 증류유와 잔사유로 분리된다.

비촉매 용매추출법은 촉매를 사용하지 않고 수소공여 용매가 공존하는 상태에서 석탄을 열분해하는 방식이다. 석탄의 구조 내에 비교적 약한 화학결합이 400-450℃의 온도에서 해리되어 생성된 자유기에 용매로부터 수소가 공급되어 안정화되면서 액화반응이 일어난다. 대표적인 비촉매 용매추출법은 SRCsolvent refined coal

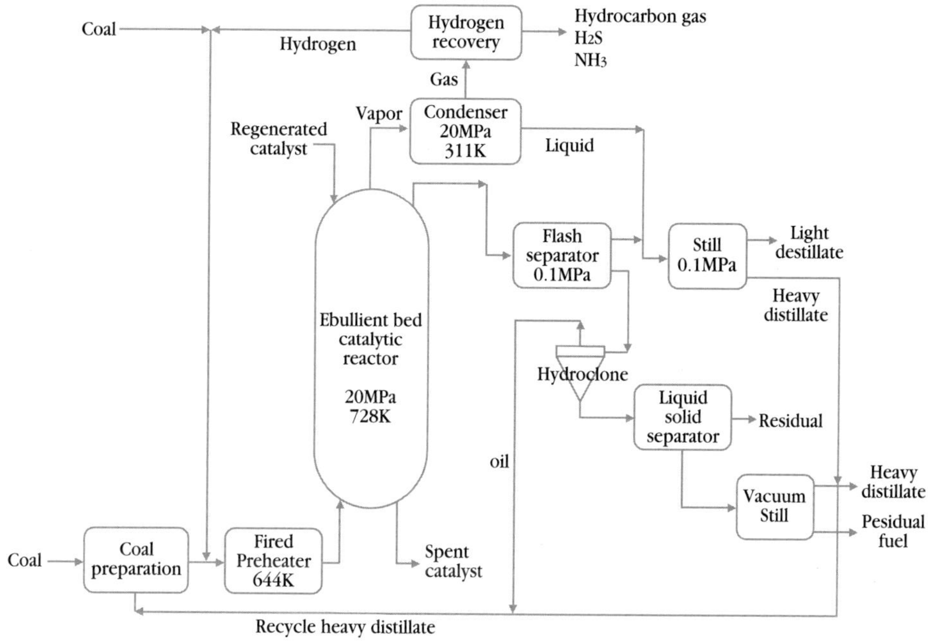

그림 1_ H-coal 액화 공정도 (참고문헌 [1])

공정과 EDSExxon donor solvent공정 그리고 가용매 분해법이 있다.

SRC공정은 그림 2에 나타낸 것과 같이 미분탄과 순환용매를 혼합하고, 석탄-용매 혼합물에 수소를 투입하여 100-140기압으로 가압, 700-740℃로 가열하여 석탄을 직접 액화시킨다. 반응기로부터 유출되는 슬러리와 기체상의 생성물은 분리공정에서 기체와 슬러리로 분리되며, 기체 생성물은 정제하여 얻어진 수소성분은 순환시키고 별도의 수소를 더 첨가시켜 수소공여 용매에 주입된다. 슬러리와 혼합된 유분은 분리되어 정유공정에서 나프타 등의 탄화수소 연료로 유출된다.

석탄의 직접액화공정은 열분해와 수소화 반응이 하나의 반응기에서 조작되는 단일 단계공정single stage process과 두 개의 반응기를 사용하여 두 단위공정을 분리하여 조작되는 이 단계공정two stage process으로 구분할 수 있다. 두 가지 형태의 석탄 직접액화공정은 표 1에 나타낸 것과 같이 다양하게 개발되어 있다.

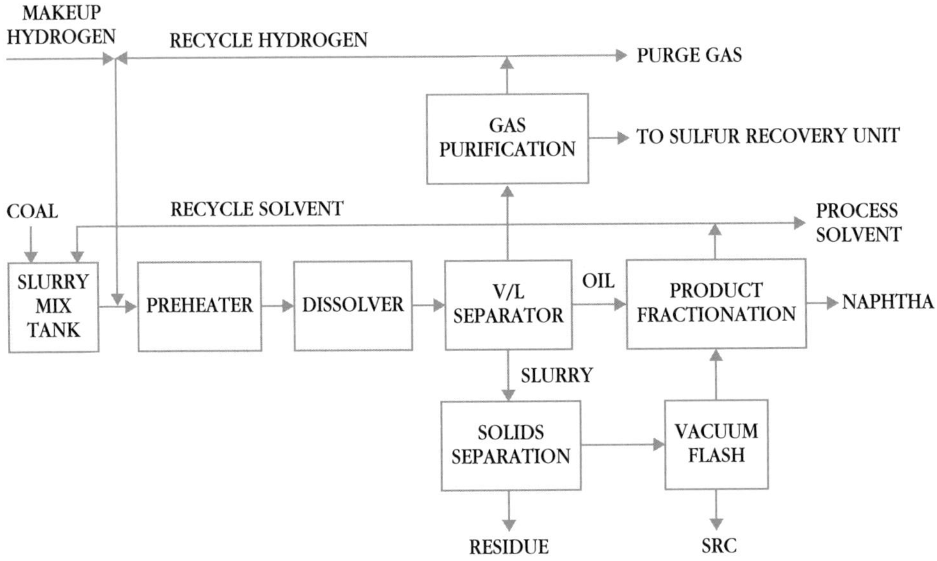

그림 2_ SRC-I 액화 공정도 (참고문헌 [1])

〈표 1〉 석탄 직접액화 공정 (참고문헌 [1])

공정	개발자	국가
Single-Stage 석탄직접액화 공정		
Kohloel	RAG/Veba Oel	독일
NEDOL	NEDO	일본
H-Coal	HRI(predecessor of HTI)	미국
Solvent Refined Coal(SRC-I and SRC-II)	Gulf Oil	미국
Conoco Zinc Chloride	Conoco	미국
Two-Stage 석탄직접액화 공정		
HTI Coal Process or Catalytic Multi-Stage Liquefaction(CMSL)	DOE and HTI(subsidiary of Headwaters, Inc.)	미국
Catalytic Two-Stage Liquefaction(CTSL)	DOE and HRI(predecessor of HTI)	미국
Liquid Solvent Extraction(LSE)	British Coal Corp	영국
Brown Coal Liquefaction(BCL)	NEDO	일본

Lummus Integrated Two-Stage Liquefaction(ITSL)	Lummus	미국
Chevron Coal Liquefaction(CCLP)	Chevron	미국
Kerr-McGee ITSL	Kerr-McGee	미국
Consol Synthetic Fuel(CSF)	Consol	미국
Mitsubishi Solvolysis	MHI	일본
Pyrosol	Saarberwerke	독일
Close-Coupled Two-Stage Liquefaction(CC-TSL)	Amoco	미국
Supercritical Gas Extraction(SCE)	British Coal Corp.	영국

3. 석탄가스화

3.1 석탄 가스화 반응

석탄의 가스화는 천연 고분자로 존재하는 석탄의 화학결합을 절단하여 CO, H_2, CH_4, CO_2 등의 저분자로 분해시키는 과정이다. 이에 관여하는 반응은 건류열분해, 부분산화, 수성가스화, 발생로 가스화 반응 등의 복잡한 반응으로 이루어진다. 이와 같은 반응으로부터 석탄은 연료용 가스나 합성가스로 전환된다. 가스화 반응기 내에서는 이 반응들이 연속적이거나, 동시에 일어나 석탄의 대부분이 가스로 전환되며 일부는 소량의 타르나 촤 또는 회분으로 반응기 외부로 배출된다.

$$\text{Coal} \rightarrow H_2,\ C_mH_n,\ C \qquad \Delta H = 1\text{kcal/mol} \qquad (1)$$

$$C + H_2O \rightarrow CO + H_2 \qquad \Delta H = 31.4\text{kcal/mol} \qquad (2)$$

$$C + 2H_2O \rightarrow CO_2 + 2H_2 \qquad \Delta H = 18.2\text{kcal/mol} \qquad (3)$$

$$C + CO_2 \rightarrow 2CO \qquad \Delta H = 38.2\text{kcal/mol} \qquad (4)$$

$$C + 2H_2 \rightarrow CH_4 \qquad \Delta H = -17.9\text{kcal/mol} \qquad (5)$$

$$CO + H_2O \rightarrow CO_2 + H_2 \qquad \Delta H = -9.8\text{kcal/mol} \qquad (6)$$

$$CO + 3H_2 \rightarrow CH_4 + H_2O \qquad \Delta H = -49.0\text{kcal/mol} \qquad (7)$$

$$C + O_2 \rightarrow CO_2 \qquad \Delta H = -97.0 kcal/mol \qquad (8)$$

$$2C + O_2 \rightarrow 2CO \qquad \Delta H = -58.8 kcal/mol \qquad (9)$$

반응(1)은 석탄가스화의 기본인 열분해 반응으로 가스화 반응기 내에 공급된 석탄이 350℃ 이상으로 가열되면서 건류 열분해반응이 일어나며, CH_4, CO, H_2 등의 가스성분, C_mH_n으로 표시되는 분해유분이나 타르 등의 액상성분, C로 표시되는 촤 등의 고체성분으로 변화된다. 반응(2)와 반응(3)은 석탄가스화에서 가장 중요한 수성가스 반응으로 수증기를 수소 공급원으로 하는 간접 수소첨가반응이다. 이 반응은 화학평형상 고온, 저압에서 반응이 활발하므로 촤의 가스화는 수증기 존재 하에서 고온에서 반응시켜야 한다. 반응(4)는 고온의 가스화 반응기 내에 일어나는 CO_2의 환원반응 즉, 발생로 가스반응이며, 일명 부타트Boudouard반응이라 한다. 이 반응도 수성가스화 반응과 같이 고온 및 저압의 조건에서 유리하며, 850℃ 이하에서는 거의 일어나지 않는다. 반응(5)는 촤의 수소화 반응에 의한 메탄생성반응을 나타내며, 연료용 가스를 제조하는 경우에는 CH_4 함량이 높아야 하므로 가스화제로 수소를 사용하는 직접 수소첨가반응을 하는 경우도 있다. 반응(5)에 의한 수소첨가 메탄화 반응은 저온 및 고압에서 수소분압이 높은 조건을 필요로 하며, 고온가스화의 경우에는 이 반응속도가 감소된다. 반응(6)은 균일계 수성가스 전환반응으로 고온조건에서 수증기가 존재하는 경우 CO는 CO_2로 변화되고 새로운 H_2를 생성된다. 반응(7)은 가스화로부터 생성된 CO와 H_2의 결합에 의한 메탄합성반응으로 가스화 반응기에서는 큰 비중을 차지하지 않고 생성가스의 고에너지화를 위한 2차 처리 반응에서 중요한 역할을 한다. 반응(8)과 반응(9)의 촤 연소반응은 (1), (2), (3), (4)의 흡열반응에 필요한 열을 공급하기 위한 주 발열반응이다.

이상에서 나열한 여러 반응은 가스화 반응기 내에서 복합적으로 일어나며 생성가스의 열역학적 상태를 고려하여 이상기체화한 석탄가스의 농도변화를 그림 3과 표 2에 나타내었다. 여기서 CO는 온도가 증가할수록 증가하나, 압력과 H/O 비가 증가할수록 감소한다. 또한 전체 탄소 중 메탄으로 존재하는 탄소의 양은 압력과 H/O 비가 증가할수록 증가되지만, 온도의 영향은 H/O 존재비에 의하여 영향을 받는다. 즉 H/O 비가 2 이하의 경우 최대값을 가지며 변화되나, H/O 비가 2 보다 같거나 클 경우 온도에 따라 감소한다.

〈표 2〉 석탄가스의 평형농도 변화(참고문헌 [3])

몰분율 Xi	온도증가	압력증가	H/O 몰 비 증가
X_{CO}	증가	감소	감소
X_{CO_2}	감소	증가	감소
X_{H_2}	증가	감소	증가
X_{H_2O}	감소	증가	증가 후 감소
X_{CH_4}	증가 후 감소	증가	증가
$[X_{CH_4}] / [X_{CH_4} + X_{CO} + X_{CO_2}]$	증가 후 감소*, 감소**	증가	증가

* H/O < 2,

** H/O ≥ 2

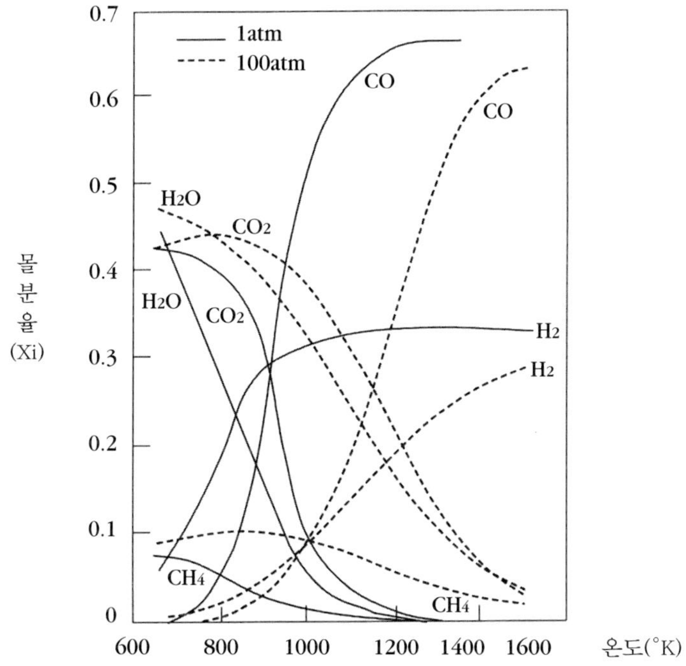

그림 3_ 석탄가스의 평형농도(참고문헌 [4])

3.2 석탄가스화 반응공정

석탄가스화공정은 최종 생성가스의 발열량에 따라 저열량 가스화, 중열량 가스화 그리고 고열량 가스화로 구분할 수 있다. 또한 반응물의 접촉방식에 따라 고정층, 유동층, 분류층, 그리고 용융층 가스화로 나누어진다.

저열량 및 중열량 가스화공정은 $1Nm^3$당 8000kcal 이하인 열량을 가진 가스를 생성하는 공정으로, 특히 3000kcal/Nm^3 이하인 가스를 생성하는 공정을 저열량 가스화공정이라 한다. 그리고 그 이상을 중열량 가스화 공정이라 한다. 고열량 가스화 공정은 $1Nm^3$당 8000kcal 이상인 열량을 가진 가스를 생성하는 공정이다. 저열량 가스화공정은 가스화제로 공기와 수증기를 사용하며, 가스화로에서 수소와 일산화탄소가 주성분이다. 공기 중의 미 반응 질소와 이산화탄소가 혼합된 석탄가스가 생성되는 공정이다. 저열량 가스는 에너지밀도가 낮아 수송 및 저장에 불리하며, 유독성 일산화탄소 때문에 가정용으로 사용하기는 곤란하다는 단점이 있다. 그러나 공정이 단순하여 제조가 쉽고 산소제조공정이 필요하지 않기 때문에 생산비용이 저렴하여 발전용이나 스팀생산 등의 연료로 이용하면 경제적이라 할 수 있다.

가스화제로 산소와 수증기를 사용하면 생성가스 중에 질소가 없어 발열량이 커지며, 또한 수소를 가스화제로 이용하면 메탄가스가 생성되어 5000–6000kcal/Nm^3 정도의 중열량 가스를 생산할 수 있다. 이것이 중열량 가스화공정으로, 생성가스는 범용 공업연료나 암모니아 합성 및 합성화학공업 원료로 이용할 수 있다. 이 가스를 메탄화 반응을 거쳐 개질시키고 CO_2 등을 제거하면 발열량이 8500–10000kcal/Nm^3인 고열량 가스를 제조할 수 있다. 이것은 합성 또는 대체 천연가스SNG라 불리는 만큼 천연가스와 동등한 고에너지밀도를 가지고 있어 천연가스 고갈시 기존에 설치되어 있는 가스라인을 통하여 장거리 수송 및 넓은 지역으로 공급이 가능하다. 또한 무독성 연료가스이므로 가정용 연료로도 적합하다. 그러나 고열량 가스화 공정은 반응조건이 복잡하여 저열량 가스화공정보다 제조원가가 훨씬 크다는 단점이 있다.

반응물의 접촉방식에 따라 석탄가스화법은 고정층법, 유동층법, 분류층법 그리

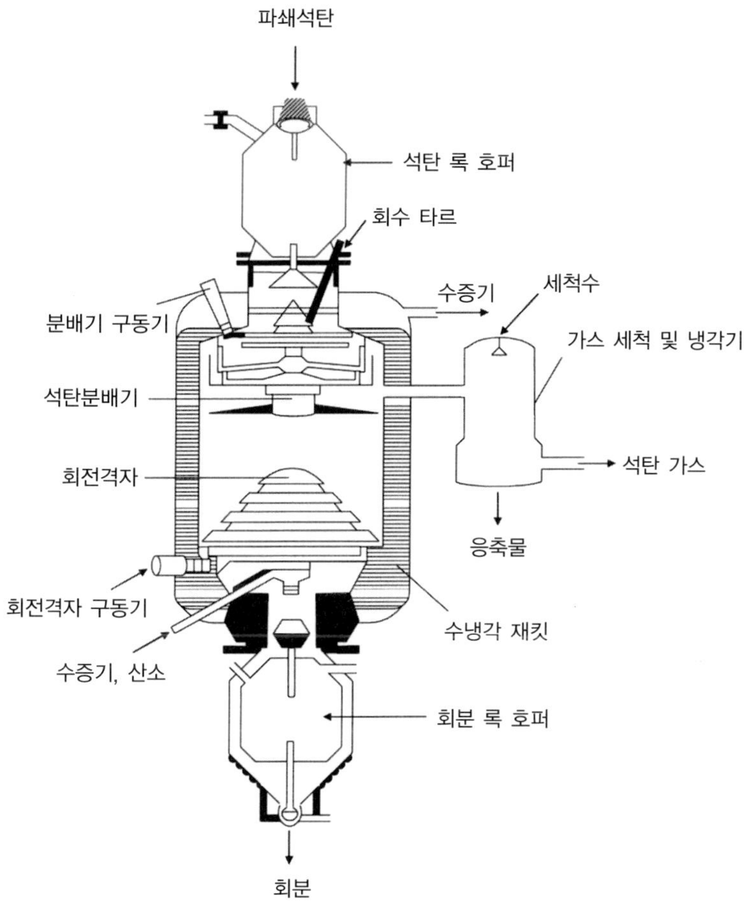

그림 4_ 드라이애시 러기Lurgi 고정층 가스화기 (참고문헌 [5, 6])

고 용융층법 등으로 나눌 수 있다. 또한 배출되는 회의 상태에 따라 고정층법은 그림 4에 나타낸 것과 같은 드라이 애시dry ash 또는 슬래그 애시slag ash 가스화로로 구분되고, 유동층법은 드라이 애시 또는 응집회 반응기로, 분류층은 드라이 애시 또는 슬래그 애시 가스화로로 구별된다. 지하석탄 가스화기술을 제외하고 나면 대략 7종의 가스화 반응기로 구분된다.

4. 가스정제

생성된 석탄가스 중의 주요 불순물은 황과 질소화합물 그리고 분진이다. 석탄 내의 황 성분은 석탄가스화 과정 중의 환원성 분위기에서 H_2S와 COS 형태로 전환되고, 질소성분은 NH_3(암모니아) 형태로 전환된다. 석탄 내의 회분이 가스화 반응 후 분진의 형태로 가스 내에 혼합되어 정제공정으로 이동된다. 보통 분류층 가스화 공정에서 74마이크론 이하의 미분탄이 90% 이상인 연료를 사용할 경우 정제되지 않은 생성가스 중에는 5-20 마이크론 크기로 20-80g/Nm^{3}의 분진이 함유된다. 이러한 불순물은 장치를 부식시키고 가스터빈의 장시간 운전을 방해하므로 가스터빈 입구 전에 처리되어야 한다. 특히, 가스정제공정은 고압상태에서 운용하므로 정제장치 규모를 작게 할 수 있고 제거효율이 양호하다는 이점을 가진다.

4.1 집진공정

분진 제거공정은 석탄가스화부터 얻어진 합성가스syn-gas 중의 미립자를 가스터빈 운전 시 마모를 최소화할 수 있는 10mg/Nm^3 이하로 유지시키기 위한 것이다. 일반적으로 가스화공정에서 배출되는 연료가스의 온도는 700-800℃, 압력은 5-30atm 정도의 고온 및 고압조건이므로, 분진을 효율적으로 제거하기 위하여 전기집진, 입자층 여과기, 금속소결 여과기 그리고 세라믹필터 등이 사용될 수 있다.

전기집진식은 운전비가 저렴한 반면에 미반응 석탄입자의 전기저항이 약하므로 집진효율이 낮고 고온에서 운전될 경우 전극의 재질 선택에 문제가 있다. 금속소결 여과기는 분진 제거효율은 높으나 금속의 부식성이 높고, 초기 설치비용이 높다. 입자층 여과기는 구조가 간단한 반면에 효율이 낮고 세정이 어려운 것이 단점이다. 세라믹필터는 그림 5과 같이 여러 개의 단위 세라믹필터로 구성되어 있다. 집진효율이 높고 구조가 간단하며, 내식성이 높은 장점이 있는 반면, 재료의 파괴에 대한 세심한 기술이 요구된다.

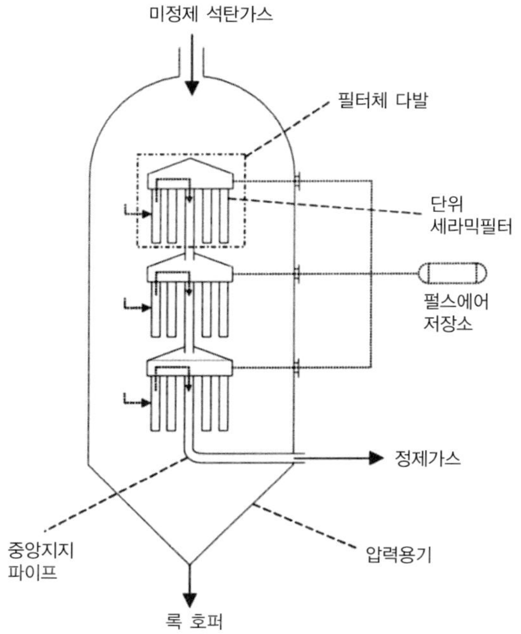

그림 5_ 세라믹필터 여과집진장치의 개략도와 세라믹필터 사진 (참고문헌 [7, 8])

4.2 탈황공정

4.2.1 습식 탈황법

대표적인 습식탈황공정으로는 (1)아민흡수공정과 (2)암모니아 흡수공정 그리고 (3)알칼리염 흡수공정이 상용기술로 개발되어 있다. 이들 공정은 대부분 H_2S와 CO_2를 제거하기 위한 기술이다.

알카노아민공정(참고문헌 [9, 10])

아민흡수공정은 기체 또는 액체에 함유된 황화수소와 이산화탄소를 제거하기 위하여 알카노아민이 사용된 기술로서 1930년에 R. R. Bottoms에 의해서 상용화 플랜트에 적용되었다. 알카노아민 흡수공정은 H_2S 흡수공정과 striping 공정으로 구성되어 있으며, 그림 6에서 나타낸 것과 같이 striping 공정은 알카노아민에 흡수된 H_2S를 분리하고 알카노아민이 재생되는 공정이다. 알카노아민의 흡수 및 striping 공정은 다음과 같은 간단한 화학반응으로 진행된다.

$$2RNH_2 + H_2S \leftrightarrow (RNH_3)_2S \quad (10)$$

$$(RNH_3)_2S + H_2S \leftrightarrow 2RNH_3HS \quad (11)$$

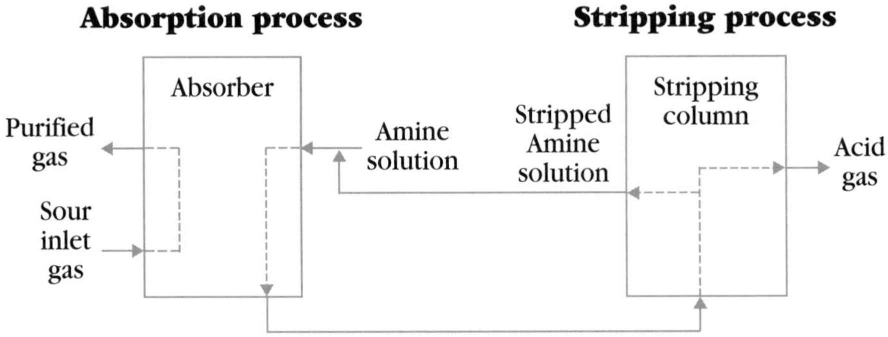

그림 6_ 알카노아민 습식탈황공정의 개략도

알카노아민 흡수제로는 다양한 종류가 이용되고 있다. MEAmonoethanolamine, $H_2NCH_2CH_2OH$는 천연가스 중의 H_2S 및 CO_2를 동시에 제거하기에 적합한 흡수제로 알려져 있으며, COS 및 CS_2가 함유되지 않은 저농도의 H_2S를 처리하기에 유리하다. 또한 과량의 산성가스를 흡수하였을 경우에는 부식성이 강해져 공정시스템의 부식을 초래할 수 있다는 단점이 있다. DEAdiethanolamine, $HN(CH_2CH_2OH)_2$는 COS 및 CS_2 그리고 고농도의 H_2S가 함유된 refinery gas를 처리하기에 적합하며, 저압에서 휘발손실이 매우 적은 반면, 오염된 흡수용액의 진공추출이 요구되는 것이 단점이다. 30-40%의 고농도 DIPAdi-isopropanolamine, $[CH_3CH(OH)CH_2]_2NH$ 수용액을 흡수제로 사용하면, 고농도의 COS, H_2S 그리고 CO_2 refinery gas 및 liquid 처리에 적합하다. 이 흡수제는 Claus 플랜트의 tail gas로부터 H_2S의 선택적 흡수처리에 적용된다. 이외에도 MDEAmethydiethanoamine과 DGAdiglycolamine 등이 흡수제로 사용된다. 그러나 이들 알카노아민계 흡수공정은 여러 가지 문제점을 가지고 있다. 알카노아민의 강한 부식성으로 인한 장치 및 설비의 부식과 흡수제의 화학적 분해 및 증발에 의한 손실을 해결해야 한다. 표 3은 알카노아민 흡수공정의 문제점과 원인 그리고 해결방안을 나타낸 것이다. 또한 알카놀아민을 흡수용액으로 사용하는 Dickson & Tryer 아민 시스템의 사진과 Daw사의 CrystaSulf 공정의 간단한 개략도를 그림 7과 그림 8에 나타내었다.

〈표 3〉 알카놀 아민 흡수공정의 문제점과 원인 그리고 해결방안

문제점	원인	해결방안
장치 및 설비의 부식	아민자체의 부식성 용액에 오염물 축적 흡수된 산성가스의 부식성 온도, 압력, 용액의 순환속도	탄소강을 이용한 공장설계 부식억제제 첨가 내부식성 합금재료 사용 - 스테인레스 스틸 - 저크롬 스틸 - 알루미늄 합금
흡수제의 손실	알카놀아민의 화학적 분해 알카놀아민의 증발(기화) 높은 증기압	정제 후 유출가스의 세척 (물 또는 글리콜) 증발된 아민의 흡착회수
거품발생	용액의 오염 저비중 탄화수소류의 농축 부유물질 아민의 침적	아민용액의 온도유지 (10-15F) 부유물질의 연속적 필터링 거품 억제제 첨가

그림 7_ Dickson & Tryer 아민 시스템 사진 자료 (참고문헌 [11])

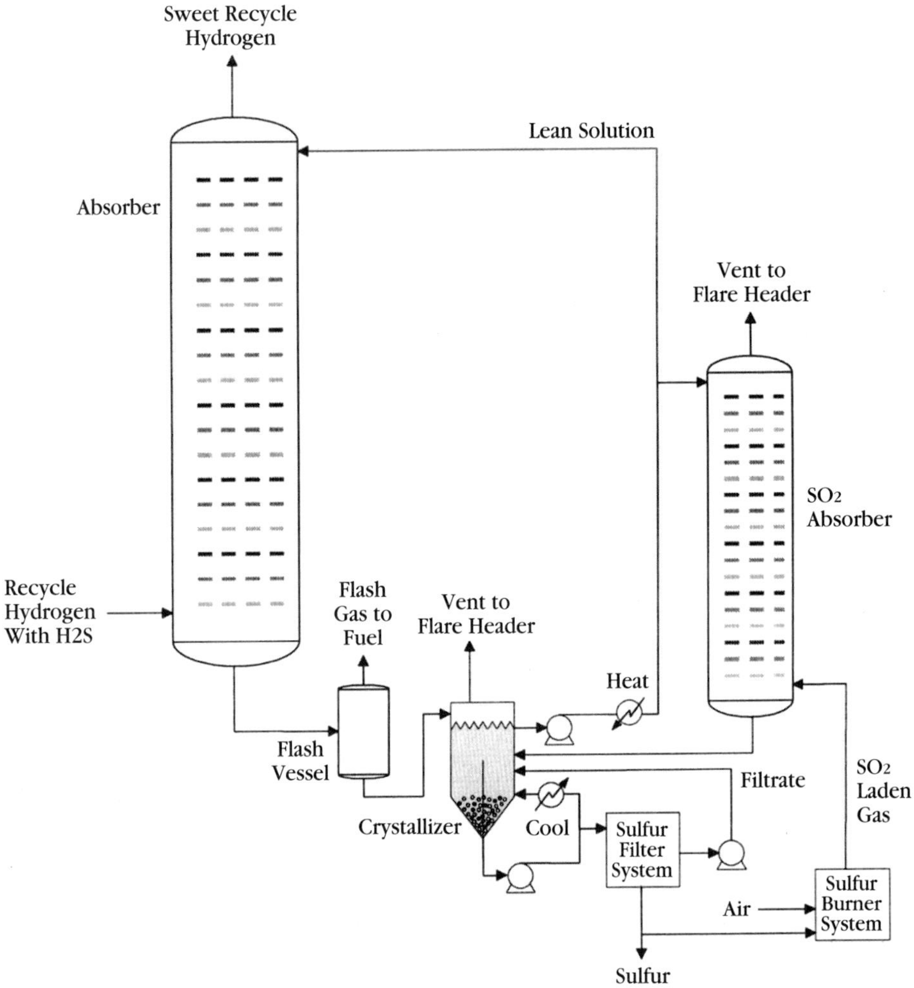

그림 8_ Daw사의 알카놀아민을 흡수용액으로 사용하는 CrystaSulf process, 텍사스오스틴 (참고문헌 [12])

암모니아 흡수공정

암모니아 흡수공정은 스프레이 흡수칼럼방식의 흡수탑에서 석탄가스 중에 함유된 H_2S와 암모니아의 반응으로 황화합물을 제거하는 기술이다. 암모니아 흡수공정의 구성은 그림 9에 나타낸 것과 같이 H_2S 흡수탑과 암모니아 스크러버 그리고 암모니아 distillation column 및 황화합물 회수를 위한 saturator로 구성되어 있다.

암모니아 흡수공정에서 H_2S를 처리하기 위한 대표적인 흡수반응은 다음에 나타낸 식과 같다(참고문헌 [9, 13]).

$$2NH_3(g) + H_2S(g) \leftrightarrow (NH_4)_2S(aq) \qquad \Delta H = -39600 Btu/lb\text{-}mol \qquad (12)$$

$$NH_3(g) + H_2S(g) \leftrightarrow (NH_4)HS(aq) \qquad \Delta H = -34800 Btu/lb\text{-}mol \qquad (13)$$

연료가스 중에 이산화탄소와 수분이 함유된 경우에는 다음과 같은 복잡한 화학반응이 일어날 수 있다(참고문헌 [13]).

$$2NH_3 + CO_2 \leftrightarrow NH_2COONH_4 \qquad (14)$$

$$NH_3 + CO_2 + H_2O \leftrightarrow NH_4HCO_3 \qquad (15)$$

$$2NH_3 + CO_2 + H_2O \leftrightarrow (NH_4)_2CO_3 \qquad (16)$$

$$NH_2COONH_4 + H_2O \leftrightarrow (NH_4)_2CO_3 \qquad (17)$$

$$(NH4)_2CO_3 + H_2S \leftrightarrow NH_4HCO_3 + NH_4HS \qquad (18)$$

$$(NH_4)_2S + H_2CO_3 \leftrightarrow NH_4HCO_3 + NH_4HS \qquad (19)$$

$$NH_4HS + H_2CO_3 \leftrightarrow NH_4HCO_3 + H_2S \qquad (20)$$

암모니아 흡수법에 의한 황화수소의 흡수제거는 제철공장의 코크스로의 부생가스를 정제하기 위하여 사용되기도 한다. 제철소에서 산화철로 구성된 철광석을 환원하기 위하여 고로blast furnace에 코크스를 충전하는데, 코크스는 석탄의 코킹으로부터 생산된다. 석탄의 코킹과정에서 코크스로 부생가스coke oven gas, COG가 생산되고 이는 고로에 주입하여 연소가스로 이용된다. COG는 약 50%의 수소, 약 25%의 메탄, 10%의 질소, 6%의 일산화탄소 그리고 3% 정도의 이산화탄소로 이루어져 있으며, 5000-10000ppm 정도의 황화수소가 함유되어 있다. 황화수소는 제철소의 생산품의 품질저하 및 설비의 부식을 유발하기 때문에 반드시 제거되어야 하는데, 암모니아 흡수공정에서 흡수된 황화수소는 striping 공정에서 암모니아와 분리되어 Claus 공정에서 원소 황으로 회수된다(참고문헌 [9, 14, 15]).

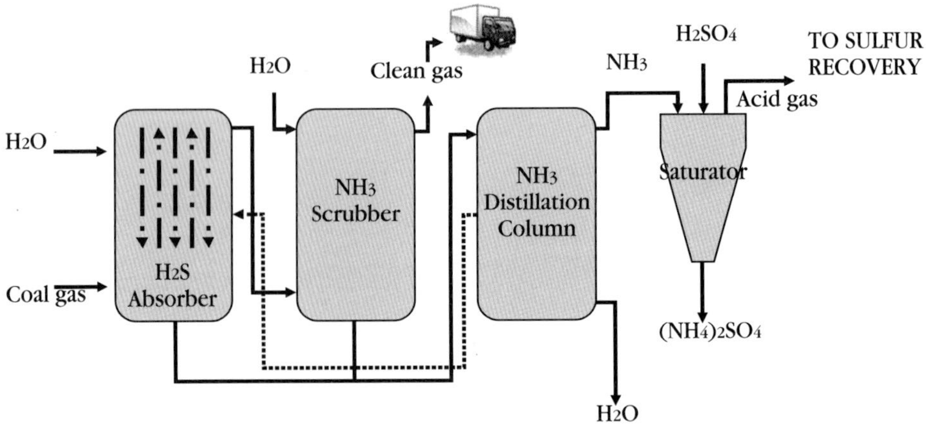

그림 9_ 암모니아 흡수공정의 개략도

<u>알칼리염 흡수공정(참고문헌 [9])</u>

알칼리염 흡수공정은 수용성 알칼리염 용액을 흡수제로 사용하여 흡수탑에서 H_2S를 선택적으로 제거하는 기술이다. 흡수제로 사용되는 탄산염 용액은 H_2S와 CO_2 등과 같은 산성가스를 정제하기 위하 목적으로 상용플랜트에 적용되고 있다. 흡수공정의 온도조건과 흡수제에 따라 여러 가지 공정이 상업화 되어 있는데, 저온흡수공정에서는 Sodium carbonate, 알칼리 carbonate, tripotassium phosphate, sodium phenolate 등과 같은 흡수제가 사용되며 고온흡수공정에서는 potassium carbonate 용액 또는 potassium염 등이 사용되고 있다. 저온흡수공정으로 잘 알려진 Seaboard 공정은 묽은 sodium carbonate 수용액으로 H_2S를 흡수제거하는 흡수탑과 H_2S를 흡수한 알칼리염 수용액을 다시 공기로 재생하는 재생탑으로 구성되어 있다. 대규모 플랜트에서 H_2S를 처리하기에 적합한 경제적인 액상공정이다. 이 공정의 H_2S 흡수반응은 다음과 같은 화학반응으로 진행된다.

$$Na_2CO_3 + H_2S \rightarrow NaHCO_3 + NaHS \qquad (21)$$

이 공정은 타 공정에 비하여 간단한 공정으로 구성되어 있기 때문에 경제적이라 할 수 있으며, 단일 단계 플랜트에서 H_2S 제거효율을 85-95%까지 유지할 수 있다는 것이 장점이다. 반면, 공기재생 단계에서 도입되는 산소에 의한 부반응으로 인하여 흡수제의 손실이 발생되며 흡수제의 순도에도 영향을 미칠 수 있다. 재생단계의 부반응은 다음과 같은 반응이 일어난다.

$$2NaHS + 2O_2 \rightarrow Na_2S_2O_3 + H_2O \tag{22}$$

4.2.2 건식 탈황법

고온건식 탈황공정은 석탄가스 중의 황화합물(H_2S, COS)을 선택적으로 제거할 수 있는 건식 탈황공정이다. 이 탈황공정은 황화합물 흡수공정과 탈황제의 재생공정 그리고 흡수된 황을 원소 황으로 전환하는 황 회수공정으로 구성되어 있다. 그림 10은 고온건식 탈황공정의 공정 개략도를 나타낸 것이다.

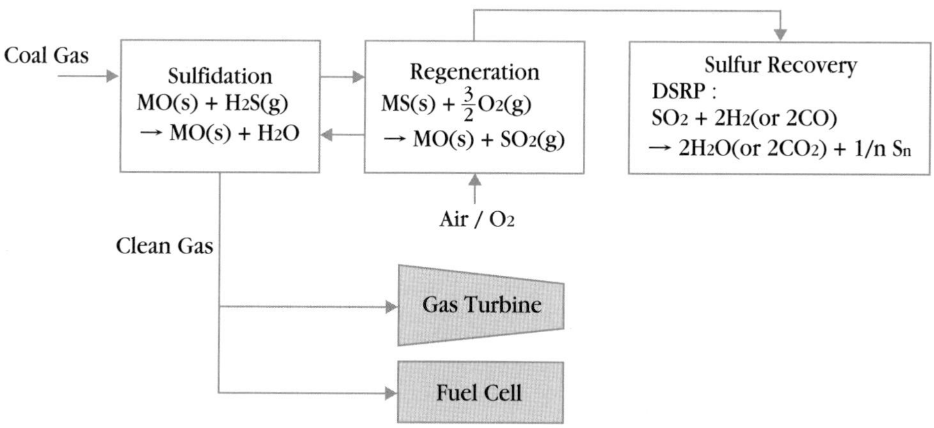

그림 10_ 고온건식 탈황공정의 개략도

탈황공정desulfurization process은 고체상의 금속산화물 탈황제에 400℃ 이상의 고온가스를 접촉시켜 가스 중에 함유된 황화합물(H_2S 및 COS 등)을 탈황제에 흡수제거하는 공정이다. 탈황공정의 기본 반응은 다음에 나타낸 식과 같다.

$$MO_{metal\ oxide} + H_2S \leftrightarrow MS_{metal\ sulfide} + H_2O \quad (23)$$

탈황반응이 일어나는 동안 부 반응으로 석탄가스화 공정의 주요 생성물인 합성가스(H_2, CO)에 의해 금속산화물 탈황제가 금속으로 환원되어 탈황성능이 저하되기도 한다. 이러한 합성가스의 환원도Reducing Power, Rp는 다음과 같이 계산할 수 있으며, 이는 탈황제에 영향을 줄 수 있는 중요한 인자로 작용된다(참고문헌 [16]).

$$R_P = \frac{[CO] + [H_2]}{[CO_2] + [H_2O]} \quad (24)$$

재생공정regeneration process은 황화된 탈황제를 재생하는 공정으로서 질소로 희석된 공기를 사용하여 수증기가 없는 조건에서 재생반응을 수행하면 다음과 같은 반응이 진행된다.

$$MS + 3/2O_2 \leftrightarrow MO + SO_2 \quad (25)$$

대부분의 황화된 금속산화물 탈황제는 공기나 공기-스팀 혼합물로 재생이 가능한데, 경제성이 있는 탈황제는 반복 재생이 가능하여야 하고 황화-재생 사이클이 진행되는 과정에서 본래의 황 수용능력이 유지되어야 한다. 일반적으로 산소를 이용한 재생반응은 발열반응이며 탈황제가 충전된 부분에서 급격한 발열hot spot현상이 일어난다. 이러한 현상은 탈황제의 성능저하에 직접적인 영향을 줄 수 있다. 이와 관련하여 온도조절이 매우 중요하므로 온도 조절용 희석가스의 공급 및 재생탈황제의 양에 대한 산소의 양적인 조절이 필요하며 희석가스로는 증기 또는 질소가 사용된다. 재생반응에서 발열반응을 억제하기 위하여 산소의 농도는 대개 2-3%정도로 사용하는 것이 적당하며, 재생반응에서 충분히 높은 온도를 유지하지 않거나 고농도의 산소를 사용할 경우 MSmetal sulfide의 산화에 의해서 다음과 같은 sulfation이 일어날 수 있다(참고문헌 [17]).

$$MS + 2O_2 \rightarrow MSO_4 \quad (26)$$

$$SO_2 + 1/2\ O_2 \rightarrow SO_3 \qquad (27)$$

$$MO + SO_3 \rightarrow MSO_4 \qquad (28)$$

이와 같은 sulfate의 생성은 탈황제의 세공 내에서 sulfide 화합물보다 큰 부피를 차지하게 되므로 탈황제 입자 내부의 응력을 증가시켜 탈황제 입자의 내구성을 저하시킨다. 또한 이어지는 사이클의 황화반응에서 sulfate의 분해로 인한 SO_2가 배출된다. 이와 같은 현상을 slippage 현상이라 한다.

황 회수공정sulfur recovery process은 재생반응에서 생산되는 고농도의 황산화물을 황이나 황산으로 전환시켜 회수하여 상업적 가치를 높일 수 있는 기술이며, 직접 황 회수공정direct sulfur recovery process, DSRP이라 부르기도 한다. 직접 황 회수공정은 환원성가스인 CO 및 H_2를 이용하여 SO_2를 환원시키는 촉매공정이다. DSRP공정에서의 황 회수를 위한 촉매반응은 다음과 같은 반응으로 진행된다(참고문헌 [18-21]).

$$SO_2 + 2H_2 \rightarrow 2H_2O + 1/nS_n \qquad (29)$$

$$SO_2 + 2CO \rightarrow 2CO_2 + 1/nS_n \qquad (30)$$

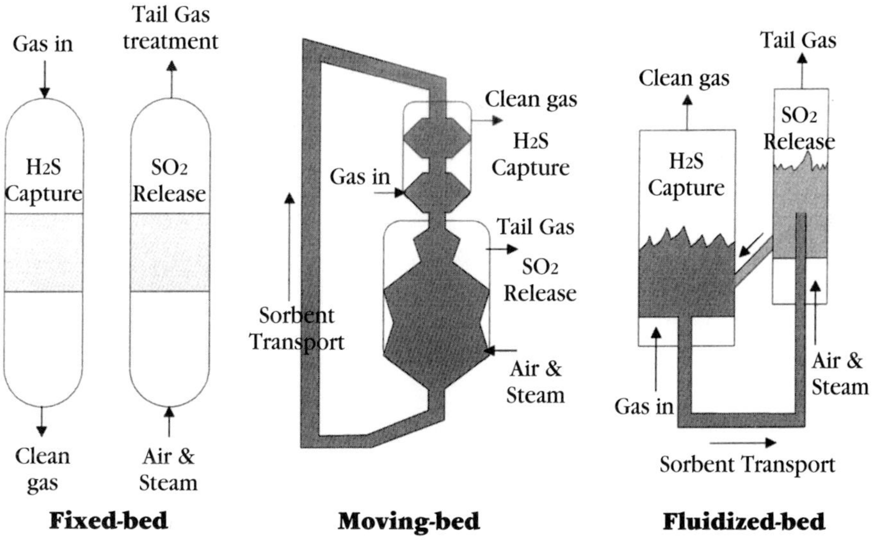

그림 11_ 여러 가지 고온건식 탈황반응공정의 개략도

고온건식 탈황반응시스템

고온건식 탈황공정은 탈황제와 석탄가스와의 접촉방식에 따라 그림 11에 나타낸 것과 같이 고정층과 이동층 그리고 유동층 탈황반응공정으로 분류된다.

(1) 고정층 탈황공정은 탈황제가 고정되어 있는 탈황탑과 재생탑으로 구성된 2개의 반응기로 탈황반응과 재생반응을 교대로 운영한다. 이 공정은 운전기술이 간단하고, 탈황제의 이용 효율이 높으며 연료가스의 부하변동에 신속히 대응할 수 있다는 장점을 갖추고 있다. 반면, 재생반응의 발열반응에 의한 열이 효과적으로 제거되지 않기 때문에 공정의 운전온도조절이 어렵다. 또한 국부적인 과열로 충전된 탈황제의 소결이 진행되어 물성저하 및 성능저하가 초래될 수 있다.

(2) 이동층 탈황공정은 탈황제가 중력에 의해서 탈황탑의 상부에서 하부로 자유낙하하게 되며, 연료가스는 하부에서 유입되어 상부로 흘러간다. 이와 같이 탈황제와 연료가스가 향류흐름 방식으로 접촉하면서 황화합물을 흡수하기 위한 반응이 진행된다. 황화합물을 흡수한 탈황제는 바로 탈황흡수탑 아래에 위치한 재생탑으로 흘러들어가 재생가스와 향류로 접촉하면서 탈황성능을 회복하게 된다. 재생된 탈황제는 고체를 수송하기 위한 리프트나 라이저에 의해서 탈황탑의 상부로 이동하게 되는 고체순환공정으로 조작된다. 이 공정도 비교적 간단한 공정으로 이루어져 있으며, 탈황과 탈질을 동시에 수행할 수 있는 장점을 가지는 반면에 재생과정에서 발생되는 열에 의한 온도제어가 어렵고 가스처리속도가 느린 단점이 있다.

(3) 유동층 탈황공정은 탈황탑과 재생탑 모두 유동층으로 조작된다. 연료가스는 유동층 탈황탑의 하부로 분배기를 통해 공급되어 탈황제와 반응하여 가스를 정제한다. 황성분을 흡수한 탈황제는 재생탑으로 보내져서 재생가스와 접촉하여 황성분을 SO_2로 배출하고 탈황성능을 회복한다. 이동층과 마찬가지로 재생된 탈황제는 고체순환에 의해 탈황탑으로 보내지는 연속적인 조업이 가능하다. 이 공정은 고정층과 이동층 공정의 단점인 발열에 의한 온도제어가 유리하고, 안정적 연속조업이 가능하다. 또한 기체와 고체의 혼합효과가 좋은 장점을 가지는 반면에 유동화 과정에서 마모에 의한 비산손실이 단점이다. 그러므로 유동층 탈황공정에 적용되는 흡수제는 내마모성이 높은 탈황제를 사용해야 한다. 이상에서 기술한 바와 같이

세 가지 탈황반응공정은 운전장치의 구조상 각각의 장단점이 있지만, 유동층 탈황공정이 가장 많이 선택되고 있다.

연료가스로부터 H_2S를 제거하는 방법은 습식법과 건식법이 있으며, 상용기술로는 석유화학공장에서 사용되고 있는 습식탈황법이 있다. 습식탈황법은 아민용액 등과 같이 액상의 흡수제를 이용하여 조작되는 공정으로 상온정도의 낮은 온도에서 운전되므로 먼저 연료가스를 상온까지 냉각시켜야 하기 때문에 열효율면에서 불리하고 많은 양의 폐수가 발생하는 단점을 가지고 있다. 저온습식탈황법은 이미 상용화되어 있긴 하지만, 고온건식 탈황법에 비하여 석탄가스화 복합발전 시스템에서 비경제적이라 할 수 있다.

고형 탈황제의 종류와 화학반응(참고문헌 [22-25])

고온건식 탈황공정에 적용되는 탈황제는 함유된 고체산화물의 조성에 따라 최적 운전온도가 다르며, 탈황-재생의 반복사용에 의한 물리적 강도저하, 마모, 활성물질의 열화현상이 수반되므로 탈황능력과 함께 재생능력도 다르다. 고온건식 탈황제로 주목받고 있는 대상은 칼슘계, 철계, 구리계 그리고 아연계 고체 산화물 탈황제가 있다.

(1) 칼슘계 탈황제는 석회석이나 백운석이 주로 사용되고 수산화칼슘도 일부사용된다. 이들 탈황제는 800℃ 이상의 고온에서 황화합물 흡수제거에 적합하다. 칼슘계 탈황제는 가스화 로내에서 가스화 원료와 함께 유입시켜 탈황이 가능하다. 칼슘계 탈황제의 H_2S 흡수반응은 다음에 나타낸 반응식과 같다.

$$CaO + H_2S \leftrightarrow CaS + H_2O \quad (31)$$

$$CaCO_3 + H_2S \leftrightarrow CaS + CO_2 + H_2O \quad (32)$$

$$MgO\ CaCO_3 + H_2S \leftrightarrow MgO\ CaS + CO_2 + H_2O \quad (33)$$

반응식에서 알 수 있듯이 가역반응의 특성상 탄산가스 또는 수증기 분압이 증가되면 탈황효율이 저하되며, 탈황-재생이 반복됨에 따라 탈황효율이 급격히 저하되며 내마모성이 낮은 단점이 있다.

(2) 철계 탈황제는 석탄가스 중의 환원분위기의 정도에 따라 산화상태가 다른 산화철(Fe_2O_3, Fe_3O_4, FeO)이나 철광석이 사용된다. 산화철의 종류에 따라 350-800℃ 온도에서 황화합물 흡수반응이 일어나며, 700℃ 이상에서 황화된 탈황제가 재생된다.

$$3Fe_2O_3 + H_2 \leftrightarrow 2Fe_3O_4 + H_2O \quad (34)$$

$$Fe_3O_4 + 3H_2S \leftrightarrow 3FeS + 4H_2O \quad (35)$$

$$2FeS + 7/2\ O_2 \leftrightarrow Fe_2O_3 + 2SO_2 \quad (36)$$

$$2Fe_3O_4 + 1/2\ O_2 \leftrightarrow 3Fe_2O_3 \quad (37)$$

철광석을 그대로 사용할 경우, 가격이 저렴하고 탈황능력이 우수하며 재생성이 우수한 장점이 있는 반면, 수증기 분압이 증가할수록 탈황효율이 현저하기 저하된다. 즉, 연료가스 중의 수분농도가 평형전화율에 큰 영향을 미치는 단점이 있다.

(3) 구리계 탈황제는 금속 구리, 수산화구리 그리고 산화구리 등의 형태로 사용된다. 수증기나 공기와 반응하여 황화된 탈황제를 쉽게 재생할 수 있다. 구리계 탈황제는 300℃ 정도의 낮은 온도에서 탈황효율이 높다는 것이 장점이지만, 재생과정에서 황화된 금속염을 생성시켜 slippage 현상을 발생시키고 고온에서 쉽게 소결되는 것이 단점이다.

(4) 아연계 탈황제는 650℃ 이상의 높은 온도에서 철계나 구리계 탈황제 보다 탈황효율이 높다. 나프타 분해공정의 탈황에 산화아연이 사용되고 있는데, 산화아연만으로 고온건식 탈황제로 사용할 경우 연료가스의 환원성 기체에 의해서 금속아연으로 환원되어 휘발손실되는 것이 큰 문제점이다. 금속아연으로 환원 및 휘발손실을 억제하기 위하여 고온에서 열적안정성이 우수한 zinc titanate 또는 zinc ferrite와 같은 복합금속산화물이 이용되고 있으며, 탈황성능도 우수한 것으로 알려져 있다. 이외에도 망간과 몰리브덴계 탈황제도 개발되어 이용되고 있다.

5. 연료가스로부터 기체상 수은 처리

석탄의 생산지에 따라 차이가 있지만 대체적으로 석탄에는 0.1-0.15ppm 정도의 수은이 함유되어 있으며(표 4참조), 이는 산업폐기물에 함유된 수은의 10분의 1에 해당되는 양에 불가하다. 그러나 미국의 경우 연간 석탄사용량이 약 10억톤정도이며, 한국의 경우에도 연간 6천톤 정도를 사용하고 있다. 그러므로 석탄의 사용으로 미국과 한국의 경우 각각 연간 약 100톤과 8톤 정도의 수은이 발생한다는 결론이 도출된다.

석탄 또는 산업폐기물의 소각과정에서 발생되는 수은의 80%가 대기 중으로 배출되는데, 장기적으로 석탄을 이용한 발전설비가 증설될 것을 고려한다면 발전소 내의 가스상의 수은 제거시설의 설치는 필수적인 것이 될 것이다. 수은은 천연가스나 오일 그리고 석탄 등에 모두 함유되어 있기 때문에 화석연료를 이용한 발전시스템에서의 수은제거기술이 반드시 필요하다. 특히, 수은은 발생원으로부터 멀리 확산되기 보다는 발생원 주변에 농축되는 경향이 있기 때문에 발전소가 설치되어 있는 지역의 현안문제가 될 수 있다.

증기상의 수은은 크게 원소수은Hg^0과 산화수은Hg^{2+}으로 나우어진다. 산화수은은 물에 용해되기 때문에 배기가스 처리설비 중 습식 탈황설비로 제거가 가능하지만 원소수은element mercury(배가스 수은의 평균 50%차지)은 제거되지 않는다. 원소수은을 제거하기 위해서는 산화제를 주입하여 산화수은으로 전환시켜 제거하거나 활성탄 등 흡착제를 이용한다.

연소배가스에서 산화수은의 함량은 연료의 종류(석탄의 등급)와 온도에 의존한다. 온도가 증가하면 산화수은 보다는 원소수은으로 존재할 가능성이 크다. 역청탄의 경우 연소가스 중에 Hg^{2+}가 70-88%를 차지하고 있으며 갈탄과 준역청탄의 경우에는 Hg^{2+}가 15-50%차지하고 있다. 온도에 따른 수은 종species의 평형조건은 석탄의 등급에 따라 그림 12와 같이 나누어지는데 준역청탄의 경우에는 보다 낮은 온도에서 원소수은이 만들어진다.

〈표 4〉 탄종에 따른 수은의 함유량 (참고문헌 [26, 27])

Coal(States)	Mercury contents(mg/kg)
Autralia	0.08±0.06
Colombia	0.06±0.03
China	0.15
Egypt	0.1
Germany	0.16
Indonesia	0.04±0.02
New Zealand	0.05
Poland	0.35±0.55
Russia	0.06
South Africa	0.09±0.02
Norway	0.14
USA	0.14±0.12
Venezuela	0.08
Total	0.12±0.19

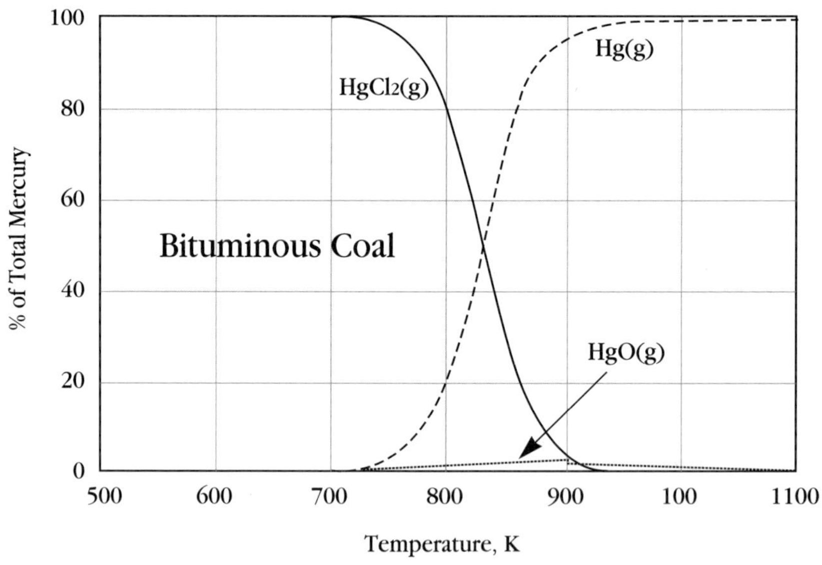

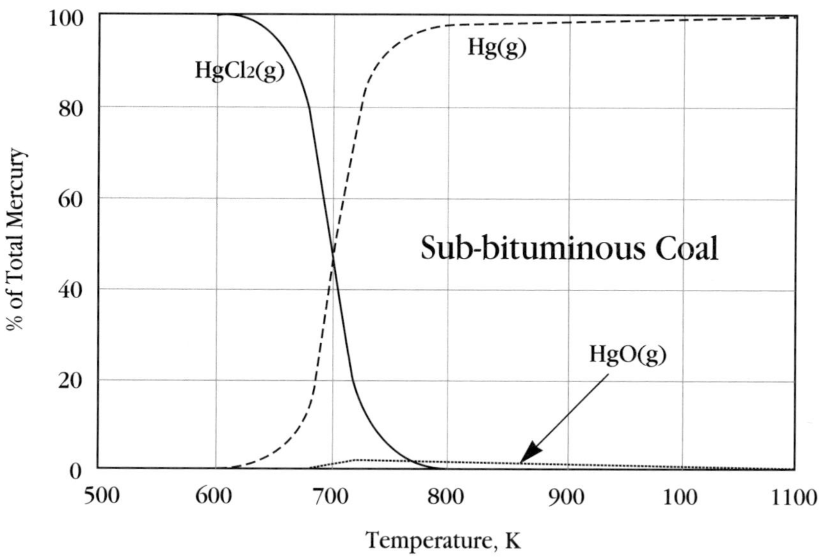

그림 12_ 온도에 따른 수은종의 평형분포 예측(참고문헌 [27, 28])

6. 석탄가스화 복합발전IGCC

석탄가스화 복합발전 시스템은 석탄과 같은 화석연료를 가스화반응으로부터 합성가스를 생산하여 가스터어빈과 스팀터어빈을 동시에 가동함으로서 전기를 생산하는 신 개념의 차세대 신 발전기술이다. 석탄가스화 복합발전 시스템의 구성은 그림 12에서 나타낸 것과 같이 가스화 공정과 가스정제 공정 그리고 발전공정으로 나누어져 있다. 가스화 공정에서는 석탄뿐만 아니라 천연가스, 중질잔사유, 코크스, 오리멀젼, 폐기물 등과 같은 다양한 형태의 화석연료와 바이오매스를 가스화 반응으로부터 H_2, CO, CH_4 등을 생산한다. 화석연료에 함유된 황, 염소, 질소, 중금속 등의 성분은 가스화에 의해서 H_2S, COS, CS_2, HCl, NH_3, 기타 중금속이 함유된 불순물의 형태로 배출된다. 가스정제공정에서는 가스화 공정에서 생성된 불순물들을 발전공정으로 유입되기 전에 제거하기 위한 공정이다. 발전설비는 가스터어빈과 터어빈으로부터 유출되는 폐열을 이용하여 스팀을 생산하는 스팀 발생기 그리고 스팀터어빈으로 구성되어 있다.

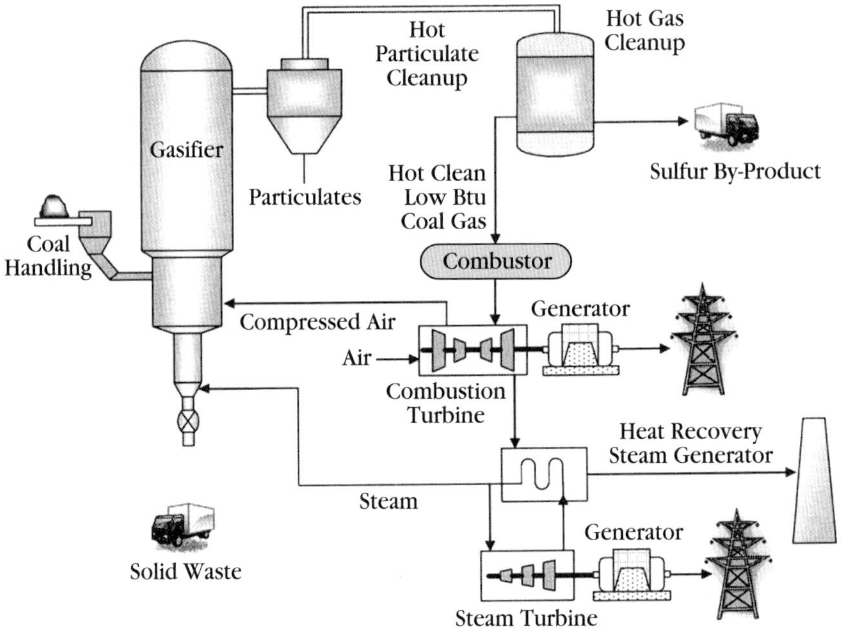

그림 13_ 석탄가스화 복합발전 시스템의 공정 개략도

석탄가스화 복합발전 시스템은 표 5에 나타낸 것과 같이 미국을 중심으로 상용급 플랜트가 건설되었으며, 전력생산을 위하여 운영되고 있다. Texaco사와 Shell사는 유럽과 아시아 지역으로 진출하여 상용급 석탄가스화 복합발전 시스템을 건설하고 있다(표 6와 7 참조). 이들 상용 석탄가스화 복합발전 시스템에서 생산되는 가스화 연료가스의 조성은 가스화로에 공급되는 산소의 농도와 석탄의 탄종에 따라 달라지는데, 공기 주입형 및 산소 주입형 가스화로에서 생산되는 연료가스의 조성은 표 8에 나타낸 것과 같다.

〈표 5〉 미국의 석탄가스화 복합발전의 개발현황

플랜트 명칭	지역	적용가스화기술	발전규모(MWe)	시운전 시작
Wabash River	미국 Indiana	Destec 분류층	262	95년 10월
Tampa Electric Co.	미국 Florida	Texaco 분류층	250	96년 9월
Sierra Pacific Pinon Pine	미국 Nevada	KRW 유동층	100	98년 1월
Demkolec	네덜란드 Buggenum	Shell 분류층	253	94년 초
Elcogas	스페인 Puertrollano	Prenflo 분류층	310	97년 12월

〈표 6〉 Texaco사의 석탄가스화 복합발전 프로젝트(참고문헌 [29])

지역	국가	project명	Feedstock	Products	규모(sTPD)	Startup
유럽	이태리 3	API	Visbreaker	Power & Steam	1470	'00.11.
		ISAB	Deasphalter	Power	3174	'99.12.
		Saras	Visbreaker	Power & Steam	3771	'00. 4.
	독일 1	DEA	Heavy oil	Methanol	600	'00. 6.
아시아	중국 2	Nanjing	Heavy oil	암모니아	800	'00.11.
		Huainan	석탄	암모니아	990	'00. 8.
	싱가포르 2	SSPL	Heavy oil	Syngas	630	'00. 6.
		Esso	Steam Craker Tar	Power & other	1019	'00.12.
기타	미국 3	Baytown	Deasphalter	Syngas	1213	'00. 4.
		Famiand	Petroleum Coke	암모니아	1084	'00. 7.
		Delawere	Petroleum Coke	Power & Steam	2300	'00. 7.
	호주 1	BOC	Natural Gas	H_2	15(MMSCFD)	'00.10.

*2004년 Startup 예정인 PIEMSA(스페인, 800MW) 플랜트 제외 : Visbreaker 시료

〈표 7〉 Shell사의 석탄가스화 복합발전 프로젝트(참고문헌 [29])

지역	국가	Project명	Feedstock	Products	비고
유럽	이태리	Sulcis	석탄	Power & Steam	전력용량 : 450MW 2001년 착수예정
		AGIP	Bottom Tar	Power	Syngas + Natural Gas co-fining
아시아	중국	Dong Ting	Naphtha를 석탄으로 대체	암모니아	석탄용량 : 2000TPD, 2004년 착수예정
	인도	IOCL	Delayed Coke	Syngas	협의 중

*2003년 현재 운전 중인 Shell Pernis Refinery(네덜란드) 플랜트와 재가동 중인 MDS(말레이지아) 플렌트 제외

〈표 8〉 대표적인 석탄가스화로부터 생산된 연료가스의 조성(참고문헌 [30, 31])

Syngas	Gas compositions(vol.%)						
	GE	Texaco		KRW	Lurgi	U-gas	Shell
	Air	Air	O_2	Air	Air	Air	O_2
CO	8.00	16.13	40.00	15.00	11.90	24.33	64.00
CO_2	11.00	7.55	12.50	5.00	10.00	5.16	0.80
H_2	16.00	10.70	27.84	10.00	17.40	13.19	31.60
H_2O	30.00	10.94	18.50	15.00	28.10	5.35	1.50
H_2S	3.00	0.42	1.08	0.50	1.00	0.12	1.40
COS	-	0.03	0.08	-	-	-	-
N_2	29.00	54.22	-	53.70	28.70	49.90	0.70
CH_4	3.00	-	-	0.50	3.00	1.84	-
NH_3	0.50	0.24	0.20	0.30	0.50	0.11	-
CO/CO_2	0.73	2.14	3.20	3.00	1.19	4.72	80.00
H_2/H_2O	0.53	0.98	1.50	0.67	0.62	2.47	21.00
Rf	0.58	1.45	2.19	1.25	0.77	3.57	41.56

7. 석탄의 간접액화

석탄의 액화공정은 직접액화와 간접액화공정으로 구분된다. 본 교재에서는 간접액화에 관하여 기술하였다. 간접액화공정은 석탄의 가스화공정과 연계하여 석탄가스로부터 액상의 피셔-트롭스유(디젤유)와 휘발유를 합성하는 과정이다.

7.1 피셔-트롭스

7.1.1 역사 및 현재개발 현황

세계 2차 대전 중에 독일에서 피셔-트롭스 합성에 대한 연구가 주로 수행되었으며, 몇몇 생산플랜트가 운영되었다. 전후 초기에는 미국에서 활발한 연구가 지속되었다. 그러나 1950년대 중반에 중동지역에서 많은 양의 유전이 발견되면서 피셔-트롭스 합성에 대한 관심은 줄어들게 되었다. 그럼에도 불구하고 독일의 지속적인 개발에 의해서 1955년에 피셔-트롭스 합성을 위한 상업용 플랜트를 가동하기 시작하였는데, 이것이 Sasol I 이다. 이후 십수년간 피셔-트롭스 합성에 관한 관심이 없었으나, 1970년대에 석유 부존량의 감소문제와 석유파동에 대응하기 위하여 피셔-트롭스 합성이 다시 주의를 끌게 되었다.

7.1.2 피셔-트롭스 반응공정(참고문헌 [5])

피셔-트롭스 합성의 주요인자는 탄화수소 사슬의 성장 가능성과 액상 선택도이다. 이 반응은 코발트Co나 철Fe 촉매의 표면에서 CO와 H_2의 사슬이 이어지는 성장반응이다.

$$CO + 2H_2 \rightarrow -CH_2- + H_2O \qquad (38)$$

이 반응은 발열반응으로서 화학에너지의 약 20%가 열로 전환되며 몰부피의 큰 감소가 일어나게 되므로 중간의 온도와 압력(225-365℃, 5-40bar)에서 수행되는데, 최적의 촉매 수명과 반응속도의 유지를 위해서는 열이 제거되어야 한다.

세계 2 차대전 이후 독일의 두 기업 Ruhrchemie와 Lurgi가 협동하여 왁스를 높은 수율로 생산하기 위하여 침전법으로 제조된 철 촉매를 사용하는 고정층 반응기를 개발하였다. 미국의 Standard Oil과 Hydrocarbon Research사는 Kellogg사와 함께 촉매가 반응기를 순환식으로 투입되는 유동층 반응기를 개발하였다. 유동층 반응기는 가솔린을 높은 수율로 생산하였다. 첫 번째 Sasol 플랜트는 고정층 Arge 반응기와 entrained Kellogg 반응기를 병합한 반응기를 1955년에 설치하였다. 이것이 entrained fluid bed 반응기로 현재 Sasol Synthol 시스템(그림 14)으로 알려져 있으며 상업적으로 대규모 플랜트에 적용되어 운영되고 있다. 이외에도 피셔-트롭스 합성 반응기는 고정층 및 유동층 반응기와 슬러리 반응기 등이 개발된 바 있다. 피셔-트롭스 반응기의 종류에 따른 운전조건과 생성물의 성상 등을 표 9에 정리하였다.

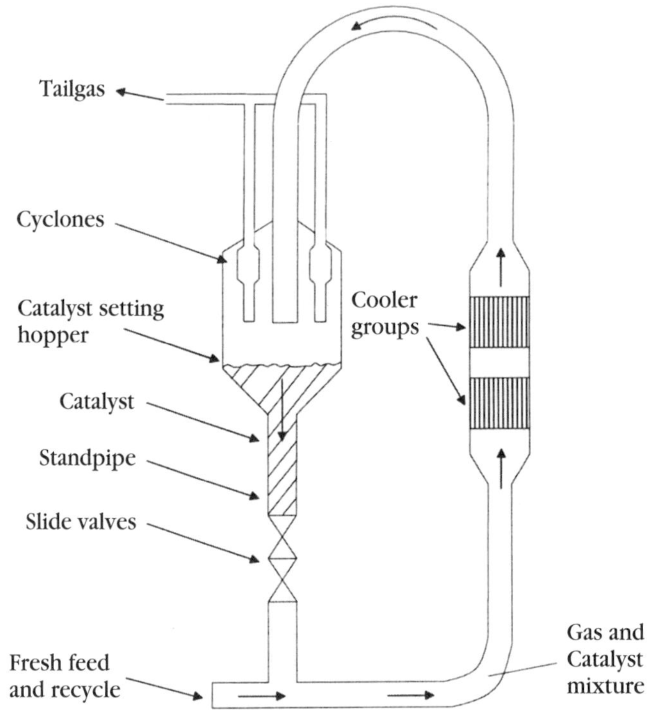

그림 14_ Sasol Synthol 반응기 (참고문헌 [5])

〈표 9〉 피셔-트롭스 반응기의 비교(참고문헌 [5])

Case Bed type	1 Fixed	2 Slurry	3 Fluidized	4 Slurry	5[a] Fixed Isothermal	6[a] Fixed Adiabatic	7 Fixed Isothermal	8	9 Fixed Adiabatic
Catalyst type	Precipitated				Fused		Precipitated ca. 2.5mm		
extrudates									
Particle size	ca. 2.5mm	40-150μm	<70μm	<40μm					
Catalyst load/kg Fe	2.7	0.8	4.2	1.0					
Catalyst bed height/m	3.8	3.8	2.0	3.8	1.6	1.45	1.6		1.45
Bed Inlet Temp./K	496	508	593	593	493	493	493	523	493
Bed Outlet Temp./K	509	511	598	601	496	529	496	528	526
H_2O Exit Pressure/MPa					0.020	0.025	0.039	0.041	0.055
Recycle to Fresh Feed ratio	1.9	1.9	2.0	2.0	25	25	25	25	25
Total Gas Linear Velocity/cm sec^{-1}	36	36	45	45	34	36	34	34	36
Conversion % ($CO+H_2$) or ($CO+CO_2$)	46	49	93	79	75	88	60	75	67
Selectivity/%carbon atom									
CH_4	7	5	12	12					
C_3			14	14					
Gasoline	14	15	43	42	10	15	11	20	16
Hard wax	27	31	0	0	42	27	40	16	30
Rate of Activity decline/ %Conv. per day					0.37	0.78	0.46	0.83	1.6

a. Cases 5 and 6 simulate the first stage of a multistage (successive catalyst beds) reactor system, while cases 7, 8 and 9 represent the third stage. Deactivation rates for cases to 4 are not given since the catalyst loadings are widely different in these cases.

만약에 높은 수율로 왁스를 생산하는 것이 목적이라면, 등온으로 조작되는 고정층 및 슬러리 반응기가 적당하다. 그러나 유동층 반응기를 적용할 경우, 생성된 왁스가 촉매층의 유동을 억제시키는 결과를 초래하기 때문에 드라이 유동층 반응 시스템은 사용할 수 없다. 단열 반응기는 single 또는 multi stage에 관계없이 왁스의 선택성이 낮고 다른 형태의 반응기 보다 촉매활성이 저하되는 속도가 빠르기 때문에 적당하지 않다. 그러나 가벼운 저비점 탄화수소를 요구한다면, 드라이 상태의 유동층 반응기를 사용하는 것이 최고의 생산속도를 얻을 수 있다. 이런 경우에 고정층 반응기는 높은 온도에서 충전층 내에서 카본 침적이 빠르게 일어나기 때문에 유동층과 동일한 온도에서 운전될 수 없다.

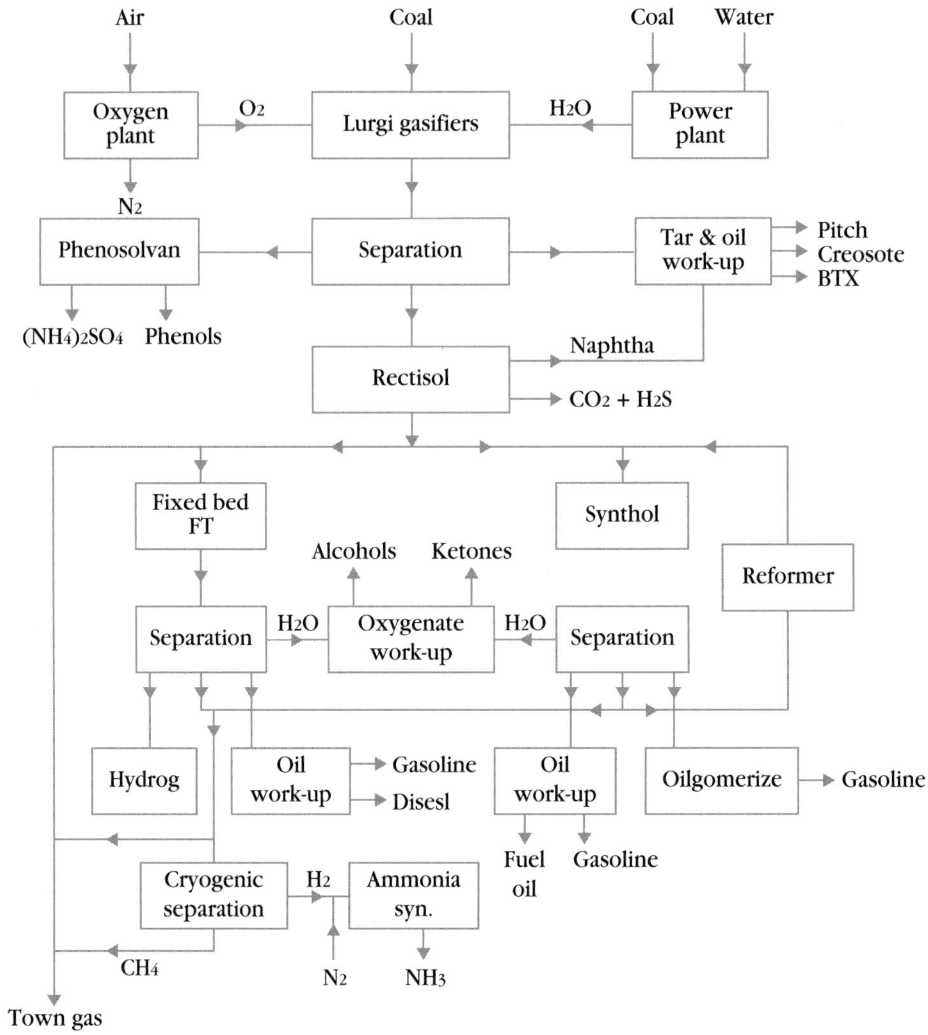

그림 15_ Sasol I 플랜트의 공정개략도 (참고문헌 [5])

피셔-트롭스 합성공정을 상용 플랜트로 설계되어 운영되는 것이 그림 15에 나타낸 것과 같은 공정을 포함한 Sasol I 플랜트이다. 이 플랜트에는 기본적으로 석탄 가스화 공정인 Lurgi 가스화기가 포함되어 있으며, 석탄의 가스화로부터 생산된 원료가스 중의 타르, 피치, BTX 등을 분리하고 Rectisol 공정에서 CO_2와 H_2S 그리고 나프타를 분리하여 합성가스만 선택적으로 얻어낸다. 분리 정제된 합성가스는 고정층 피셔-트롭스 반응기와 Synthol 반응기에서 피셔-트롭스 합성반응으로 합성유를 제조하게 된다. 이 때, 고정층 피셔-트롭스 반응기에서는 수소와 가솔린 그리고 디젤유가 생산되며, Synthol 반응기에서는 가솔린을 얻을 수 있는 오일과 함께 C_3 및 C_4 탄화수소가 함께 얻어진다. Synthol light oil은 C_5-C_{12} 정도의 탄화수소가 얻어지며, 약 75%정도가 산 촉매상에서 올레핀으로 생산된다. 올레핀의 이성화반응으로부터 이중결합을 이동시킴으로써 고옥탄가의 가솔린을 얻을 수 있다.

7.1.3 피셔-트롭스 오일

상용 피셔-트롭스 합성 플랜트인 Sasol 플랜트에서 생산되는 합성유의 조성을 표 10에 나타내었다. 앞서 설명된 바와 같이 Sasol I 플랜트의 피셔-트롭스 합성공정인 고정층 F-T 반응기와 Synthol 반응기에서 생산되는 연료유의 조성은 상당히 다르다. 고정층 반응기와 유동층 반응기(Synthol 반응기)의 운전온도는 각각 493K와 598K로 약 100℃ 정도의 차이가 있다. 또한 생산되는 연료유도 유동층에서는 가솔린이 약 40%정도이며 C_1-C_4에 해당되는 저비점 탄화수소가 43%정도로 많이 생산된다. 그에 반하여 고정층 반응기에서 생산되는 연료유는 가솔린과 디젤 그리고 왁스가 각각 18%, 14%, 45%정도로 비교적 고비점 탄화수소가 많이 생산된다. 이와 같이 반응기의 형태와 합성온도 등에 따라 생산되는 피셔-트롭스 합성유의 조성도 상당히 다르다. 한편, 두 반응시스템에서 생산되는 수용성 생성물(알콜, 케톤, 산 등)과 액상 또는 고체상 생성물의 특성을 표 11와 표 12에 요약 정리하였다.

〈표 10〉 Sasol 상용 반응기의 생성물의 선택성(참고문헌 [5])

Product	Composition/%carbon atom	
	Fixed bed at 493K	Synthol at 598K
CH_4	2.0	10
C_2H_4	0.1	4
C_2H_6	1.8	4
C_3H_6	2.7	12
C_3H_8	1.7	2
C_4H_8	3.1	9
C_4H_{10}	1.9	2
C_5 to C_{11} (gasoline)	18	40
C_{12} to C_{18} (diesel)	14	7
C_{19} to C_{23}	7	4
C_{24} to C_{35} (Medium Wax)	20	
>C_{35} (Hard Wax)	25	
Water solubie non-acid chemicals	3.0	5
Water soluble acids	0.2	1

〈표 11〉 Sasol 반응기로부터 수용성 생성물의 조성(참고문헌 [5])

Category	Compound	Composition/wt. percent	
		Fixed bed reactors	Synthol reactors
Non Acid	CH_3CHO	~2	3
	C_2H_5CHO		1
	C_3H_7CHO	2	0.5
	CH_3COCH_3	1	10
	C_2H_5COCH		3
	$C_2H_5COC_2H_5+C_3H_7COCH_3$	24	1
	CH_3OH	50	1
	C_2H_5OH	11	55
	n-C_3H_7OH		13
	i-C_3H_7OH	6	3
	n-C_4H_9OH		4
	i-C_4H_9OH		3
	2-C_4H_9OH		1
	$C_5H_{11}OH$	4	1
Acids	Acetic		70
	Propionic		16
	Butyric		9

〈표 12〉 Sasol 반응기로부터 액체와 고체 생성물의 선택적 특성(참고문헌 [5])

Product Cut	Property	Fixed Bed[a]	Synthol[a]
Gasoline C_5–C_{11}	Olefins	32%	65%
	Paraffins	60%	14%
	Aromatics	0%	7%
	Alcohols	7%	6%
	Ketones	0.6%	6%
	Acids	0.4%	2%
	n–Paraffins	95%	55%[b]
	RON (Pb free)	~35	88
Diesel C_{12}–C_{18}	Olefins	25%	73%
	Paraffins	65%	10%
	Aromatics	0%	10%
	Alcohols	6%	4%
	Ketones	<1%	2%
	Acids	0.05%	1%
	% n–Paraffins	93%	60%[b]
	Cetane No	75	55
Medium Wax C_{24}–C_{35}	Olefins	10%	–

a. wt. % of cut except for RON and cetane No

b. % of the paraffins which are straight chained

7.1.4 피셔-트롭스 촉매 및 반응 메카니즘

1902년 초에 메탄이 니켈과 코발트 촉매상에서 수소와 일산화탄소 혼합기체로부터 합성되는 것이 관찰되었다. 또한 고압조건의 BASF사의 코발트 촉매상에서 액상의 생성물이 제조되었다. 피셔와 트롭스는 10-15MPa정도의 고압조건에서 알칼리 철 촉매를 사용한 그들의 연구결과를 보고하였다. 피셔와 트롭스에 의해서 합성된 액상의 생성물은 산화된 화합물에서 매우 풍부하였다. 낮은 압력에서는 탄화수소가 생성되었다. 그러나 철 촉매의 비활성화가 빠르게 진행되었는데, 이러한 이유로 낮은 압력에서는 니켈과 코발트 촉매가 사용되게 되었다. 니켈촉매는 메탄의 생성에 아주 높은 경향을 가졌으며, 또한 니켈카보닐화합물의 전환되어 반응기로부터 손실되어 촉매의 활성이 저하되기 때문에 사용하지 않게 되었다. 1936년에 연간 탄화수소 20만톤정도를 생산할 수 있는 규모의 피스-트롭스 생산 플랜트 4기가 건설되었다. 1944년까지 연간 70만톤을 생산할 수 있는 9개의 플랜트가 추가로 건설되었다. 이들 피셔-트롭스 플랜트에는 코발트계(Co:ThO_2:MgO:Kieselguhr = 100:5:8:200) 촉매가 표준형 주 촉매로 사용되었다.

한편, 철 촉매에 관한 연구도 계속되었는데, 1936년 Pichler가 중요한 발견을 하였다. 반응공정을 대기압에서 15bar까지 증가시켰을 경우, 철 촉매의 수명이 현저하게 개선된다는 것이었다. 이후 독일의 여러 기업들에 의해서 철 촉매의 개선을 위한 연구가 수행되었다.

피셔-트롭스 합성에 의한 연료유를 생산하는 공정은 촉매의 선택이 매우 중요하다. 이들 공정에 사용되는 촉매는 앞서 기술된 바와 같이 코발트 및 철계 촉매가 높은 활성을 가진 것으로 잘 알려져 있다. 또한 이들 촉매의 제조과정에 따라서 촉매의 성능이 다른 것으로 알려져 있다. 침전법에 의해서 촉매를 합성하는데, 촉매의 활성성분들을 침전반응에 의해서 얻기 위해서는 다양한 침전제가 사용된다. K, Na, NH_3의 카보네이트 화합물을 침전제로 사용하여 합성된 촉매가 수산화물을 사용한 것 보다 촉매의 활성이 더 높게 유지되며, 활성성분을 포함한 전구체의 경우 금속 sulphate와 금속염화물을 사용한 경우에는 촉매의 활성이 낮다. Sasol 플랜트에서 사용되는 코발트계 촉매는 코발트 나이트레이트를 소듐 카보네이트로 pH 변화로부터 촉매활성물질인 코발트를 침전시켜 합성된 것을 표준 코발트 촉매로 사용한다. 또한 이들 촉매의 성능을 개선하기 위하여 산화규소, 산화아연, dolomite 그리고 산화알루미늄과 같은 금속산화물을 첨가제 또는 지지체로 사용한 경우도 있으며, SiO_2를 지지체로 사용한 경우에 촉매활성이 높은 것으로 알려져 있다.

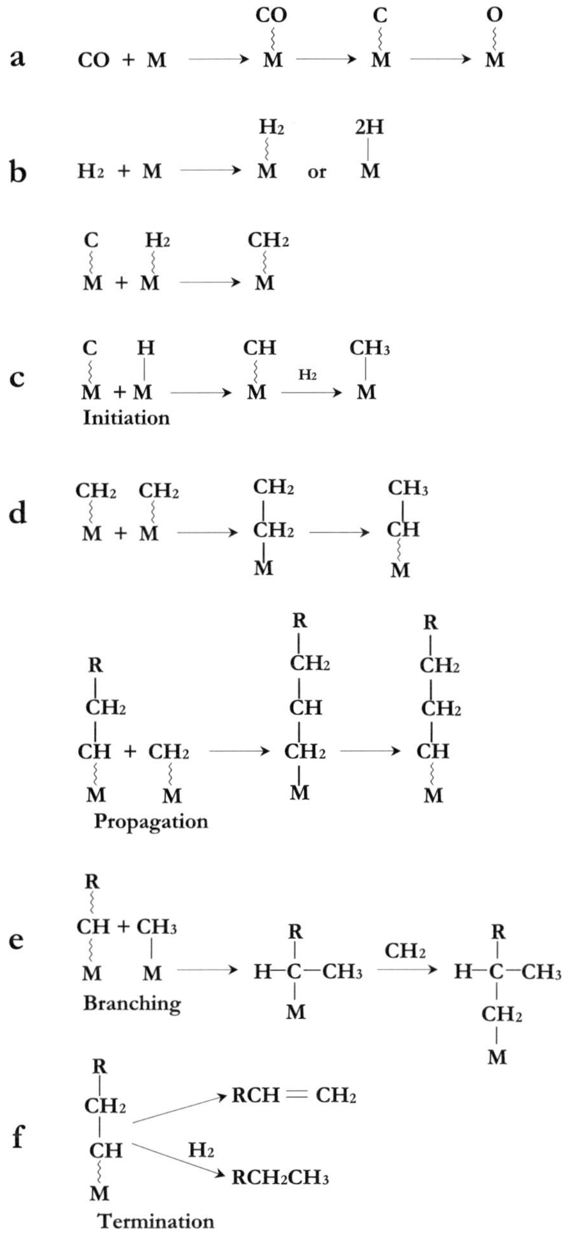

그림 16_ 피셔-트롭스 합성반응의 대표적인 촉매반응기구-I(참고문헌 [5, 32])

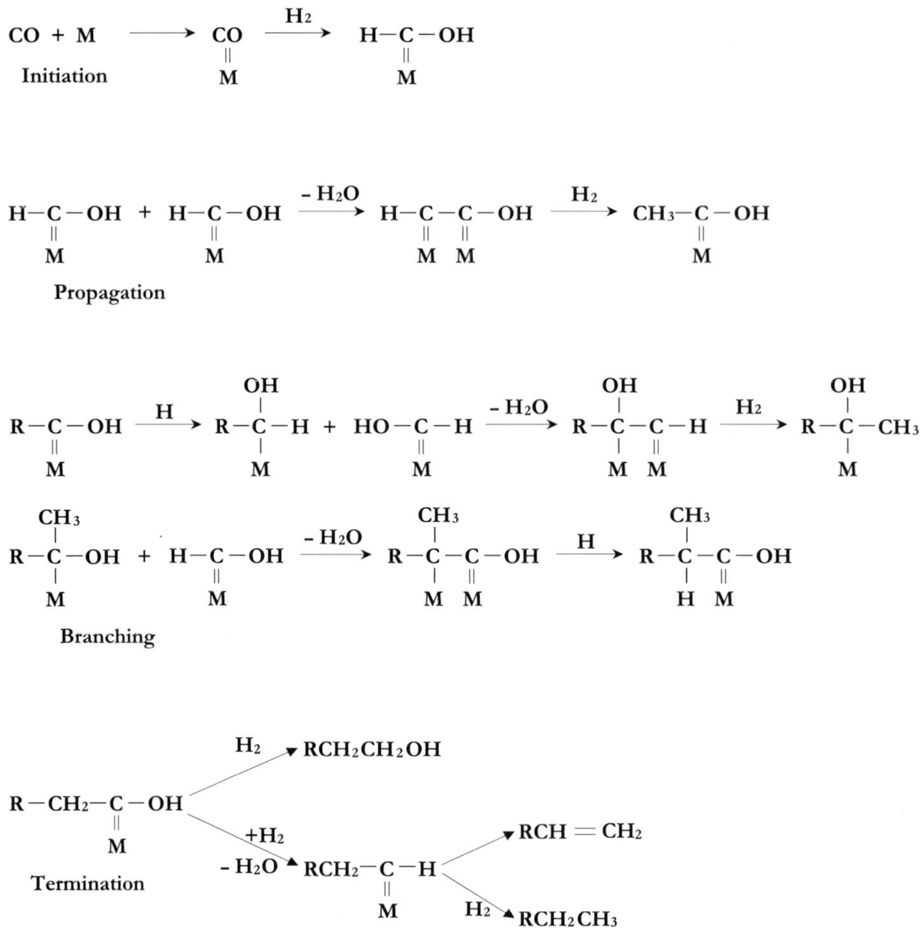

그림 17_ 피셔-트롭스 합성반응의 대표적인 촉매반응기구-II(참고문헌 [5, 33])

피셔-트롭스 합성반응은 생성물이 아주 다양하기 때문에 촉매표면에서 일어나는 반응 메카니즘도 여러 가지로 제안되고 있다. 제안된 반응 메카니즘은 몇 가지 가정을 두고 설명된다. 첫 번째 가정은 촉매표면에 화학적으로 흡착된 일산화탄소가 완전히 해리되어 탄소와 산소원자로 분리되어 흡착된다는 것이다. 촉매표면의 탄소원자는 촉매표면에 흡착된 수소분자 또는 해리된 수소원자에 의해서 개별적으로 수소화반응으로부터 탄화수소를 형성하게되며 그림 16에 나타낸 것과 같이 반응이 진행된다는 것이다. 두 번째 가정은 일산화탄소가 해리되지 않고 직접 수소화 반응에 참여하며 그로부터 산소가 함유된 탄화수소 화합물을 형성하고, 이들 화합물의 탈수반응으로부터 탄화수소의 체인이 성장하는 방향으로 반응이 진행된다는 것이다(그림 17 참조). 이외에도 다양한 F-T 반응 메카니즘이 제안된 바 있다.

7.2 DME 합성(참고문헌 [34])

7.2.1 DME 란

DMEdimethylether는 화학식이 CH_3OCH_3로 표시되는 가장 간단한 에테르이다. 일반적으로 '에테르'로 불리는 물질은 디에틸에테르로 그 화학식은 $C_2H_5OC_2H_5$로 DME와는 다른 물질이다.

DME는 합성가스로부터 고압 촉매반응에 의해서 합성된 메탄올을 탈수하여 생산된다. 일본의 연간 DME 생산량은 약 1만 톤, 세계적으로 연간 15만 톤 정도인데, 생산된 DME의 일부는 용제와 냉매로 사용되고 있으나, 대부분 스프레이용 분무제(화장품, 도료, 농약 등)로 사용되고 있다. 1931년에 스프레이 캔이 고안되었을 때 이미 DME가 분무제 후보로 거론되었으나, 생산량이 적고 '에테르'로의 우려가 있어 실용화되지 못하였다. 본격적으로 사용되기 시작한 것은 프레온이 성층권의 오존층을 파괴한다는 사실이 밝혀져 그 사용이 규제되기 시작하고, DME의 환경 특성 등이 확인된 이후였다.

DME는 메틸기 2개가 산소원자 하나를 사이에 두고 결합되어 있는 가장 간단한 에테르화합물이다. DME와 그 외 여러 연료의 물리적 성질과 연료특성은 표 13에 나타낸 것과 같다. DME는 비점이 -25.1℃이고 상온에서 무색의 기체이며, 25℃에서 포화증기압이 0.6MPa정도이기 때문에 압력을 가하면 쉽게 액화된다. 그 성질은 LPG의 주성분인 프로판, 부탄 등과 비슷하기 때문에 저장, 취급에는 LPG의 관련기술이 응용된다. DME의 점도는 LPG에 가깝고, 디젤유보다 낮지만, 디젤 대체유로 장기간 사용해도 기술적인 문제가 없다. 화학적 조성은 에탄올과 같이 C_2H_6O로 표시되지만, 열량은 에탄올보다 8.4% 높다. 상온에서 액체의 밀도는 프로판과 디젤유의 중간정도이며 연소 가능한 온도범위(가연범위)는 탄화수소보다 약간 넓다. 냄새는 거의 없으나, 약간 단맛 같은 냄새가 나고, 프로판, 부탄과는 달리 물과의 상호용해도가 높다. 물에 대한 DME의 용해도, DME에 대항 물의 용해도는 0.5MPa, 24℃의 조건에서 각각 무게비로 35.3% 및 7.0%이다.

〈표 13〉 DME와 그 외 각종 연료의 물리적 성질과 연료특성(참고문헌 [34])

물리적 성질	DME	프로판	부탄	메탄	메탄올	경유
화학식	CH_3OCH_3	C_3H_8	C_3H_8	CH_4	CH_3OH	-
비점(℃)	-25.1	-42.0	-0.5	-161.5	64.6	180~370
액체밀도(g/cm³, 20℃)	0.67	0.49	0.57	0.42	0.79	0.84
액체점도(kg/ms)	0.12~0.15	0.2	0.2	-	0.7	2~4
포화증기압(MPa, 25℃)	0.6	0.9	0.2	-	-	-
증발열(kJ/kg)	467	372	358	510	1110	300
공기 대비 가스 비중	1.59	1.52	2.07	0.55	-	-
이론 공기비(kg/kg)	9.0	15.7	15.5	16.9	6.5	14.6
최대연소속도(cm/s)	50	43	43	37	52	-
폭발 한계(%)	3.4~17	2.1~9.4	1.9~8.4	5~15	5.5~36	0.6~6.5
인화점(℃)	235	470	365	650	450	250
Cetan가	55~60	5	10	0	5	40~50
저위 발열량(MJ/Nm³)	59.3	91.0	118	35.9	-	-
저위 발열량(MJ/kg)	28.8	46.3	45.7	49.0	20.0	42.7

7.2.2 DME의 안정성

프레온을 대체하는 분무제로서 사용되기에 앞서 각종 독성에 대한 조사가 진행되었는데, 메탄올보다 독성이 낮고, LPG와 같은 정도로 독성이 매우 낮다. DME는 약한 마취성이 있으나, 수 분간의 흡입으로 마취상태에 이르는 농도는 프로판 및 부탄의 5-10%에 비하여 8-12%로 약간 높은 값이기 때문에 안전하다.

흡입한 경우 생체 내의 농도는 대기 중 농도의 1/60 정도가 되지만, 생체 내에서 대사되지 않고, 수 시간만에 호흡에 큰 영향을 주지 않고 배출된다. 또한 돌연변이를 유발하거나 기형을 유발하는 문제도 없고, 태아 독성, 발암성 등도 없다. 더구나 DME는 광화학적 반응성이 낮고, 공기 중에서 신속히 분해되지만, 그 과정 중에 포르말린이 생성되지 않는다. 따라서 마취성이 강하고, 과산화물을 생성하는 DEEdiethyl ether와는 달리 DME는 마취성이 매우 낮아 안전하다. 대기 중에서 분해 시간은 3-30 시간 정도여서 온실효과와 오존층 파괴 등 환경적인 피해를 유발할 우려도 없다.

7.2.3 연료로서의 DME

디젤엔진연료의 특징은 낮은 자기발화온도self-ignition temperature인데, DME는 디젤용 경유와 거의 같은 온도에서 발화한다. DME는 임계압력(53.7bar) 이상에서 엔진에 주입되며, 높은 증기압으로 주입과 동시에 기화된다. DME는 점화온도가 낮은 이외에도 특히 세탄가(55 이상)가 높은 것이 특징이며, 산소 함유율이 높고, 탄소-탄소결합이 없기 때문에 디젤엔진에서 문제가 되는 매연을 발생하지 않는다는 것이 수송연료로 사용할 수 있는 주요 장점이다.

DME의 중량당 저위 발열량은 28.8MJ/kg으로 프로판, 부탄, 메탄보다 낮으나 메탄올보다 높다. 기체로는 59.3MJ/Nm^{3}로 메탄보다 높은 발열량을 가지고 있다. 증발열은 메탄올의 반 이하이며, 안전 관리상 가장 중요한 특성인 폭발한계의 하한은 프로판, 부탄의 약 2배가 되어 누출에 대해 안전하다. 기존의 합성연료는 휘발유, 경유 등의 수송용 액체연료 대체에 한정되어 있었으나, DME는 LPG와 같은 가정용, 수송용 및 발전용으로 광범위하게 이용될 수 있다.

DME의 화염은 천연가스와 같이 청색으로 보이며, Webbe지수(가스연료의 발열량과 흐름의 저항 비)가 메탄과 거의 같기 때문에 천연가스용 버너를 그대로 이용할 수 있다. 열효율 및 배기가스의 특성도 비슷하다. LPG는 옥탄가가 높아 휘발유엔진의 연료로 이용되고 있으나, DME는 세탄가가 55-60정도로 높기 때문에 디젤연료로 이용이 가능하며, 경유와 비교하여 배기가스가 매우 깨끗하다. 이러한 이유에서 중국에서는 비료용 암모니아를 합성하는 과정에서 부산물로 생성되는 메탄올로부터 제조된 DME의 일부를 LPG 대체연료로 사용하고 있다.

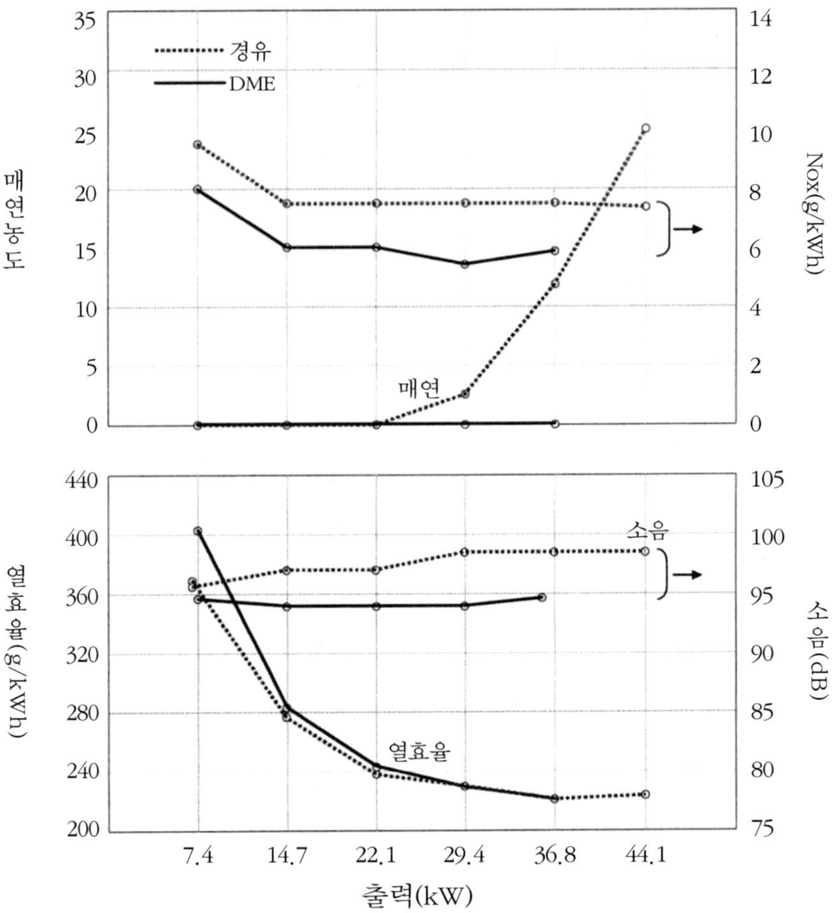

그림 18_ DME와 경유의 디젤엔진테스트 결과(참고문헌 [34])

일본의 NKK사는 4기통, 배기량 3600cc의 디젤엔진의 연료로 DME를 주입하여 연료 테스트를 수행하였으며, 동일한 용량의 엔진을 장착한 트럭의 주행 테스트도 함께 수행한 바 있다. 그림 18은 DME를 연료로 사용하여 디젤엔진의 엔진 성능을 평가한 결과이다. 경유를 사용하는 경우에는 출력의 상승과 함께 매연이 발생하였으나, DME의 경우는 전혀 발생하지 않으며, NOx의 배출 및 엔진소음도 저감되었고, 엔진출력에 대한 연료소비는 열량환산으로 경유와 같다.

디젤엔진에서 DME의 연료 특성, 연비, 배기가스 특성은 밝혀져 있으나, DME를 디젤엔진용 수송연료로서 실용화하기 위해서는 분사 시스템의 개조가 필요하며 유럽과 일본의 자동차 메이커에서 이를 개발하고 있다. 또한 국제 에너지 기구IEA는 대체연료 자동차의 환경친화적 이용을 위한 국제적인 DME의 연료규격, 안전기준, 환경평가를 검토하고 있다. 자동차용 DME 연료규격은 부식성 문제로 불순물로 간주되는 메탄올과 물을 각각 100ppm 이하, 500ppm 이하로 제한하는 것이 권장되고 있다.

DME에는 황이 전혀 포함되어 있지 않기 때문에 DME를 연료로 사용하여 구동되는 디젤엔진의 배기가스에는 황화합물이 전혀 배출되지 않는다. 또한 엔진내의 연소과정에서 미 연소 DME와 메탄이 배출되며, 극히 소량의 에탄과 에텐이 생성된다. 그러나 이외에 다른 탄화수소는 배출되지 않으며, 환경친화적인 소송연료로 이용되기에 적합하다.

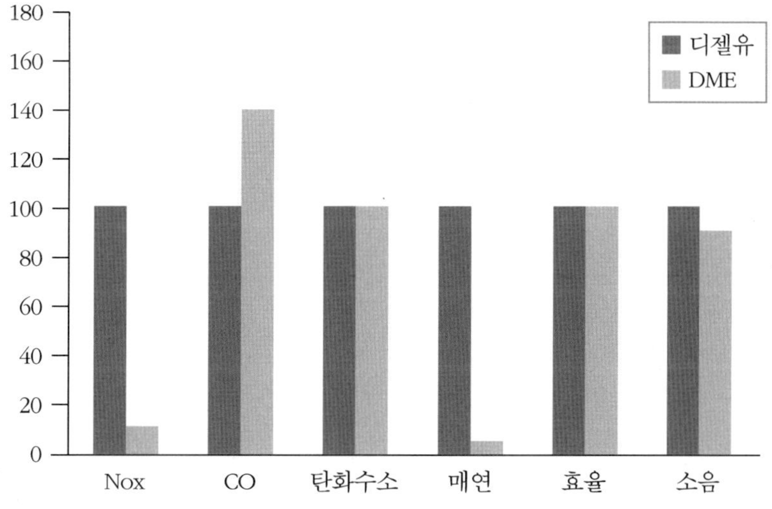

그림 19_ 디젤 경유와 DME의 배기가스 및 그 외 성능의 비교(참고문헌 [34])

그림 19는 소형 단기통 직접 분사엔진을 사용하여 DME의 연소 특성을 실험한 결과인데, 디젤 경우와 비교하여 DME는 엔진효율을 떨어뜨리지 않고, NOx와 매연이 현저히 감소함을 알 수 있다.

7.2.4 DME 합성반응

과거에는 DME를 메탄올의 탈수반응으로 생산하였으나, DME를 연료로 이용하기 위해서는 값싸게 대량으로 생산되어야 하므로 합성가스(수소 + 일산화탄소)로부터 직접 DME를 합성하는 기술이 개발되었다. DME 제조의 원료가 되는 합성가스는 석탄, 천연가스, 석유잔사, 바이오매스 등의 가스화로부터 얻을 수 있기 때문에 연료로서의 DME는 높은 공급 탄력성이 기대된다.

합성가스로부터 DME를 생산하기 위한 반응은 다음과 같다.

$$3CO + 3H_2 \leftrightarrow CH_3OCH_3 + CO_2 \quad (39)$$

$$2CO + 4H_2 \leftrightarrow CH_3OCH_3 + H_2O \quad (40)$$

$$2CO + 4H_2 \leftrightarrow 2CH_3OH \quad (41)$$

$$2CH_3OH \leftrightarrow CH_3OCH_3 + H_2O \quad (42)$$

$$CO + H_2O \rightarrow CO_2 + H_2 \quad (43)$$

합성가스로부터 DME 합성반응은 메탄올 합성반응, 메탄올 탈수반응, 수성가스 전화반응으로 이루어진다. 수성가스 전화반응의 속도가 느릴 경우 (41)식과 (42)식을 합친 (40)식과 같은 반응이 진행될 수 있다. DME 직접합성반응은 메탄올 합성단계의 반응열이 커서 종합적으로 발열반응이다. 그림 20은 합성가스의 H_2/CO 함량비에 따른 두 가지의 DME 합성반응((39)식과 (40)식)과 메탄올 합성반응((41)식)의 (H_2+CO) 평형 전화율을 나타낸 것이다. 이들 세 가지 반응은 합성가스의 조성이 반응의 양론비 $H_2/CO = 1$과 $H_2/CO = 2$인 경우 평형 전화율이 최대가 된다. 그러므로 일산화탄소와 수소의 반응양론비가 1인 (39)식에 의한 DME 합성의 평형 전환율의 최대치가 반응식 (40)와 (41)의 경우보다 높아 (39)식과 같은 반응을 실현하는 것이 유리하다.

석탄가스로부터 얻은 합성가스의 H_2/CO 비는 0.5-1.0이기 때문에 반응식 (39) ($H_2/CO = 1$)을 이용하는 것은 반응식 (40)의 경우에 비하여 설비, 운전비용에서 유리하다. 또한 천연가스와 탄층 메탄올을 원료로 사용하는 경우에는 DME 합성의 부산물인 CO_2를 메탄 개질장치에 재순환시켜 다음과 같은 반응((44)식)과 같이 H_2/CO = 1인 합성가스를 얻는 것이 가능하다.

$$2CH_4 + O_2 + CO_2 \rightarrow 3CO + 3H_2 + H_2O \qquad (44)$$

DME 합성반응은 발열반응이며, 발열량이 크기 때문에 반응열을 제거하여 최적 운전온도로 온도를 제어하지 않으면, 온도상승으로 인하여 열역학적 평형 전화율이 감소되기 때문에 생산성이 떨어진다. 또한 발열반응에 의한 온도상승이 일어날 경우 촉매의 비활성화가 초래될 수 있다. 그러므로 DME 합성반응에서 온도제어는 매우 중요한 운전변수로 작용된다.

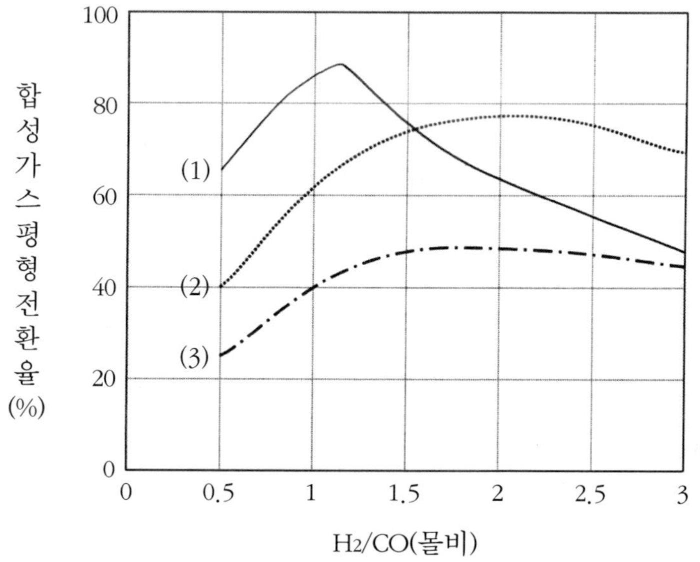

그림 20_ DME 합성 및 메탄올 합성의 평형 전환율(참고문헌 [34, 35])

(1) $3H_2 + 3CO \leftrightarrow CH_3OCH_3 + CO_2$

(2) $4H_2 + 2H_2 \leftrightarrow CH_3OCH_3 + H_2O$

(3) $CO + 2H_2 \leftrightarrow CH_3OH$

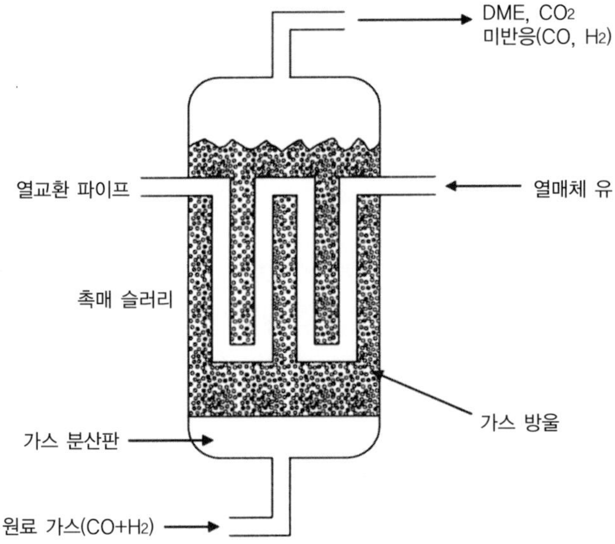

그림 21_ DME 합성 슬러리상 반응기의 개념도(참고문헌 [34])

DME 직접합성은 슬러리 반응기와 고정층 촉매반응기가 이용되는데, 슬러리 slurry반응기는 그림 21에 나타낸 것과 같이 미분말로 분쇄된 촉매가 열매체유에 현탁되어 있는 슬러리층을 반응기체(H_2+CO)가 작은 기포방울 형태로 상승하는 동안 촉매와 접촉하여 반응하는 장치형식이다. 반응열은 신속하게 열용량이 큰 열매체유에 흡수되고, 상승하는 가스방울에 의한 교반상태에 있는 매체유의 유효 열전달률이 크기 때문에 반응기 내의 온도가 균일해지고, 따라서 온도 제어가 용이하며, 장치 구조도 간단하다. 촉매의 형성과 강도면에서도 슬로리층은 고정층보다 제약이 적다. 촉매의 성능이 저하되는 경우 운전 중에 반응기 내의 촉매는 슬러리 펌퍼를 이용하여 교환이 가능하다.

7.2.5 DME 합성용 촉매(참고문헌 [36-38])

디젤연료의 깨끗한 대체연료로 사용한다는 관점으로 볼 때 DME의 다량생산을 고려할 만하다. DME 합성용 촉매공정의 개발초기에는 산성 촉매, 즉 순수하거나 인산을 가미한 r-Al_2O_3 촉매 상에서 메탄올 탈수반응에 의해서 소량의 DME가 제조되었다. 그러나 이 공정으로 제조한 DME는 메탄올 자체가 값비싼 화학원료이기 때문에 생산비용이 많이 든다. 기존에 개발된 메탄올 합성용 촉매(Cu/ZnO/Al_2O_3)와 메탄올 탈수촉매를 혼합한 혼성촉매를 한 반응기에 충전하여 메탄올의 합성과 동시에 메탄올 탈수반응이 진행되도록 하여 단일 촉매반응공정에서 DME를 직접 합성할 수 있는 기술이 할도르 톱쉐와 일본의 NKK사에 의해서 개발되었다. 열역학적으로 메탄올보다 합성가스로부터 DME를 직접 생산하는 것이 유리하므로 DME 직접합성을 위한 효율이 높은 적당한 촉매만 찾을 수 있다면 합성가스로부터 DME 생산비용이 메탄올 생산비용보다 저렴할 수 있다. 일반적으로 DME 직접합성을 위해 사용되는 촉매는 메탄올합성 촉매와 메탄올 탈수촉매를 혼합한 혼성촉매이며, 메탄올 합성촉매는 Cu-ZnO계 촉매이며, 메탄올 탈수촉매는 고체산 촉매가 사용되는데, 주로 이용되는 촉매로는 r-Al_2O_3이다.

|참고 문헌|

[1] Berkowitz, N., An Introduction to Coal Technology, Academic Press, San Diego 1994.

[2] 산업자원부, 에너지관리공단 신재생에너지 센터, 신재생에너지 RD&D 전략 2030, 페덱스킨코스코리아, 2007.

[3] Bron, R. E., Porter, J. H. and Hammond, O. H. Jr., In chemistry of coal utilization, edited by M. A. Elliott, 2nd supplementary Volume, John Wiley & Son, chap. 23, 1495, 1981.

[4] 한국화학공학회, 에너지공학, 교보문고, 1996.

[5] Hoogendoorn, J. C., Sym. Clean Fuels from Coal I.G.T., Chicago, Sept. 1973.

[6] Anderson, J. R. and Boudart, M., Catalysis : Science and Technology Volume 1, Springer-Verlag, Berlin Heidelberg New York, 1981.

[7] 최주홍 등, 석탄가스화 복합발전용 고온 고압 집진기술, 한전기술연구원 보고서 74, 1994.

[8] 정헌, 석탄인조석유로 우리도 산유국으로, 금요일에 과학터치 강연자료, 2007.

[9] Kohl, A. L. and Riesenfeld, F. C., Gas Purification, 4th ed., Gulf Publishing Company Book Division, Houston, London, Paris, Tokyo, 1985.

[10] Bottoms, R. R., U.S. Patent 1,783,901, 1933.

[11] http://www.specialized-mechanical.com/products/d&t_amine_systems.html

[12] http://www.crystatech.com/markets/tail_gas_treating.cfm

[13] Van Krevelen, D. W., Hoftijzer, P. J. and Huntjens, F. Y., Rec. Trav. Chim., 68, 191, 1949.

[14] Claus, C. F., German Patent 23,763, 1883.

[15] Claus, C. F., German Patent 39,273, 1883.

[16] Gupta, R. P. and Gangwal, S. K., Enhanced Dueability of Desulfurization Sorbents for Fluidized-Bed Applications Developrment and Testing of Zinc titanate Sorbents, Topical Report to DOC/METC, 1992.

[17] Gangwal, S. K. and Gupta, R. P., High-Temperature, High-Pressure Testing of Zinc Titanate in a Bench-Scale Fluidized-bed Reactor for 100cycles, Topical Report to DOC/METC 93/6131, 1993.

[18] Portzer, J. W. and Gangwal, S. K., Slipstream testing of Hot Gas Desulfurization with sulfur Recovery, In Proceedings of The Advanced Coal-Fired Power System 95 Review Meetings, 220-228. DOE/METC-95/1018, Vol. 1. NTIS/DE · 9500 · 9731, Spring field, VA, 1995.

[19] Portzer, J. W. and Gangwal, S. K., Slip Stream Testing of the Direct Sulfur Recovery Process, In Proceedings of the coal-Fired Power System 94 Advances in IGCC and PFBC Review Meeting, 246-255, DOE/METC-94/1008, 1994.

[20] Portzer, J. W., Dainle, A. S. and Gangwal, S. K., Hot gas Desulfurization with Sulfur Recovery, In Proceedings of the Advanced Coal-Based Power and Environmertal systems 97 Conterence July 22-24, 1997.

[21] Portzer, J. W., Turk, B. S. and Gangwal, S. K., Deurability Testing of the Direct Sulfur Recovery Process, In Proceedings of the Advanced Coal-Fired Power System Review Meeting July. 6-18, 1996.

[22] 이태진, 박노국, 김장희, 김기석, 박영우, 이창근, 고온석탄가스에서 아연계 탈황제에 의한 H_2S의 제거, 화학공학, 34(4), 435, 1996.

[23] 서인석, 산화 아연의 황화반응 속도에 관한 연구, 석사논문, 한양대학교, 1987.

[24] 이해평, 황화아연의 산화반응속도에 관한 연구, 석사논문, 한양대학교, 1987.

[25] 박노국, 김장희, 이태진, 고온건식 황화수소 제거를 위한 Fe_2O_3 탈황제의 반응성, 환경

연구, 14(1), 43, 1994.

[26] Meji. R., Verdenbregt, L. and Winkel, H., the proceedings of Mega Symposium, Plenary Session No. 307, 2001.

[27] 이시훈, 연소배기가스로부터 가스상 수은 처리기술, 한국에너지공학회지, 12(2), 65, 2003.

[28] Senior, C. L., Sarofim, A. F., Zeng, T., Helble, J. J. and Mamani-paco, R., Fuel process. Technol., 63(2-3), 197, 2000.

[29] 윤용승, IGCC 기술개발의 현황 및 추세-IGCC 기술의 현황 및 장기적 기술개발 방향, 프로시딩, IGCC 기술연구회, 1, 2000.

[30] Ayala, R. E., Gangwal, S. K. and Gupta, R. P., Testing of Zinc titanate Desulfurization Sorbents for Moving-Bed Applications, Proceedings of the Coal-fired Power Systems 93 -- Advances in IGCC and PFBC Review Meeting, DOC/METC 93/6131, 136, 1993.

[31] Gupta, R. P. and Gangwal, S. K., Enhanced Durability of High-Temperature Desulfurization Sorbents for Fluidized-Bed Applications, Topical Report to METC, Contract NO. DE-AC21-88MC25006, November, 1992.

[32] Fischer, F. and Tropsch, H., Brennst-Chem., 7, 97, 1926.

[33] Craxford, S. R. and Rideal, E. K., J. Chem. Soc., 1604, 1939.

[34] 김재설, 깨끗한 새로운 연료 DME, 한국과학기술정보연구원 기술동향보고서, 2003.

[35] Kim, J. W., Sim, K. S. and Han, S. D., Dimethyl ether as a disel fuel alternative, Energy Engg. J., 7(2), 157, 1997.

[36] 이영재 외, 새로운 대체연료-디메틸에테르, NICE, 20(5), 515, 2002.

[37] Omata, K., Watanabe, Y., Umegaki, T., Ishiguro, G. and Yamada, M., Low-pressure DME synthesis with Cu-based hybrid catalysts using temperature-gradient reactor, Fuel, 81, 1605, 2002.

[38] Sun, K., Lu, W., Qui, F., Liu, S. and Xu, X., Direct synthesis of DME over bifunctional catalyst: surface properties and catalytic performance, Applied Catalysis A: General, 252, 243, 2003.